天下文化
BELIEVE IN READING

科技天才的商業制勝邏輯

極客之道

THE
GEEK
WAY

The Radical Mindset that
Drives Extraordinary Results

Andrew McAfee
安德魯・麥克費——著

劉純佑——譯

感謝始終陪伴我的兄弟

大衛 ‧ 麥克費（David McAfee）

這一人織帆布，另一人在森林裡斧光閃閃砍樹，另一人在鍛打鐵釘，別處還有其他人觀察星辰以學習航行之道。然而，這些人卻是一體的。造船不是織帆布、鍛打鐵釘或觀察星辰，它關乎的是對大海的共同熱愛，在這份熱愛的光芒之下，你將看不到任何矛盾，只會看到充滿愛的共同體。

　　—安東尼・聖修伯里
　　　　（Antoine de Saint-Exupéry）

目 錄

推薦序　揭開科技創業家的神祕面紗

LinkedIn 創辦人里德・霍夫曼（Reid Hoffman）

　　我深信，傑出的科技創業家不只是科技極客，也是商業極客，借用蘋果（Apple）知名的廣告台詞，他們尋找「不同凡想」（think different）的方法，運用無窮的好奇心以及對實驗的熱情來迎接挑戰，以打造更好產品和更好企業。但是，儘管大多數人都已意識到，我們現在生活在一個名副其實的「極客時代」，卻似乎還沒有人分析和解釋過商業極客的核心原則和機制。即使是我自己的書，例如《聯盟世代》（The Alliance）和《閃電擴張》（Blitzscaling），雖然已分別深入討論人力管理和打造價值數十億美元的企業，但都沒有探究為什麼極客能成為地球的繼承者，這個更深層次的問題。

　　安德魯・麥克費（他也是商業領域的頂尖極客）在他的新書《極客之道》中，針對極客是什麼、他們相信什麼，以及為什麼他們在過去幾十年取得如此成功等核心問題，提出解答。透過結合管理理論、競爭策略、進化論、心理學、軍事歷史和文化人類學，麥克費完成一部了不起的綜合著作，最終用一個統一的理論（他稱之為「極客之

道」）解釋，科技創業方式為什麼在世界各地如此盛行。

　　雖然他的許多結論源自對成功科技新創企業和科技巨頭，如亞馬遜（Amazon）、Google、微軟（Microsoft）和Netflix的深度分析，但他也從小學生、軍事策略家以及黑猩猩身上汲取教訓，並解釋為何過度自信、聲望和八卦等看似人類的弱點，其實對成功的組織至關重要。

　　在此過程中，你將了解，為什麼如此多組織會深陷官僚主義，出現不道德行為，並學會運用四個關鍵原則，以建立能對抗這些破壞價值弊端的文化。我預測，這本書最持久的貢獻，將是以清晰、詳細、實證的方式，解釋文化如何運作，以及它為什麼如此重要。你再也不會把文化視為一個模糊、虛晃一招的管理流行語。

　　對任何想知道如何建立二十一世紀組織的領導者來說，本書都是必讀之作。至於非科技業的人，麥克費則是揭開了A／B測試和敏捷軟體開發等關鍵概念的神祕面紗。但即便是科技業老手，也能從中了解許多產業的最佳實務和信念原則，如何源於歷經數百萬年演化的人性基本要素，並從中獲益良多。儘管我自認為是矽谷的長期學生和記錄者，卻依然從閱讀這本書中學習到許多新知，並做了大量筆記。我相信你也會有同樣的收穫。

各界讚譽

世界的快速，早已不能用傳統的視野框架，想佔一席之地，就非「破框」不可，「極客」就是破框的一群人。作者研究全球各大企業，找出成功企業成員的共同行為準則，整理成「極客之道」。如果想要「破框而出」，追求「快速敏捷」、「用證據爭辯」，避免「官僚體系」和「老闆說了算」，那麼本書絕對有您想要的答案。

——陽明交大 EMBA 兼任副教授李河泉

「聰明、不拘一格、內容豐富的指南，指引你駕馭未來的工作。根據麥克費的說法，不遵循極客之道的企業未來將會落後。」

——哈佛商學院領導力教授艾美・艾德蒙森（Amy C.Edmondso）

「《極客之道》提出一個又一個迷人的案例，即我們這個時代最重要的科技革命不是公司製造什麼，而是公司如何管理。麥克費是世界級的知識分子，他從不停止挑戰我的假設與思維，閱讀這本書也會為你帶來相同的好處。」

——「正向心理學」權威、暢銷書《逆思維》作者亞當・格蘭特（Adam Grant）

「安迪知道，我們不僅在矽谷創造新技術，我們也創造了新方法，以便在一個充滿科技的世界裡面經營公司。他提煉出我們想法的精髓。這是一本顛覆者奉行的手冊。」

——Google 前執行長艾瑞克・施密特（Eric Schmidt）

被誤解的革命

以下是教育的一個基本原則：教授細節會導致混亂；確立事物之間的關係則能帶來知識。

——瑪麗亞・蒙特梭利
（Maria Montessori）

我 永遠不會忘記自己打破沙鍋向母親詢問打孔卡的事情。

這件事發生在 1978 年，當時我十一歲。我的父母在前一年離婚，母親為了找工作回到學校修讀會計學位，電腦程式設計是她其中一門必修課，當時通常會使用打孔卡。這種卡片是硬紙卡，尺寸約比一美元鈔票大 30％，卡片上包含程式運作所需的指令和資料。*

某天晚上，我媽媽把自己的作業帶回家：滿滿的一盒打孔卡。我覺得它們很有趣，於是詢問它們的用途。她回答說：「它們是用來設計電腦程式的。」（我猜，她當時已經為接下來的問題做好心理準備）。

「什麼是電腦？」

「就是一台會按照你的吩咐去做事的機器。」

「你的意思是說它像機器人一樣？」

「不，我使用的電腦不會四處移動。」

「那它有什麼用處？」

「嗯，你可以讓它做一些事情，像是列印地址清單。」

「所以電腦就只是台打字機？」

「不，它能做的不只這些。例如，它可以按照字母順序

---

* 那個時代的許多電腦都沒有磁碟機或其他儲存媒介，因為這些裝置非常昂貴，因此所有東西都必須儲存在卡片上。

排列地址。」

「所以……這是一台可以按照字母順序排列地址的打字機嗎？」

我已經忘記這個對話持續多久（肯定比我媽媽希望的要久），但我記得自己深深著迷。這很有趣。這絕對適合我。有些孩子馬上就喜歡上小提琴、西洋棋或釣魚。我則是迅速沉醉在電腦的世界裡。

青年作者的極客畫像

我對這些新奇機器的興趣，引領我走上一條意料中的道路：參加數學代表隊、玩早期的電子遊戲、訂閱《位元》（*Byte*）和《奧姆尼》（*Omni*）雜誌、沉浸於科幻小說的世界、熱衷於《蒙提‧派森的飛行馬戲團》（*Monty Python's Flying Circus*）的幽默。我參加電腦營，不參加舞會。

我就是個極客。

「極客」一詞源自日耳曼語系，原意指的是「傻瓜或瘋子」[1]。在二十世紀的大部分時間裡，這個詞在美國主要用於指稱一群真正的邊緣人：馬戲團裡頭表演各種羞辱性和古怪事情的雜耍演員，譬如咬下雞頭等。1980 年代初，這個詞開始用來形容另一群邊緣人：熱衷於電腦的年輕人。而這對我來說絕對是極為貼切的描述。

　　1984年，我錄取麻省理工學院（MIT）。我在那裡立刻有種回到家的感覺，並開始埋首於學業。我在六年內完成兩個學士學位和兩個碩士學位，並感覺這已經綽綽有餘。拿到學位後，有一件事我非常肯定，那就是高等教育對我來說已經足夠，我準備好在現實世界中生活。但事實證明我不太了解自己。我對工作感到厭倦，當我思考是否要做出改變時，我發現自己其實非常懷念學術界。因此在1994年，我開始攻讀新的學位，這回是哈佛商學院（Harvard Business School）的博士學位。

　　1994年也是第一個商業網路瀏覽器「網景」（Netscape Navigator）問世的年份。換句話說，在這一年，電腦和網路真正開始融合並覆蓋整個地球。全球資訊網（WWW）的誕生，揭開人類史上最大專案之一的序幕，而且這個專案仍在進行中：經由科技連接世界各地的人，讓我們能夠隨時隨地取得我們累積的大量知識和巨大的運算能力。

　　這個專案為商學界提供大量的研究機會。我於1999年加入哈佛商學院，把我的職業生涯奉獻給數位創新研究，探討電子商務軟體、搜尋引擎、雲端運算和智慧型手機如何幫助企業提高績效與競爭力。因為工作的關係，我撰寫很多個案研究，哈佛大學和許多其他商學院都會將這些描述商業情況的短篇文章做為討論素材。

　　這些個案研究涵蓋許多領域。我寫過CVS連鎖藥局如

何重新撰寫軟體以改善顧客服務；全球「快時尚」零售商
Zara如何透過行動科技，掌握人們的穿著趨勢，並快速回
應顧客需求。我還寫過一家歐洲投資銀行，正在嘗試使用
早期的內部部落格平台，以及叫做維基百科（Wikipedia）
的新型線上參考資料。

　　我走訪世界各地，在阿根廷造訪富有創新精神的黃豆
種植者；在日本，則是有家計程車公司的老闆，早在優步
（Uber）出現的幾年之前，就已經推出自動叫車服務。還有
杜拜港，希望能更完善的監控收到的所有貨物。當然，我
也經常去矽谷。我寫過包括線上零售商、軟體和硬體新創
企業的個案，以及搜尋引擎和社群網路等全新類型的企
業。這些工作都讓我能近距離觀察數位科技如何重塑商業
世界。

　　在哈佛商學院任教十年後，2009年我回到麻省理工學
院史隆管理學院（Sloan School of Management）。我開始與
經濟學家艾瑞克・布林優夫森（Erik Brynjolfsson）合作，
他是傑出的科技和資訊學者（也是個很棒的人）。我們都感
覺有某件足可比擬工業革命的大事，正在我們面前展開。
正如我們於2014年出版的《第二次機器時代》（*The Second
Machine Age*）書中寫道：「工業革命……讓我們突破人類和
動物肌肉力量的限制[2]，能隨意產生大量有用的能量……如
今，第二個機器時代來臨。電腦和其他數位科技的進步，

正在強化我們的智力（也就是利用我們的大腦來理解和形塑我們環境的能力），就像蒸汽機與後續跟動力機械相關的發明曾經強化我們的肌肉力量一樣。這些科技進步讓我們突破枷鎖，進入新的領域。」

正確的詞

艾瑞克與我也出版了另外兩本關於數位轉型的書：《與機器賽跑》（2011）和《機器，平台，群眾》（2017）。我們在適當的時間寫了適當的主題，我們的「機器三部曲」得到廣大讀者的認可。《經濟學人》（The Economist）將《第二次機器時代》評為「近期最具影響力的商業書籍」[3]，《金融時報》（Financial Times）則稱我和艾瑞克為「達沃斯圈的明星人物[4]」。

這種關注沒有讓我的「模特兒生涯」一飛沖天，但它確實讓我收到很多邀請，因而有機會與世界各地的領導人談論產業、經濟和社會正在發生的結構性轉變。這同時也讓我能夠不斷學習。我乘坐過Google的自動駕駛汽車，看著機器人在亞馬遜倉庫裡四處忙碌，並與Uber和Airbnb的經濟學家討論怎樣運用資料和演算法動態平衡供需，以及其他無數令人大開眼界的經歷。

許多工業時代的企業當年也曾有過令人大開眼界的經

歷，但這種經歷並不愉快。成立於1886年的美國代表性零售商西爾斯百貨（Sears）宣告破產；柯達（Kodak）（1881）、傑西潘尼（JCPenney）（1902）、睿俠（Radio Shack）（1921）和寶麗來（Polaroid）（1973）等家喻戶曉的品牌也無一倖免。奇異（General Electric）是1896年道瓊工業平均指數（Dow Jones Industrial Average）首次計算時便納入的企業之一。2018年，奇異因股價表現不佳，而遭道瓊工業指數除名[5]。

隨著我們進一步深入第二次機器時代，整個產業都崩潰了。2000年至2015年間，美國報紙的廣告收入衰退三分之二[6]，抹去整整半個世紀的成長。雜誌的情況也好不到哪去[7]。2008年至2018年間，雜誌的廣告收入掉了40％。日益普及的音樂串流服務，遠不足以抵消CD和其他實體媒體幾乎被淘汰所帶來的衝擊；1999年至2021年間，唱片音樂的收入大幅縮水46％以上[8]。

這些例子與其他眾多例子顯示，一個又一個產業的數位轉型，正在將企業劃分為兩大類：能夠成功數位轉型與無法成功數位轉型的企業。我們聽到很多關於「新經濟」與「舊經濟」企業、破壞者與現有企業、科技產業與其他經濟部門、矽谷與美國和世界其他地區。不論如何劃分，第一類企業都擁有強勁的動能；是行動的發源地、價值的創造地、未來的所在地等等。

這些分類對我來說都有道理，我也都曾用過，但感覺都不夠精確。例如，一些表現出色的企業卻被歸類在「錯誤」的類別：亞馬遜不在矽谷；Apple原本是家老牌電腦製造商，直到iPhone橫空出世，才讓它轉身成為有史以來最大的破壞者之一。微軟既是老牌企業，也是非矽谷企業，它似乎完全錯過「新經濟」（無論那是什麼），直到近年才捲土重來，成為世界上最有價值的企業之一。隨著時間流逝，「科技」這個標籤不再是有用的區分方式。正如策略家班・湯普森（Ben Thompson）於2021年所說，我們目前面臨「定義的問題[9]……網路眼鏡店沃比派克（Warby Parker）是科技企業嗎？網路二手車商卡瓦納（Carvana）是嗎？餐飲外送平台DoorDash是嗎？這樣的例子不勝枚舉……將所有公司稱為科技企業，就像把購物中心稱為「汽車公司」一樣不妥；雖然購物中心的發展和繁榮，在某種程度上確實是由於汽車的普及（因為人們可以開車到購物中心購物），但在那個時代，有哪些企業不是這樣呢？」數位轉型顯然正在創造贏家和輸家，但我們似乎還沒有找到恰當的方式，來討論這兩個群體的區別。

然後我目光敏銳的文學經紀人拉夫・薩加林（Rafe Sagalyn）發現了這一點。在《機器，平台，群眾》一書中，艾瑞克和我有幾段話是在談論我們在許多成功科技企業觀察到的「極客式」領導風格。我們之所以使用這個形

容詞，是因為我們談論到的這些領導人都是典型的電腦怪咖，後來都成為企業創辦人。拉夫說：「這是個重大發現，你說的絕不只是一些程式設計師創辦企業，你是在暗示一種全新的企業經營方式。」

拉夫寄給我一堆文章激發我的思考。其中一篇是2010年的比爾・蓋茲（Bill Gates）訪談[10]。訪談中，蓋茲擴展極客的定義：「嗯，如果『極客』意味著你願意鑽研事物，……那我欣然接受。」蓋茲說，極客未必就是電腦狂熱者，相反的，他們可能是沉迷於**任何**類型嗜好的人（但希望不包括咬斷雞頭）：他們對某個主題著迷，不管其他人怎麼想，他們都不會（或不能）放手。

極客對個人愛好的關注遠勝過主流觀點。就像網路字典網站Dictionary.com所下的定義：極客是「特立獨行的人，尤其是那些被認為聰明過頭、土裡土氣或不善社交的人」。傑夫・貝佐斯（Jeff Bezos）在亞馬遜2011年股東大會上，擁抱極客文化中不時尚的一面。在回答關於企業如何創新的問題時，貝佐斯回答說：「非常重要的是，我們願意長期被誤解[11]。」因為極客不會被主流觀點束縛，而是由好奇心引領自己走向任何地方。

某次與拉夫的談話中，我們討論到蓋茲、貝佐斯和其他人提出的觀點。拉夫問我：「你是說現在有新一代的商業極客嗎？」他彷彿拿掉原本堵在我嘴巴裡的塞子。我開始

喋喋不休的對他說：「是啊！**絕對是這樣**！你知道貝佐斯為
什麼總是提到第一天心態和第二天心態的企業？你聽說過
《Netflix 文化集》（culture deck）嗎？我一直在了解敏捷軟
體開發方法的起源，它的效果好上**太多了**。前段時間我在
HubSpot 軟體公司參加一場瘋狂的會議，有位新員工直接
反駁執行長，但沒有人覺得這有什麼大不了。你看，企業
正在升級。如果你無法安裝這個升級版本，你就會像還在
使用 Windows 95 一樣……。」

　　「安德魯、安德魯？**安德魯**。」拉夫最終讓我閉嘴。
「這就是你要寫的書。就寫這本書吧。」

　　　這就是那本書。這本書談的不是一群電腦極客創造的
東西，而是一群商業極客的創作和成就：這些人迷戀上經
營現代企業的這個難題，提出非傳統的解決方案，並付諸
實行。許多商業極客的身影都出現在高科技領域的企業或
矽谷，但不是所有人都聚集於此。他們之中有很多人是創
辦人，但也不是所有人都是如此。他們的共同之處不在於
產業、地理位置，也不在於他們擁有多少股權，而是在於
他們都是極客：一群迷戀商業和企業的獨行俠。我終於找
到自己尋覓已久的詞彙，這個詞彙更準確的描述正在發生
的事，而且一直就隱藏在眾人眼前。我們非常關注這群極
客所掀起的電腦革命，但我認為我們一直誤解他們發起的
另一場革命：一場仍在進行中的企業革命。

　　在我們早期的談話中，拉夫還提出另一個關鍵問題：「你是說，極客之道適用於**所有企業**？有沒有可能在什麼情況下它行不通，或者是個壞主意？」我花了一些時間思考這個問題，而我的答案是：極客之道是現代企業的正道，因為相較於以往的企業，現代企業需要更快的行動與創新。

　　這種加速有幾個重要原因，包括全球化和競爭加劇。但我認為，最根本的原因是，今天的企業比過去運用**更多**數位科技，而這些科技的變化與創新速度之快，意味著無論企業身處哪個產業和地區，商業的整體節奏都會比以前更快。正如創投家維諾德・科斯拉（Vinod Khosla）對我所說的：「高科技產業始終面臨科技的破壞，但大約從十五年前開始，科技的破壞力已經擴散至經濟的各個角落。」

　　Google前執行長艾瑞克・施密特（Eric Schmidt）向我解釋，這個改變最大的一個影響是：「在傳統的公司模式中，一切都以階層的方式運行，長此以往，辦公室變得愈來愈大，官僚體系也層出不窮。這樣的企業之所以長期以來一直非常成功，是因為它有一些優勢：這些企業是可預測的，只要顧客一直需要同樣的東西，它就能為顧客提供良好的服務。而這樣的企業文化在資訊時代表現不佳的原因是，顧客的需求在變化，你必須要能夠不到五年就做出改變。」

　　極客之道是幫助企業在這個瞬息萬變的世界中，蓬勃

發展的一套解決方案。它是一套文化解決方案，而不是科技解決方案。雖然商業極客熱愛科技，但他們不認為有任何一套特定的技術是建立現代優秀企業的唯一關鍵。沒有什麼可以讓企業成功的殺手級應用，關鍵反而是一直存在的東西：人、團隊，以及讓他們共同努力實現目標的挑戰。在深思熟慮這個挑戰後，商業極客找到一些強大且非傳統的應對方式，來解決這個問題。換句話說，他們為工業時代的標準企業文化進行升級。

這次升級有一個重大驚喜，也有一個不足為奇的地方。不足為奇的是商業極客提出的組織文化類型。如果你把一群非常不喜歡被人指手畫腳、聰明、熱愛爭辯、資料導向又逆向思維的問題解決者擺在一起，負責重新想像企業的經營方式，你得到的就會是這樣的結果。正如我們將看到的，極客之道傾向於爭辯，厭惡官僚體系。它偏好迭代而非規劃，迴避協調，並容忍一些混亂。極客之道的實踐者敢於發聲，主張人人平等，不怕失敗，也不怕挑戰上司或是被打臉。他們不重視階層制度和資歷，而是看重互助精神和能力。簡而言之，極客企業的文化，嗯，就是很極客。

至於重大的驚喜則是這些文化竟運作得如此之好。極客企業沒有陷入無政府狀態或爭吵，而是證明自己可以擴大規模並持續發展。正如我們接下來會看到的，極客企業

不只為顧客和投資人提供非凡的價值，也是人們心目中的理想工作場所。我們將在後續深入探討極客企業如何做到這一切。

　　我曾有機會與一些非常資深的商業極客交流，譬如，施密特和歐特克公司（Autodesk）前執行長卡爾・巴斯（Carl Bass），他們告訴我，早在二十一世紀初，極客之道的某些特點就已經存在於北加州的軟、硬體公司中。記者唐・赫夫勒（Don Hoefler）在1971年撰寫的一篇文章中，首次用「美國矽谷」一詞形容某個晶片製造企業密集的區域。這個名稱迅速傳播開來，矽谷很快就成為全球商業極客的聚集地。在接下來的幾十年裡，極客們不斷反覆修改、試驗，一路向前。

　　2009年，Netflix執行長里德・海斯汀（Reed Hastings）和人才長珮蒂・麥寇德（Patty McCord）在簡報共享網（SlideShare），上傳一份名為〈Netflix文化：自由與責任〉（Netflix Culture: Freedom and Responsibility）的長篇Power-Point簡報[12]，對極客之道的許多方面都有明確的陳述。《Netflix文化集》對許多試圖創建企業的人來說既是發展藍圖，也是極有參考價值的指南，並在網路上像謠言一樣迅速傳播（已被觀看超過1,700萬次[13]）。

　　「矽谷有史以來最重要的文件」竟然是PowerPoint簡報檔，我們這些撰寫商業書籍的人恐怕會對這樣的想法感到

不悅，但偏偏這正是臉書（Facebook）營運長雪柔・桑德伯格（Sheryl Sandberg）對《Netflix 文化集》的評價[14]。海斯汀對於如何建立與維持「自由與責任」文化的相關想法，讓桑德伯格和她的同事留下深刻印象，他們於2011年邀請海斯汀加入臉書董事會[15]。

多年來，我一直看到極客們對文化給予極大關注。例如，2014年，貝佐斯在接受記者亨利・布洛傑特（Henry Blodgett）採訪時說：「我今天的主要工作是[16]：努力維護企業文化。」2018年，雲端儲存企業Dropbox上市不久，我在麻省理工學院的講台上訪談該公司的創辦人暨執行長德魯・休斯頓（Drew Houston），請他分享創業旅程中學到的一些最重要的事情。他回答說：「企業剛剛成立時，我坐下來向自己最敬佩的一些科技人士請益，我本來以為他們會告訴我如何與創投和董事會打交道，或是怎樣打造病毒式產品之類的事情，沒想到他們不約而同建議我：從一開始就努力建立正確的文化，而且永遠不要停止。」

當我對著拉夫說個不停時，許多例子浮現在我腦海裡。拉夫的指引和提問所揭開的不只是一個簡單的標籤，更打開揭露這個現象本質的一扇窗：一個由狂熱的獨行俠所組成的鬆散團隊，聚焦在一系列實務做法上，這些實務做法讓企業表現得更好，還能提供健康與理想的工作環境，而且這一切不是巧合。

像瑪麗亞一樣的問題解決者

　　那麼，這些實務做法是什麼？是什麼原因，讓這些極客企業文化與工業時代的主流企業截然不同？本書絕大部分內容都將用來回答這些問題。在此，我想先分享我父母送給我的一件很棒的禮物，來預告我將說出的所有答案。我很小的時候，就加入一個由極客教母所創立的組織。我說的這位創辦人不是尼古拉・特斯拉（Nikolai Tesla）、湯瑪斯・愛迪生（Thomas Edison）或史帝夫・賈伯斯（Steve Jobs），而是瑪麗亞・蒙特梭利。

　　2004年，記者芭芭拉・華特斯（Barbara Walters）採訪Google共同創辦人賴瑞・佩吉（Larry Page）和謝爾蓋・布林（Sergey Brin）。他們的父母不是教授就是科學家，華特斯問他們，這樣的家庭背景是不是讓他們成功的重要因素。但布林和佩吉反倒提出另一種看法。佩吉說：「我們兩人都上過蒙特梭利學校[17]，我認為這種教育訓練中的某些部分，例如不盲從規則和指令、自我激勵、對世界上發生的事情提出質疑，以及採用不太一樣的做事方法，都對我們產生影響。」

　　這點我可以作證。我的極客生涯始於三歲那年，父母將我送進蒙特梭利學校的時間，遠早於我向母親提出關於打孔卡和電腦的問題。

　　可能有人不熟悉蒙特梭利教育，所以我在此提供一個

簡短的解釋。蒙特梭利的教室設計成能讓兒童自主學習的實驗室。還記得我的第一間教室是個寬敞明亮的房間,部分空間被劃分成不同的活動區域,其中一個區域有金屬線串起的珠子,分別排列成直線、正方形和立方體(這是展現一次方、二次方和三次方差異的好方法)。另一個空間有用布料剪裁而成的英文字母可以玩耍,我因此逐漸熟悉閱讀的概念。其他區域有可以讓孩子描摹的多邊形教具、遊玩用的立體形狀、簡易的算盤、筆、鉛筆和紙等等。

教室裡的設備很棒,但我真正喜歡的是蒙特梭利學校的自由。每天都有幾項安排好的活動:午餐、課間休息、師生坐在地板上圍成一圈討論事情的「圈圈時間」,但大部分時間我都可以做自己想做的事。我和同學並不想搗蛋、到處亂跑、大喊大叫或嚇唬對方,我們只想坐下來安靜的學習。

蒙特梭利最激進的一項見解是,即使是年幼的孩子,在適當的環境下也能集中注意力,深入學習。孩子不是必須被圈養的野生動物,而是天生的學習者,一旦對某件事產生好奇心,就會啟動他們與生俱來的自制力。蒙特梭利寫道:「當孩子成為自己行為的主人[18],……當他參與有趣且愉快的活動,並從中獲得鼓勵,他就能成為一個健康、快樂的孩子,也是一個冷靜且有紀律的孩子。」貝佐斯就展現出這種高度的自制力。與布林和佩吉一樣,貝佐斯在

幼童時期也接受過蒙特梭利教育[19]，據他母親所述，貝佐斯完全沉迷於自己在教室裡所做的事，以至於需要更換活動時，老師得把他抱起來移動到其他地方。

我記得小時候在課堂上，經歷過很多次那種心流狀態*，但這些經歷在小學三年級時戛然而止，我只在蒙特梭利上到三年級。之後，在我長大的印第安納小鎮，公立學校成了唯一的選擇。

進入公立小學四年級的第一天，我一直在思索，自己是否不小心惹父母生氣而受到懲罰。除此之外，我找不出其他解釋，為什麼自己得整天坐在同一張桌子前？為什麼只能按照牆上的時鐘而不是個人的興趣，更換學習的科目？為什麼必須學習幾年前就已經掌握的概念？為什麼要做令人昏昏欲睡的練習題？這所學校給我的感覺不像是教育機構，反而更像是要粉碎我精神的再教育營。

我最困惑的是，為什麼我的自主權和自由，會被這種毫無意義的階級制度和體制所取代。這真的讓我感到不解。我最終學會適應新學校，並遵守規則。但我從來沒有學會喜歡它，也不理解它存在的意義。

瑪麗亞・蒙特梭利也同樣不解。她的第一所學校1906

---

* 編注：心流狀態是指一種難以描述的感受，達到這種境界時，所有外界事物都彷彿消失不見。

年在羅馬開辦，取消日程安排、教師主導的教學、網格式的座位排列、年級制度，以及工業化國家小學教育的許多其他標準元素。無論是在她的時代或我們的時代，主流觀點一直認為，這些制式規定是確保兒童學習必要技能所不可或缺的要素。主流想法是，讓孩子們在上學期間做自己想做的事，可能會讓他們很快樂，甚至可能讓他們富有創意，卻無法讓他們擅長閱讀、寫作和算術。

　　蒙特梭利一再證明這種觀點錯得多離譜。二十世紀初，她證明即使是在第一次世界大戰中受到創傷的弱勢兒童，也可以透過她的方法學習到必要的所有技能，並取得顯著的進步。將近一百年後，在 2006 年，心理學家安潔琳・利拉德（Angeline Lillard）和尼可・艾奎斯特（Nicole Else-Quest）在《科學》（Science）雜誌上發表的一項研究發現[20]，來自密爾沃基（Milwaukee）中低收入家庭的孩子，若是就讀蒙特梭利學校，在幾項認知和社會領域方面的評估表現都優於同齡兒童，而且沒有任何一個領域的表現落後。

　　蒙特梭利是當今商業極客眼中的英雄，原因有三，第一，她自己就是個真正的極客。她投入心力研究一個棘手但重要的問題：該如何讓兒童學習得最好？接著她設計出一套非傳統的解決方案，然後努力不懈的提倡這些方法。第二，她的教育方法能培養出創新和創造力，這些是在商

業世界取得成功的關鍵素質。管理研究學者赫爾・葛瑞格森（Hal Gregerson）和傑夫・戴爾（Jeff Dyer）調查五百多名創意專業人士，他們驚訝的發現有許多人曾接受蒙特梭利的啟蒙教育[21]。這項研究告訴我們好奇心和多問問題有多麼重要。正如葛瑞格森所說：

> 如果你觀察四歲兒童的行為，會發現他們不斷提出問題[22]，想知道事情的運作方式。但是到了六歲半，他們就不再問問題了，因為他們很快就了解到，老師更重視正確答案，而非啟發性的問題……我們相信，最具有創新精神的創業家非常幸運，能夠在鼓勵好奇心的氛圍中成長……他們當中有一些人曾經就讀蒙特梭利學校，並且在那裡學會順從自己的好奇心。

　　第三，也是最重要的一點是，瑪麗亞・蒙特梭利向我們展示一個令人欣喜的可能：**事情可以變得更好**。我們不必繼續以同樣的方式教育兒童，我們可以大幅改善教育現狀，而且這些改變**不會**帶來很多負面影響。即使我們給予學童很大的自主權，也不會犧牲掉他們掌握基本技能、或是在制式考試中取得好成績的能力。孩子不需要別人告訴他們應該學什麼、什麼時候學、如何學才會進步；他們自己就能做得很好。

　　蒙特梭利教學方法的激進程度筆墨難以形容。美國和
其他國家的普及兒童教育先驅都深受十九世紀中葉普魯士
小學系統的影響，*而普魯士的教育家又受到哲學家約翰・
哥特利布・費希特（Johann Gottlieb Fichte）的影響。費希
特清楚的表明，學校教育的目的正是為了粉碎孩子的精
神。他於1807年寫道：

> 教育的目標應致力於摧毀自由意志[23]，如此一來，學
> 生在接受教育之後，終生都沒有能力去思考或做出校
> 方要求以外的事。

　　蒙特梭利與費希特的世界觀差異極大，然而，她的方
法在教育兒童方面，與費希特提倡摧毀自由意志的方法一
樣出色，甚至更好。蒙特梭利證明，她那個時代的標準教
育環境（可悲的是，我們這個時代也一樣）可以全面獲得
改善，而且這樣做不需要英勇的教師或大規模的額外支
出，只需要放棄一些不正確的假設，以不同的方式處理事
情，即使這種方式與主流截然不同。也就是說，我們需要

---

* 注：普魯士很早就實行國家資助的義務教育和普及教育，並教授實用技能。1843
年，美國教育改革家賀拉斯・曼（Horace Mann）前往普魯士考察學習，歸國後，
幫忙說服麻州（Massachusetts）、紐約州（New York）和其他州效仿普魯士模
式。

極客的激進心態。

　　一群極客現在為企業所做的事情，和瑪麗亞・蒙特梭利為學校所做的事情如出一轍。他們正在重新想像企業、改善企業，揭露錯誤的假設。愈來愈多商業領袖正在建立非常不一樣的企業，而且這些企業都是非常成功的公司，這一點並非巧合。

　　同樣並非巧合的是，我們將會看到，相較於傳統組織，這些極客所創建的組織階層較少、較不僵化死板、不那麼重視規則，也比較少由上而下的管理。蒙特梭利證明，孩子在沒有限制的情況下可以表現出色；現今的商業極客也正在證明，企業可以在沒有限制的情況下脫穎而出。在工業時代，我們對學校教室和企業組織疊床架屋。這些極客向我們展示，當我們消除教室和企業中多餘的成本和架構時，事情會運作得多麼好。

對於我和你的新看法

　　為什麼極客之道如此有效？要回答這個關鍵問題，我們得借鑑一系列涉及各種人類文化（而不只是企業文化）的研究，並探討這些文化如何隨著時間的推移，累積知識和專業技能。這一系列研究從基本原理開始；它以進化論為基

礎，而進化論是科學中最堅實的基礎之一。[*]

　　在現今的商業研究中，將目光轉向進化論不是主流方法，連少數派都稱不上，即便稱之為「邊緣」都可能太過抬舉。正如心理學家蓋德・薩德（Gad Saad）所說：「絕大多數商業學者[24]都沒有意識到，有時甚至敵視」研究進化論可能提供人類組織行為見解這樣的想法。

　　我的經驗支持薩德的論點。在我近三十年的商學院工作生涯中，參加過無數會議、研討會、研究小組會議，我記得只有幾次有人認真建議我們去研究進化論的科學。

　　然而，是時候改變這種情況了，原因很簡單，正如生物學家費奧多西・多布然斯基（Theodosius Dobzhansky）在1973年所說：「只有在進化論的框架下[25]，生物學的一切才能得到合理解釋。」這個公理既適用於思想，也適用於身體。心理學家安妮・坎貝爾（Anne Campbell）如此優美的描述它：「進化不止於頸部[26]。」也就是，進化除了影響我們的身體，也影響我們的思維。如果我們從進化的角度，審視人類思維與行為的許多面向，這些思維與行為就會更有意義。這也是我們終於要開始做的事情。

---

[*] 注：正如哲學家丹尼爾・丹尼特（Daniel Dennett）在他1995年出版的《達爾文的危險思想》（*Darwin's Dangerous Idea*）一書中所寫[27]：「如果要我為有史以來最好的想法頒獎，我會先把獎頒給達爾文，而非牛頓（Newton）、愛因斯坦（Einstein）和其他人。自然選擇進化的想法，一舉將生命、意義和目的，與空間、時間、因果、機制以及物理定律統一起來。」

　　過去幾十年，由一群跨學科社會科學家所進行的研究，已經凝聚成一個稱為「文化進化」（cultural evolution）的研究領域。為了回答一個經典的問題：**我們人類為什麼會做我們所做的事？**這個領域從一個觀察開始切入：我們不是地球上唯一形成文化的物種，但我們是唯一一個能發射太空船和做其他極其困難、複雜事情的物種。這個觀察很快引出一系列問題：

　　人類文化如何隨時間推移變得更聰明？是什麼加速或減慢知識的累積？為什麼有些文化比其他文化更成功？當文化發生衝突時，誰會獲勝？文化衰敗最常見的方式是什麼？個人如何獲取、產生和傳遞知識？我們如何平衡個人利益與集體利益？當個人行為不端時，他們的文化如何令其回歸正軌？

　　正如接下來將會呈現的，文化進化領域已經研究這些問題好一段時間，並得出經過壓力測試的可靠答案。好消息是，這些答案既適用於企業文化，也適用於人類所創造的其他各種文化。為了解文化進化的答案多有用，讓我們稍微改寫一下上述問題：

　　創新是如何發生的？是什麼加速或減慢創新？為什麼

有些企業比其他企業更創新、更成功？當企業競爭時，誰會獲勝？隨著時間的推移，企業失去競爭力最常見的方式是什麼？是什麼讓個人具有生產力？是什麼讓團隊能合作無間？我們該如何才能完美的將人們獲取成功的欲望，與組織的目標協調一致？我們應該預期組織內會出現哪些不良行為？如何才能最大限度減少這些行為？

文化進化領域提供我們一種解決這類問題的全新方法，並給出一些新答案。這是一個好消息，因為這些問題顯然是非常重要的問題。而對於我們這些想要在競爭中領先的人來說，更好的消息是：文化進化的見解尚未傳播到商業界。這意味著，我們有絕佳的機會領先他人應用這些知識。

我不記得曾聽過任何管理者（無論他是不是極客）談論過我們將在接下來幾頁介紹的許多關鍵概念：超社會性、聲望與支配地位、高階懲罰、終極問題與近因問題、新聞祕書模組……等等。我也不曾在以一般大眾（相對於學術領域讀者）為對象所撰寫的商業書籍中，看過這些概念。我們將在後續章節中探討一些比較熟悉的概念，如合理推諉（plausible deniability）、可觀測性、行為準則、常識、納許均衡（Nash equilibria）和囚徒困境，儘管這些概

念都非常重要，但在實際應用中仍未獲得足夠的重視。簡
而言之，文化進化的新科學尚未從學術界的研討室轉移到
企業的董事會和會議室裡。哈佛商學院或任何其他商學院
不會教這些（相信我，我在那裡待了十五年）。對我以及
（我希望）作為本書讀者的你來說，真正令人興奮的機會在
於結合理論與實務，對一些關鍵商業問題產生新的理解。
或更具體的說，是來自文化進化領域的一些新理論，以及
來自極客企業的一些新做法。

　　有趣的巧合是，構成極客之道的實務做法，及解釋極
客之道為什麼如此有效的理論，都是二十一世紀的產物。
就像我們即將看到的，一些早期具深遠影響的極客商業事
件，如第一次Ａ／Ｂ測試、敏捷軟體開發方法的誕生，就發
生在世紀之交時。

　　文化進化的起源比這更加久遠，但這個領域近年來才
真正開始蓬勃發展。我最依賴的許多書籍都是在過去十年
出版，包括《藍圖》（*Blueprint, 2019*）、《善良悖論》（*Goodness Paradox, 2019*）、《社交》（*Social, 2013*）、《理解宇宙的猿》（*The Ape that Understood the Universe, 2018*）、《愚人愚弄》（*The Folly of Fools, 2011*）、《數據、謊言與真相》（*Everybody Lies, 2017*）、《為什麼其他人都是偽君子》（*Why Everybody Else Is a Hypocrite, 2010*）、《大腦中的大象》（*The Elephant in the Brain, 2017*）、《理性之謎》（*The Enigma of*

Reason,2017）、《我們成功的祕密》（*The Secret of our Suc-cess,2015*）、《為什麼這麼荒謬還有人信？》（*Not Born Yesterday,2020*）、《西方文化的特立獨行如何形成繁榮世界》（*The WEIRDest People in the World,2020*）、《著火》（*Catching Fire,2009*）、《社交本能》（*The Social Instinct,2021*）和《隱藏遊戲》（*Hidden Games,2022*）。這些作品涵蓋許多不同主題，共同之處在於講述進化如何把我們形塑成一個獨特的文化物種。

那些開創性的商業極客和文化進化領域的先驅都在做有趣且重要的工作，但他們一直在平行的軌道上工作，尚未出現有意義的交集。本書的出現正是為了改變這個現狀。

我們為什麼應該關心「為什麼」

在探索極客之道時，將理論與實務結合可以獲得兩大好處。第一個、也是最明顯的好處是，我們能更快取得進展。當務實的工匠與具有理論頭腦的科學家互動時，雙方會互相學習，所有人都可以受益。

工匠希望讓一些東西運作得更好。這個東西可能是海上獨木舟、青蛙皮製成的毒素、蒸汽機或企業。這些人主要依靠智慧、經驗和直覺來指導自己的工作，他們的指導性問題是：「我該如何改進這個東西？」科學家更注重理

論，他們的指導性問題是：「為什麼這個東西是以這種方式運作？」為什麼這一艘海上獨木舟比另一艘更快？為什麼以某種特殊方式調配而成的毒素效果更強？為什麼這台蒸汽機或那家企業效率更高？

　　「如何……？」和「為什麼……？」這兩種問題交替出現，共同推動世界的進步。工匠經常以改進某樣東西的方式開啟對話，而這會引起科學家的好奇心。例如，科學家們很好奇，為什麼詹姆士・瓦特（James Watt）的蒸汽機比之前的蒸汽機運作得更好，這些問題催生出熱力學。科學家加強工匠對事物的理解，並給予他們更好的工具。熱力學知名三大定律，幫助無數設計師和工程師建造更好的引擎。「如何」與「為什麼」的相互作用發生在各個領域。安東尼奧・史特拉第瓦里（Antonio Stradivari）花費數十年時間，琢磨如何讓弦樂器發出更好的聲音。自從他於1737年去世以來，我們已經深入了解，為什麼他製作的琴會產生如此美妙的聲音，現在我們可以製造出比史特拉第瓦里小提琴更好聽的琴[28]。幾個世紀以來，農民一直在進行作物輪作的實驗，直到喬治・華盛頓・卡弗（George Washington Carver）透過化學來解釋，為什麼這是一個好主意。他讓美國南部的種植者輪作消耗氮的棉花，與提供氮的花生或黃豆，來提高產量。

　　現在正是一個迷人的時刻。大量對組織、文化和學習

問題感興趣的人，已達到足以產生群聚效應的規模，其中既有問「如何做」的工匠，也有問「為什麼」的科學家。本書的基本假設是，把這兩個陣營結合在一起，我們就能在這些被稱為企業的問題上更快取得進展。

更重要的是，這些改進將會持續下去。

理論與實務結合的第二個主要好處是，一旦我們有一個理論基礎，說明為什麼這些新實務做法效果更好，我們就能更好的堅持下去：只要我們理解它們運作的基本原理。已故的偉大管理學者克雷頓・克里斯汀生（Clay Christensen），也是我的導師，他堅信：「管理者是理論的貪婪消費者[29]」。我認為這不僅適用於管理者，也適用於我們所有人。我們不只想知道某個方法是否有效，更想知道它**為什麼**有效。

我們往往更容易接受與我們既有觀念相符的觀點，而與我們的觀念不合的意見，則常常被忽略或直接排斥。一位十九世紀醫生的悲劇故事清楚表明這一點，他的思想只是稍微超前他的時代，便不見容於社會。在開始解釋極客之道前，我想先分享他的故事，因為這則故事凸顯出除了確定自己的觀點正確之外，更重要的是要解釋**為什麼**你是正確的，而且令人信服。這兩者之間的差異，可能就是改變世界與失去理智之間的差距。

一個想法的萌芽

1846年，伊格納茲・塞麥爾維斯（Ignaz Semmelweis）
在維也納綜合醫院（Vienna General Hospital）擔任我們現在
所謂的住院總醫師時，注意到該院兩個生產中心之一的死亡
率比另一個高很多。在第一生產中心，約有10％的婦女在生
產後幾天內死亡，原因是所謂的產褥熱[30]。* 與此同時，在第
二生產中心的死亡率則僅約4％。消息傳開後[31]，產婦紛紛懇
求不要去第一生產中心。有些人甚至寧願在街上生產。

塞麥爾維斯的同事似乎對這種差異不感興趣，也不太
在乎降低第一生產中心驚人的死亡率。如他所述：「第一生
產中心醫院人員對（病人）的漠視，讓我感到非常痛苦，
生命似乎毫無價值[32]……一切都顯得莫名其妙，一切都令
人懷疑。唯有大量的死亡是不容置疑的現實。」因此，塞
麥爾維斯以典型的極客風格，著手研究並解決這個問題。

他開始詳細記錄兩個生產中心之間的所有差異。準媽
媽們被隨機分配到兩個生產中心，所以兩個生產中心接診
的並非不同類型的孕婦。** 塞麥爾維斯發現，最大的不同

---

* 注：「產褥熱」這個相對優雅的名字，掩蓋這種疾病的可怕之處，它造成新媽媽
發燒、出血、頭痛和讓人無法正常活動的疼痛，即使不至於致命。現在這種疾病
被稱為產後發燒或產後敗血症。

** 注：所有當天入院的產婦都去第一生產中心，隔一天入院的產婦則是去第二生產
中心。

是，第一生產中心的工作人員是醫學生，而第二生產中心的工作人員是受訓中的助產士。他調查兩組人的日常工作發現，醫學生經常在解剖屍體後直接前往生產中心。助產士則不然，因為解剖屍體不是他們的學習範疇。

塞麥爾維斯假設，醫學生在離開解剖室時，手上沾有某種「屍體微粒」，而在協助孕婦分娩時，會將這些微粒轉移到她們身上。正是這些微粒讓母親們生病，並導致許多人死亡。塞麥爾維斯開始嘗試各種方法以阻止這種轉移，並使用他唯一可用的測試方法：怎樣才能去除學生手上的腐爛屍體氣味？塞麥爾維斯發現氯化石灰溶液效果最好，並在1847年5月，規定醫學生在進入第一生產中心之前，必須強制洗手。*4月份，產婦死亡率[33]為18.3％，6月份為2.2％，7月份為1.2％。洗手的好處竟然如此強大，簡直像是個奇蹟。1848年，第一生產中心有兩個月沒有任何產婦死亡。

保護產婦免受產褥熱之苦的奮鬥故事，有一個美滿的結局。但不幸的是，這個醫學上的勝利不是塞麥爾維斯的功勞。儘管他負責的生產中心在防止產褥熱方面取得無庸置疑的成果，但他關於如何保護產婦生產的想法卻一再被拒絕。

---

* 　注：是的，你沒有看錯。就在1840年代，世界上最富有、技術最先進國家的醫生，在解剖完屍體去接生之前不會洗手。

　　為什麼塞麥爾維斯取得的進展被忽視？因為他沒能改變同僚醫生的心態。十九世紀中葉的主流觀點認為，許多疾病是由**瘴氣**或腐爛物質散發出的惡臭空氣傳播。這個理論來自直觀的邏輯推理：氣味經由空氣傳播，而當出現腐爛氣味後，人們常常開始生病，因此推理的結果是空氣本身會傳播疾病。對於以瘴氣理論為基礎的醫學界來說，塞麥爾維斯關於屍體微粒的想法毫無意義，他有關洗手的建議也是如此，因此他的做法遭到貶斥、忽視。

　　他無法說服自己的同僚，也無法阻止所有不必要的痛苦和死亡，這讓塞麥爾維斯陷入瘋狂。他變得好鬥、沮喪、反覆無常。1865年，他被送往維也納一家精神病院[34]，兩週後死於壞疽。*他的死亡沒有受到醫學界太多關注。接替塞麥爾維斯的生產中心主任停止洗手的做法，結果產婦死亡率立刻躍升六倍。

　　產褥熱幾乎消除，很大程度上得歸功於路易斯・巴斯德（Louis Pasteur）的貢獻，而不是塞麥爾維斯。為什麼？因為巴斯德改變的不單單只是一個程序，而是整個科學體系。他在1860年代安排一系列的實驗，向醫生證明塞麥爾維斯是對的，以及他為什麼是對的。

　　巴斯德確切的證明，引發許多疾病的不是惡臭空氣裡

---

*　注：塞麥爾維斯在精神病院接受的治療包括，浸泡在冷水中和強制灌食瀉藥。導致他死亡的壞疽，很可能是遭警衛毒打後的傷口所引起的。

的瘴氣,而是被稱為細菌的微小生物。*塞麥爾維斯口中的
「屍體微粒」實際上就是這些微生物,它們不僅是傳染病的
罪魁禍首,巴斯德還證明,這些微生物能使麵包發酵、奶
酪成熟、啤酒和葡萄酒發酵等等。

　　巴斯德創立的微生物學,大大提升我們對世界的理
解。有了對微生物學的認識,我們開始對牛奶進行巴斯德
殺菌法,研製疫苗,並在進行醫療程序之前洗手。我們無
法確切了解我們從這些新知識獲得多少好處,但有一個與
我們故事相關的統計資料:目前全球產婦平均死亡率[35]約
為0.2%(奧地利的產婦死亡率為0.004%)。巴斯德在法國
成為活生生的傳奇人物,法國還以他的名字成立一家重要
的研究機構。1895年巴斯德去世時,人們為他舉辦國葬,
將他安葬於巴黎聖母院。**

　　巴斯德和塞麥爾維斯職業生涯之間的差異,一目了
然。一個改變世界,另一個卻因為無法讓人們看到他所看

---

*　注:在巴斯德最知名的一次實驗中,他使用一個形狀特別的玻璃燒瓶:它的長頸
　　從燒瓶底部向上彎曲,然後再向下彎曲180度,接著又向上彎曲180度。當外部
　　空氣進入燒瓶時,向上的彎曲可以捕集所有灰塵和其他微粒。巴斯德將營養豐富
　　的肉湯放入「天鵝頸」燒瓶的底部,煮沸直到燒瓶和肉湯都被消毒。然後他打開
　　長頸的末端,讓肉湯與外部空氣接觸。如果空氣真的攜帶疾病,則肉湯就會腐
　　爛。但事實並非如此,因為所有的細菌(附著在微粒上)都被困在向上的彎曲
　　處,從未與肉湯接觸。天鵝頸瓶實驗對於說服人們瘴氣理論錯誤、細菌理論正
　　確,發揮關鍵作用。

**　注:他的遺體後來被移到巴斯德研究院(Pasteur Institute)。

見的事實而陷入瘋狂。塞麥爾維斯未能實現他所熱衷的變革，很大程度上是因為，這種變革在他醫學同僚的既定信念和態度（即思維）體系中毫無道理可言。他們深陷在錯誤的瘴氣信念中，以至於塞麥爾維斯的想法屢遭嘲笑、忽視和拒絕。但是，當巴斯德的研究成果公之於眾後，生物學家和醫生不僅立刻做好心理準備，也願意改變自己的信念和行為。在十九世紀最後二十五年，歐洲的醫生拋棄瘴氣的觀念[36]，採用疾病的細菌理論，努力避免病人意外接觸到這些微生物。隨著細菌理論及它的實際影響傳播到世界各地，疾病的傳播速度減慢。（你能否想像，今天如果有一名婦產科醫生在協助生產前拒絕洗手，會有什麼後果嗎？）

　　我們這些希望企業變得更好的人，過得比可憐的塞麥爾維斯更好，因為相當於巴斯德的實證近期已經出現。正如我們接下來將看到，圍繞人類如何創造文化這個重要問題的許多謎團，已經獲得解答。我們現在更了解自己，這意味著我們不太可能繼續重複過去的錯誤。我相信極客之道將歷久不衰、廣為流傳，不只是因為它效果更好，更是因為我們現在明白它為什麼如此有效。在接下來的章節中，我會花很多時間解釋，商業極客如何經營自己的企業，我也將解釋為什麼這些方法會運作得如此之好。有了這樣的理解，任何有意願這樣做的企業都可以迅速變得更極客。

摘要

我們對極客所掀起的電腦革命給予極大關注，但我認為我們一直誤解他們發起的另一場革命：一場仍在進行中的企業革命。商業極客為工業時代的標準企業文化進行升級。

極客之道是幫助組織在這個瞬息萬變的世界中蓬勃發展的一套解決方案。它是文化解決方案，而不是科技解決方案。

極客之道傾向於爭辯，厭惡官僚體系。它偏好迭代而非規劃，迴避協調，並容忍一些混亂。它的實踐者敢於發聲，主張人人平等，不害怕失敗、挑戰上司或被打臉。他們不尊重階級制度和資歷，而是尊重互助精神和能力。

為了理解極客之道為什麼如此有效，我們將借鑑文化進化這個新興的研究領域。文化進化的見解尚未傳播到商業世界，這意味著，掌握這些知識的我們有絕佳的機會領先他人。

我會花很多時間解釋商業極客如何經營自己的企業，我也會解釋為什麼這些方法會運作得如此之好。有了這樣的理解，任何有此意願這樣做的企業，都可以迅速變得更極客。

第 一 章

通往極客文化的四條道路

當你理解自己可以觸動生活……可以改變生活，可以形塑生活。這也許是最重要的事情……。

一旦你領悟到這一點，你就會想要改變生活，讓它變得更好，因為生活在很多方面都有些混亂。一旦認清這件事，你就再也不一樣了。

——史帝夫・賈伯斯

相較於工業時代的企業，極客企業的辦公室衣著規定更寬鬆，提供更棒的零食，有更多狗和手足球桌，但這些都不是重要的區別。希望沒有人誤解，認為只要在工作場所穿上連帽衣、帶著哈士奇，就能採用極客之道。那麼，真正區分極客組織與非極客組織的關鍵差異是什麼？我的答案是有四點不同之處。我會用四個簡短的個案研究說明這些企業如何屏棄工業時代的既定做法，擁抱極客之道。

五十一區的異常活動

就像許多人一樣，威爾‧馬歇爾（Will Marshall）很好奇，智慧型手機究竟是否能在外太空使用。但與大多數人不同的是，他是位真正的火箭科學家，因此很有機會找出答案。

自2006年加入美國航空太空總署（NASA）以來，馬歇爾在系統工程學方面獲得寶貴的訓練和經驗。系統工程本身相當複雜，涉及創造一組相互依賴的元件，而非只是創造單一產品，因此需要在元件建造、整合與測試之前擬定龐大的前導計畫。馬歇爾解釋說：

NASA教你應對複雜的系統級挑戰。在軟體方面，

你可以採取「讓我們先把東西擺進去，看看它是否有效」的方法。但你不能在發射衛星後才說：「完蛋了，我們還沒有開發出軟體」，或者「那個無線電其實不能與太陽能面板配合使用，讓我們把它拆下來修理一下。」呃，沒辦法，因為它在太空中。

　　然而隨著時間流逝，馬歇爾對NASA完成專案所需耗費的大量時間感到愈來愈沮喪，尤其是那些沒有生命危險的低風險專案。他還看到，在測試或建造任何東西之前，需要進行大量的前置規畫。馬歇爾開始認為，即使是在系統工程和太空探索等複雜領域，快速行動和邊做邊學或許能獲得更好的成果。他認為，如果改以快速迭代、實驗循環與不同風險模式（例如高備援、低成本，而不是試圖消除所有故障）為核心，就有可能以不到1億美元的成本讓太空船登陸月球。但他的想法幾乎沒有獲得任何同事或主管的支持。馬歇爾回憶說：「我們被明確告知，不可能用不到10億美元的成本實現這個目標，所以別再把時間浪費在這上面。」

　　但馬歇爾沒有放棄，相反的，他與同事爭取到一位主管的許可（和保護），嘗試他們的方法。在NASA北加州的艾姆斯研究中心（Ames Research Center），一座名為五十一區的小建築中，馬歇爾與同事建造並測試登月車的下降和

著陸系統。他們使用現成的元件而不是「太空級」元件，僅花費約30萬美元就讓原型系統開始運作。馬歇爾說：

> 我們把NASA的高層請來，他們說：「哦，天啊，你們已經完成最困難的部分。」但他們接著說：「我們還是不相信你們，不過這裡有8,000萬美元，你們拿去試試吧。」我們確實嘗試了，並成功把登月車送上月球。這次任務合計花費7,900萬美元，這大約只是（現行）成本的十分之一，成為NASA史上最省錢的月球任務。

這項名為月球坑觀測和遙感衛星（LCROSS）的任務，贏得《大眾機械》（*Popular Mechanics*）雜誌頒發的突破獎[1]，部分原因是太空船「配備商用的現成儀器……節省團隊時間和開發高昂訂製儀器的成本」。這項任務還在月球上找到水，這是一項重大的科學發現。

馬歇爾和同事隨後決定將一些智慧型手機送上太空，看看這些裝置能否成功把照片傳回地球。畢竟，他們認為，現代手機具備拍攝和傳輸照片所需的一切功能。NASA艾姆斯研究中心主任沃登（Pete Worden）轄下的首席工程師、同時也是馬歇爾導師的皮特・克魯帕（Pete Klupar）常常舉起他的智慧型手機說：「為什麼我們製造的

太空船這麼貴？這裡面就有我們需要的大部分東西。」馬歇爾也說：「如果你比較一下太空船和智慧型手機的功能，就會發現它們有九成是重疊的。」因此，在請求差點被拒絕，並幾乎讓自己被開除之後，馬歇爾和他的團隊總算把一些手機送入太空，讓它們拍攝一些照片。馬歇爾告訴我：

> 有業餘無線電愛好者幫忙我們，從手機的無線電中收取封包，然後透過電子郵件把這些封包轉發給我們，我們把封包拼合成一張用智慧型手機從太空拍攝的照片。我們當時想，好吧，那支手機只要500美元，而大多數NASA的太空船卻要耗費5億美元。這**額外的六個零對我們有什麼作用**？

　　馬歇爾認為，有可能在建造衛星的成本上省下一些零，這個想法促使馬歇爾於2010年底，與前NASA同事、科學家克里斯・博舒伊森（Chris Boshuizen）和羅比・辛格勒（Robbie Schingler）共同創辦星球實驗室（Planet Labs）。星球實驗室現在利用超過兩百顆自家設計的衛星所組成的網路，每天掃描地球[2]，並將蒐集到的資料和圖像賣給政府和產業界。馬歇爾估計，與其他太空圖像供應商相比，星球實驗室的成本優勢大約高達千倍。

　　這種成本優勢主要來自三個方面。前兩個是，星球實

驗室願意使用廉價的商用元件，以及它對失敗的容忍度。
馬歇爾向我解釋：「我們說過會從像是智慧型手機之類的裝
置中，獲取最新技術，然後把這些裝置塞進我們的衛星，
並比實際需要的多發射幾顆衛星。只要其中有八成或九成
運作正常，我們就很滿意。」

　　星球實驗室的第三個優勢源於它偏愛快速工作、快速
迭代，以及從每個循環中學習。馬歇爾說：「過去五年，我
們平均每三個月就有一枚新火箭升空，每次帶著大約二十
顆衛星。每次發射還包括我們正在測試的下一代技術：最
新的無線電或相機等等。成功的技術將被納入下一批衛
星。我們版本修正的時間是以月為單位，而 NASA 則是以
十年或二十年為單位。」

　　馬歇爾向我總結行星實驗室與他前雇主之間的差異：
「在 NASA，我在六年裡參與過五次太空船任務，這算是經
驗豐富了；大多數人在 NASA 的職業生涯中，只會參與一
到兩次任務。但在星球實驗室的十年裡，我們用三十五枚
火箭發射過五百艘太空船，並對太空船進行過十八次設
計、建造的版本修正。這是不同的創新節奏。」

最難做的決定

　　阿迪・威廉斯（Ardine Williams）不知道該如何完成自

己的工作。在亞馬遜工作近三個月後，她在一個專案上取得良好進展，但面對最後的臨門一腳，卻不知道該怎麼完成它。

威廉斯是一個專門確保亞馬遜遵守聯邦雇用法的小組成員。她確信自己找到一個解決方案，並希望付諸施行，但她不知道該如何踏出最後一步：在亞馬遜招募網Amazon.jobs進行修改。問題在於，她不知道是誰負責這類修改。事實上，她開始感覺似乎無人負責。

原本已經退休的威廉斯，選擇重出江湖加入亞馬遜。她曾在惠普（Hewlett-Packard）和英特爾（Intel）擔任過各種職務，最後在英特爾以人資副總的身分結束自己的職業生涯（她原本這樣以為）。然後她說，2014年秋天，她接到一家公司招募人員的電話。

> 我當時坐在露台上，一邊喝著馬丁尼，一邊眺望群山。我對招募人員說：「我很樂意和你聊聊，但我不打算重返職場。」對方回答：「在你拒絕我之前，先聽我說說這個機會；它是在亞馬遜。」我當時的反應大概是：「亞馬遜，好吧。我會在那裡買書。」但對方說：「不是亞馬遜網路零售部門，是亞馬遜網路服務（Amazon Web Services, AWS）。」
> 我放下酒杯，因為我知道雲端運算正在改變商業，減

少技術基礎設施建設的前期投資，讓企業能夠將資金投入到對顧客重要的事情上。我心想：「也許，這真的是一個值得考慮的機會。」

當招募人員找上威廉斯時，AWS只有幾千名員工，但銷售額卻以每年約40％的速度成長[3]。雲端運算顯然有機會成為亞馬遜未來的重要支柱，而要實現它的潛力，AWS需要像威廉斯這樣的高階主管，懂得如何協助組織找到並留住合適的人才。威廉斯於2014年秋季加入亞馬遜，成為負責AWS人力資源的副總裁。

威廉斯很快發現，亞馬遜的營運方式與自己熟悉的其他大型科技公司不同，首先，亞馬遜支援像人事配置等後勤部門的技術還不夠成熟。她回憶說：

我進去後心裡直想，誰能告訴我，這個地方到底是怎麼運作的？我每個月都要提交一份AWS的徵人進度報告，但要完成這份報告，我需要花三天的時間，使用四個不同的系統和一個貼有很多黃色便條紙的白板才能完成。因此，根本沒有什麼基礎設施，不過公司的確擁有一大群聰明人。幸好我有幾位了解亞馬遜運作方式的同事，所以我們能夠做一些非常酷的事情。

　　然後有一天，威廉斯接到一通非常**不酷**的電話：是位律師打來的。是亞馬遜自己的律師，打來詢問一個可能發生的問題。威廉斯回憶說：

　　亞馬遜最近拿到不少聯邦政府的資料中心和其他支援合約。一旦成為聯邦政府的承包商，就必須遵守一項法規，該法規基本上規定，如果我正在為一份工作面試你，而你現在是政府職員或曾經為政府工作，我必須問你：「你有沒有和你的倫理長（ethics officer）*談過？你的倫理長是否知道你正在面試工作，她或他是否批准你進行面試？」我們的問題是，我們沒有向透過Amazon.jobs網站求職的人，詢問這個問題。

　　討論一段時間後，律師提議：「嘿，我們可以自我認證嗎？如果我們告訴**所有**求職者：『如果你是現任或前任政府職員，請確認自己在提交求職申請時已經與倫理長談過』，怎麼樣？」我們都覺得這麼做或許可行。於是他負責擬定文字說明，我則去找一位負責程式設計工作的網站開發人員，將這段話加入網站。接著網站開發人員就完成這項工作。

---

*　編注：負責員工倫理教育訓練、解決倫理疑慮等相關問題，以及處理員工舉發企業不當行為的投訴。

　　然後這個專案就陷入困境，威廉斯如此描述自己的感受：

我開始尋找需要誰來批准這件事。這是我進入公司的頭九十天，我感覺彷彿身處火星，一切似乎都很混亂。我無法理解，一家擁有超過十萬名員工的公司，怎麼能夠像新創企業般運作，但確實有這樣的感覺。在處理法遵問題或修改網站方面，我看不到什麼正式的流程或結構。

　　威廉斯向一位在亞馬遜工作多年的資深同事尋求建議：

我說：「我找不到誰可以批准這件事。」他疑惑的問我：「你在說什麼？」我解釋說：「我準備修改Amazon.jobs網站的內容，一定有某種管理審查委員會必須看過這個內容吧？」他說：「已經有人審查過——就是**你**。你告訴我，我們已經獲得法務批准，我們也得到事業單位的批准：那就是你。所以你為什麼還不下定決心修改？」
老實說，我啞口無言。我就是無法回答這個問題。所以他問我：「如果你提議的修改變得一團糟，怎麼

辦?」我說:「嗯,那我們就撤銷這次的修改。」他問:「需要多久的時間?」我說:「不到二十四小時。」他說:「我再說一次,阿迪。下定決心放手做吧。讓更多人參與決策不會改變結果。」

我得說,打電話給開發人員說:「好,開始吧。」可能是我個人職業生涯中做過最困難的事情之一,因為這與我之前的工作經驗背道而馳。

就像大多數知識工作者一樣,威廉斯在職涯發展的過程中,已經習慣充滿既定工作流程的環境。為了符合聯邦法規而修改網站,如此重要的變更往往需要提交給管理審查委員會。這時通常會有一個流程,需要申請者提出修改建議、提交所需文件和變更理由。審查委員會將由公司多個部門的人員組成,包括人力資源、資訊系統、通訊和法務部門,很可能還有一個小組委員會,負責決定哪些變更足夠重要,需要提交給全體委員會。當全體委員會開會時,他們將批准一些變更,否絕一些變更,並要求提供更多資訊,然後才能對其他變更做出最終決定。我詢問威廉斯,她以前的雇主需要多久才能實施她提議的網站變更,她回答「大約三個月」。

然而,在亞馬遜,人們只需要下定決心就能完成任務。

讓「河馬」成為瀕危物種

2009年春天，Google視覺設計主管道格・鮑曼（Doug Bowman）忍無可忍[4]，毅然辭去工作。他喜歡那些「聰明絕頂、才華洋溢」的同事，也學到很多東西，還會懷念「免費的食物……偶爾的按摩，以及作家、政客和名人前來演講或表演。」但他不喜歡也不會想念的，是必須用資料來證明自己所有決定的合理性。

Google不接受像鮑曼這樣經驗豐富的設計專家的判斷，而是遵循一套自己的流程，鮑曼將這個流程以機械術語描述如下：「把每個決定簡化為一個簡單的邏輯問題。消除所有主觀因素，只看資料。資料支持你的決定嗎？好的，那就推出。資料顯示有負面效果？那就重新設計。」

與設計領域的其他許多人一樣，鮑曼認為這種方法根本就是錯的。在他看來，為網頁或其他任何事物發想出一個好的設計，本質上是一個主觀和創造性的過程，這個過程更依賴藝術，而非科學。就像傳奇設計師保羅・蘭德（Paul Rand）所說：「好設計的根源在於美學[5]：繪畫、素描和建築，而商業和市場研究的根源則在於人口統計和統計學；美學和商業在傳統上是互不相容的學科。」鮑曼舉出幾個例子，說明統計資料如何在Google入侵美學：「一個團隊……無法在兩種藍色之間做出決定，因此他們測試兩種藍色之間四十一種不同深淺的色調，看看哪一種表現更

好。我最近曾經為邊框寬度應該是三像素、四像素還是五像素展開辯論，並被要求證明我的觀點。我沒辦法在這樣的環境下工作。」

這樣的環境誕生於2000年2月27日，當時Google的一個團隊向隨機選擇的一組網站訪客，展示一個版本的搜尋結果頁面[6]，同時又向另一組訪客展示不同的版本。這是全球資訊網史上第一個已知的A／B測試。

自此之後，進行A／B測試就成了Google的常態。隨著二十一世紀的發展，測試與遵循資料的文化逐漸滲透到Google的決策中，甚至像設計這種高度主觀的領域也不例外。Google的首席經濟學家哈爾・瓦里安（Hal Varian）強調：「我們不希望高階主管討論[7]藍色背景還是黃色背景會帶來更多廣告點擊……既然我們可以簡單的透過實驗找到答案，為什麼還要爭論這個問題？」2014年，Google估計，透過鮑曼不以為然的那種測試並正確的選出藍色調，讓廣告收入每年增加2億美元[8]。

A／B測試之所以能吸引一批熱情的擁護者，是因為它證明了專家對使用者偏好的直覺往往不準確，有時甚至完全錯誤。實驗結果顯示，即便是經驗豐富的專業設計師，也未必知道使用者實際希望的網站外觀和感覺是什麼。A／B測試的重度支持者，用一個輕蔑的詞彙來形容這群專家：這是「河馬」（HiPPO）做的決策，也就是「最高薪酬人員

的意見」（highest-paid person's opinion）。Google數位行銷布道者、「河馬」這個名詞創造者之一的阿維納什・考希克（Avinash Kaushik）更直接點出：「絕大多數網站之所以很糟糕[9]，是因為創造它們的是河馬。」

雖然 Google 仍然雇有數千名專業設計師[10]，卻沒有把這群專業設計師對使用者需求所做的判斷視為最終結論，而是在大規模推廣之前，測試他們的判斷。Google 相信自家設計師擁有良好的直覺和深厚的專業知識，然而，這種信任不是公司設計流程的終點。事實上，Google 強調 A ／ B 測試和其他類型實驗的重要性，完美體現一句俄羅斯古老諺語：「信任，但要驗證。」（*doveryai, no proveryai*）

一位執行長、一位教授和一位新員工

2006 年夏天，布萊恩・哈利根（Brian Halligan）坐在我位於哈佛商學院的辦公室裡，開始針對我最近發表的一篇文章提出問題。他剛剛完成麻省理工學院史隆研究員計畫（為期十二個月的企業管理碩士學程），正打算與同學達美什・沙哈（Dharmesh Shah）一起創業。引起他注意的文章，討論的是在企業內部使用部落格和維基（維基百科的核心軟體）等工具，他想更深入探討這個主題。在我們最初的談話中，我們發現彼此都很興奮，認為科技有股潛力，可以

讓企業運作得更良好。而且我們都是波士頓紅襪隊（Red Sox）的球迷。我們臭味相投，並保持聯繫。

2009年，哈利根與沙哈創立的行銷軟體企業HubSpot成長迅速。哈利根擔任執行長，他再次來到我的辦公室，討論為員工制定內部教育計畫。他希望為員工提供夜間課程，讓他們有機會學習新技能。這沒有什麼特別的，大多數企業都會提供教育訓練。但哈利根採取一種新穎的方式。

我在商學院已經任教十年，參加過許多高階主管教育計畫。為企業量身打造課程通常是因為某位高階經理人希望自己的部門做好準備，例如，迎接網路經濟的挑戰，於是聯繫商學院。經理人與學校商定課程後，計畫就開始上路。

哈利根採取不同的方法。在我們進行一番腦力激盪之後，他說：「好吧，到辦公室來，讓我們向員工介紹這個想法，聽聽他們的意見。」然後我們召開這場會議，而哈利根與員工的互動方式，讓這場會議成為我職業生涯中最令人大開眼界的會議之一。

在哈利根把我介紹給大約二十位員工之後，我談到我們共同腦力激盪出來的課程。然後，哈利根也分享他希望員工能具備的技能。最後哈利根問：「大家覺得怎麼樣？」並坐了下來。根據我的經驗，這通常是暗示員工告訴執行長，他們覺得剛剛的提議非常棒，非常切合時宜，他們只

想根據剛剛聽到的內容提出幾個建議，讓這個想法變得更棒。

不過情況與我的預想不同，第一個發言的人看起來很年輕，只是個新進的菜鳥，他開頭就說：「有幾件事我不喜歡」，然後滔滔不絕。我有點同情這個孩子。在公開場合公然頂撞自己的執行長，雖然不至於毀掉職業生涯，但至少會讓他和在場的其他人學到一個教訓。哈利根當然不會以「小心點，年輕人」，這樣明顯的方式回應，但他會不會採取一般做法，例如自嘲式的評論，讓在場的每個人都能暗地裡把這些評論解讀為一種警告？其他與會者是否會急忙補充說：「我想你的意思是……，」或「我覺得大家似乎都很贊同！」以及其他能夠迅速恢復會議和諧的場面話？

但實際的情況是，哈利根回應道：「說得好，我之前沒想到這一點。」接著他繼續討論。他的肢體語言毫無變化，會議室的氣氛也沒有變得緊張，除了我之外，似乎沒有人有絲毫訝異。事後，當我們見面討論聽到的內容時，哈利根根本沒有提到這件事。對他來說，一切如常。他不希望大家盲目迎合自己的想法或對他歌功頌德；他追求的是，就某個主題進行坦誠、平等的意見交流。而這正是他所得到的。

哈利根與沙哈多年來為 HubSpot 打造強大文化所付出

的努力，也得到回報。2014年，工作場所評論網站玻璃門（Glassdoor）開始根據企業自家員工的評價，公布美國最理想工作場所 [11]，HubSpot 在中小型企業榜上排名第十二。兩年後，發展迅速的 HubSpot 擠進玻璃門的大型企業名單，並排名第四。2020 年，HubSpot 被玻璃門評為全美大型企業中最理想的工作場所。

極客的行為準則

正如這四個例子所展示的，極客之道所指的不是一套技術（如機器學習或機器人技術）或一種策略思維方式，相反的，它與**行為準則**有關，是一套群體成員對彼此行為方式的期望。行為準則對於任何組織來說都非常重要，因為它就像社群內部的自我監督：如果你不遵守行為準則，你的同儕會提醒你，並努力將你拉回正軌。行為準則不能全靠主管維持，也不會詳細寫在員工手冊上。這些行為準則可能有些模糊，卻具有強大的力量；它們會以深刻的方式形塑人們的行為。

接下來，我將提供很多行為準則的實例。首先提供一個簡單的例子來說明這個概念。

1995 年春天，芭芭拉・雷・托夫勒（Barbara Ley Toffler）走進安達信會計師事務所（Arthur Andersen）芝加哥辦事

處，參加第一次求職面試。她回憶說:「我發現自己漂浮在一片高爾夫球衫的大海中[12]。事務所通常規定穿著正式服裝，還必須打領帶，但當天因為舉辦一系列的研討會，所以放寬服裝要求。但即便如此，每個人都穿著一模一樣的休閒服……我立刻感覺到，這裡有著獨特的企業文化。」

托夫勒對兩件事有深刻的見解:行為準則是任何組織文化的關鍵部分，而安達信有獨特的行為準則。托夫勒開始在安達信工作後，進一步了解到這家事務所有很強的一致性規範。除了「機器人般」的穿著外，這種行為準則還透過各種方式向她傳達和強化她的思想。在一次教育訓練課程中，資深同事表演一齣關於「限制職涯發展的舉動」的喜劇小品。儘管是以幽默的方式呈現，但這齣喜劇仍有效傳達它所要強調的訊息:會影響職涯的第一個舉動就是「展現過多個人風格的辦公室[13]」。

在第七章，我們將看到安達信僵化的行為準則如何導致事務所悲慘的走向衰落和瓦解。現代商業極客追求的是截然不同的東西:他們想要的是有助於企業成功並展現生命力的行為準則，而且他們已經確定其中四項準則是什麼。

第一個偉大的極客行為準則是**速度**:偏好透過快速迭代而不是全面性的規劃來實現結果。威爾・馬歇爾從NASA到星球實驗室的旅程，就是這個行為準則的典範。阿迪・威廉斯早期在亞馬遜的經歷則說明了第二個行為準則:**所有**

權意識。與工業時代的組織相比，極客企業擁有更高的個人自主權、授權和責任，較少跨職能流程，協調性也更少。

　　道格・鮑曼選擇離開 Google，是因為這家企業在做設計決定時，不以個人判斷或專業知識為依歸，而是根據**科學**這項行為準則：進行實驗、產生資料，辯論該如何解釋證據。至於我親眼目睹的員工與哈利根的互動，則是彰顯第四項、也就是最後一項偉大的極客行為準則：**開放**。哈利根公開討論自己的提議，對下屬的質疑抱持開放態度，而我認為最關鍵的是，他願意接受自己可能不正確，以及可能需要改變主意的想法。

　　所以，極客之道就是速度、所有權意識、科學和開放。本書也是如此。就像上述故事所展現的，極客之道可以應用於各種情況：從太空探索、雲端運算、軟體到廣告等不同產業；從研發、人力資源到設計等不同部門。這些故事也表明，極客之道不只適用於電腦科學家和其他科學、科技、工程、數學（STEM）領域的專業人士，相反的，這套準則滲透到企業的各個層面，從創辦人、執行長到管理者，乃至每一個員工，全都涵蓋其中。

　　既然我們現在對四大極客行為準則已有初步概念，接下來就讓我們看看，這四大行為準則如何落實在一家企業，以及領導人在塑造和維護這些準則方面所扮演的角色。我們也會對照同產業裡的另一家企業，而它的運作方

式明顯與極客之道大相逕庭。下面是兩家新創企業的故事，它們都希望能撼動娛樂產業。其中一家看來似乎非常有機會成功，另一家看來則是希望渺茫。

迅速隕落的新星

在2020年即將到來之際，如果你要打賭誰能夠洞悉、塑造電影娛樂的未來，並從中獲利，傑佛瑞・卡森伯格（Jeffrey Katzenberg）很可能是你的首選。畢竟，他的整個職業生涯一直在做這件事情。雖然卡森伯格不像某些知名演員和導演那般家喻戶曉，但他是好萊塢的傳奇人物，數十年來，一直對大眾的娛樂需求及娛樂業的變化趨勢，展現出非凡的直覺。

卡森伯格在整個職業生涯中不斷磨練自己的這種直覺。不到二十五歲，他就為時任派拉蒙影業（Paramount Pictures）董事長的巴瑞・迪勒（Barry Diller）工作。不到三十歲，迪勒就讓卡森伯格加入一個團隊，負責重新製作在近十年前（1969年）停播的《星艦迷航記》（Star Trek），這部電視影集擁有一大批狂熱粉絲。卡森伯格長途跋涉，飛越整個國家[14]，前去說服最後一位還未點頭答應演出電影版《星艦迷航記》（Star Trek: The Motion Picture）的原劇班底成員李奧納德・尼莫伊（Leonard Nimoy），該片

在1979年上映時獲得巨大成功。從那時起,《星艦迷航記》系列就不斷勇敢探索前人未曾涉足的領域。卡森伯格的職業生涯也是如此。

1984年,卡森伯格跳槽到華特迪士尼公司(Walt Disney Company),負責電影部門,當時該部門的票房收入在所有主要電影公司中是最後一名。在短短三年內,憑藉《三個奶爸一個娃》(*Three Men and a Baby*)、《乞丐皇帝》(*Down and Out in Beverly Hills*)和《早安越南》(*Good Morning, Vietnam*)等影片的熱賣,迪士尼的票房排名攀升至第一[15]。卡森伯格還負責製作長青電視劇《黃金女郎》(*Golden Girls*)和《家居裝飾》(*Home Improvement*)。但卡森伯格在迪士尼最成功的是監製動畫電影:《威探闖通關》(*Who Framed Roger Rabbit*)、《小美人魚》(*The Little Mermaid*)、《阿拉丁》(*Aladdin*)、《獅子王》(*The Lion King*),以及第一部獲得奧斯卡最佳影片提名的動畫電影《美女與野獸》(*Beauty and the Beast*)。卡森伯格成功駕馭多種類型的影片,從科幻、喜劇、戲劇到動畫片,觸動各種不同類型的觀眾。

在好萊塢,達成好的交易和創作好的娛樂都很重要,卡森伯格在這方面的表現也很出色。他在迪士尼收購米拉麥克斯工作室(Miramax Studios)以及建立迪士尼與皮克斯(Pixar)的合作夥伴關係方面,功不可沒。1994年,他決定

自立門戶，於是與史蒂芬・史匹柏（Steven Spielberg）和大衛・葛芬（David Geffen）共同創辦夢工廠（Dreamworks SKG）。十年後，他將夢工廠動畫（Dreamworks Animation）分拆為一家獨立公司。2016年，該公司被康卡斯特集團（Comcast）旗下事業NBC環球（NBCUniversal）以38億美元收購[16]。

卡森伯格可說是完美的業內人士代表：他是出色的製片、交易達人、許多創意專業人士的職涯推手，當然，還是台印鈔機。他對娛樂圈的運作方式瞭如指掌，也認識所有重量級人物。他還是個野心勃勃的工作狂。因此，2018年，當他宣布創建影音串流媒體（結合娛樂產業內容與發行的強大商業模式）的新事業時，成功彷彿唾手可得。

卡森伯格似乎再次比其他人更清楚看見娛樂業的未來。未來的娛樂不再是晚上坐在客廳的電視機前，觀看長達三十分鐘到兩個多小時的節目和電影。相反的，是在你白天外出或休息時，在手機螢幕上快速觀看吸睛的串流媒體內容。

這種速食（quick bites）的想法催生出奎比公司（Quibi）[17*]。手握17億5000萬美元資金的奎比成立於2018年10月，是一家資本極其雄厚的新創企業，投資人包括迪士

---

*　編注：Quibi 的名稱即來自於 quick bites 的縮寫。

尼、二十世紀福斯（20th Century Fox）和許多電影公司、高盛（Goldman Sachs）、摩根大通（JPMorgan Chase），以及中國的阿里巴巴集團。卡森伯格還與好萊塢一線演員[18]，如伊卓瑞斯‧艾巴（Idris Elba）、安娜‧坎卓克（Anna Kendrik）和連恩‧漢斯沃（Liam Helmsworth），知名導演吉勒摩‧真托羅（Guillermo del Toro）和雷利‧史考特（Ridley Scott），以及卡戴珊家族（Kardashians）等簽署製作協議。奎比執行長梅格‧惠特曼（Meg Whitman）在高科技領域的知名度不亞於卡森伯格在娛樂圈的知名度。惠特曼卸下擔任七年的惠普執行長職務退休後，卡森伯格成功說服她與自己合作。在此之前，惠特曼還曾擔任eBay執行長近十年。

　　奎比的應用程式和串流媒體服務於2020年4月6日推出。打從一開始，該應用程式的下載次數就受到業界高度關注[19]。最初的數字看起來不錯：第一天在Apple應用程式商店排名第三[20]，第一週下載量達到170萬次[21]。

　　但這股熱情迅速降溫。卡森伯格批准和投資的節目所獲得的初步評價相當嚴厲。例如，流行文化網站禿鷲（Vulture）於2020年4月發布的一篇評論中，對奎比推出的節目評價為：「是的，奎比很糟糕。[22]」作者凱瑟琳‧凡納倫松（Kathryn VanArendonk）的評論對那些打著強烈推薦、必看娛樂節目的旗號，試圖推銷訂閱服務的人來說是個打擊：

「不過，它的糟糕依舊無法解釋，為何我觀看的所有內容都難以在心中留下半點印象。」

　　奎比在推出一週後，就跌出免費iPhone應用程式下載量排行榜的前五十名，在5月11日當天排名第一百二十五。卡森伯格在當天出刊的《紐約時報》（New York Times）報導中表示：「我認為問題出在新冠病毒[23]。全都是新冠疫情的錯。」其他人則不這麼認為。他們指出，在新冠疫情期間，智慧型手機的使用量飆升，抖音（TikTok）、You-Tube和其他以短片為特色的應用程式大受歡迎。例如，抖音[24]的月活躍使用者至2020年8月時，已從2019年底的四千萬，攀升至超過一億人。

　　觀察人士也指出，奎比應用程式有一些令人困惑的缺陷[25]。其中一個明顯的問題是，它不允許使用者把自己喜歡的影片分享到Facebook、Instagram和其他流行的社群網路上。事實上，奎比與內容創作者簽訂的合約，通常會明文禁止這種分享。儘管到2020年，這種分享已經成為許多節目重要的病毒式行銷手法。此外，奎比的用戶也不能在手機以外的裝置觀看影片；即使在家也不能將影片切換到電視上觀看。

　　面對令人失望的成長，奎比試圖重振旗鼓，它修改應用程式，允許將內容投放到電視和分享螢幕截圖。為節省資金，奎比還削減行銷和內容創作預算。惠特曼在2020春

季末帶頭減薪10％[26]，並鼓勵其他高階主管跟進。但無論是應用程式下載量或服務的使用量似乎都未見起色。到了2020年6月，這項服務預計在推出的第一年後訂閱人數將達到200萬，遠低於原本設定的740萬目標[27]。

　　情況在夏季的幾個月也沒有絲毫改善，到九月時，《華爾街日報》（*Wall Street Journal*）報導，奎比正在「探索幾種策略選擇[28]，包括出售。」該公司最終的選擇是結束營運。10月21日，卡森伯格和惠特曼證實，奎比的嘗試即將結束[29]。儘管該公司籌得將近20億美元的資金，但從推出到結束卻不到二百天。*

奎比的解剖報告

　　奎比出人意料的迅速衰敗和消失是個引人注目的故事，讓娛樂圈記者猶如聞到血腥味的鯊魚，紛紛展開猛烈攻擊。我讀到愈來愈多奎比的報導後，有個念頭不斷浮現在我的腦海中：奎比根本就不是一家極客企業。

　　奎比把自己定位為網路時代的新創企業，但它的結構和運作方式卻酷似二十世紀的好萊塢製片廠。奎比由一位

---

* 　注：宣布關閉後，奎比把大部分剩餘現金（約3億5000萬美元）返還投資者[31]。12月1日，奎比應用程式停止串流媒體內容。該公司保留超過七十五個節目的發行權；這些權利在2021年1月[32]，以「遠低於」1億美元的價格，轉售給串流媒體公司羅庫（Roku）[33]。

經驗豐富的業內人士領導，他拍板所有最重要的決策。在奎比有兩位這樣的領導人：卡森伯格負責內容和使用者體驗的決策，惠特曼則負責監督行銷。

這種模式下的企業，興衰取決於領導人的判斷與直覺的好壞，而在奎比，這些判斷與直覺卻都很糟，這在卡森伯格的身上最明顯。面對他試圖主導的新環境，他似乎顯得格格不入而且不合時宜，做出讓觀察家摸不著頭緒、付費顧客紛紛出走的決策。但他很少表現出願意改變路線或改變主意的開放態度。

我讀到許多針對奎比短暫生命的報導和分析，大部分都強調卡森伯格極有自信能讓平台成功，以及他有多麼固執己見。《華爾街日報》刊登的一篇事後分析[30]指出，奎比的顧問與高階主管從一開始就建議，允許訂閱者在電視上觀看節目，並在社群網路上分享影片。卡森伯格無疑反對這些建議。他在接受採訪時表示：「從未有人製作過只適用於手機的原創（優質）內容[34]。我們想嘗試一些別人從未試過的事情，看看我們是否能做得很好。」最初的奎比應用程式甚至禁用智慧型手機內建的標準功能，也就是將內容投放到附近的電視上。奎比發言人拒絕評論為什麼會有這麼奇怪的規定[35]，但這確實符合卡森伯格的堅持：奎比是為手機而生。

當人們談到卡森伯格剛愎自用而且從不承認錯誤時，

言談間總有敬畏之情。某位前往奎比豪華總部提案的節目創作者說：「老實說，我從未見過如此狂妄的公司總部[36]。」有位與奎比合作過的製片人表示，奎比故事的重點就是卡森伯格的自以為是[37]：『其他人都他媽的錯了；我就是要這樣幹。』」一位前員工回憶說：「卡森伯格完全不了解觀眾[38]，更對他們不屑一顧。卡森伯格總是說：『我不是孩子或母親，但我製作孩子與母親都喜歡的電影。我比千禧世代更了解千禧世代。』」

極客之道的科學行為準則奠基於產生證據和評估證據，但卡森伯格對此卻似乎很陌生。惠特曼在一次訪談中提到，卡森伯格常常憑直覺做事：「我問他：『你的資料在哪裡？[39]』他說：『我沒有，因為你只需要跟著自己的直覺。』」在另一次訪談中，一位不願透露姓名、「比卡森伯格年輕幾歲的奎比高層」進一步評論卡森伯格不需要證據的自信。該高層說：「我不再假裝知道[40]年輕人會喜歡什麼。但卡森伯格就像許多創業家一樣，始終堅信自己的基本理念。」（惠特曼比卡森伯格小幾歲。）

卡森柏格如何在重要決策上**不聽從直覺**，我能找到的唯一一個例子就是他為自家企業的命名。這或許可視為他與主流偏好脫節的訊號。卡森伯格原本偏好的名稱是「無菜單料理」（Omakase）[41]，也就是壽司餐廳由廚師決定菜色的術語。惠特曼說服他放棄這個名字，但他們最終選定

的名字也不受歡迎。一位不願具名的內部人士評論：「奎比」聽起來像「藜麥狗零食」[42]或「伊娃族＊進攻時的叫聲」。

　　那速度呢？在某些方面，奎比的速度非常快。短短一年半的時間，奎比從零開始建立起龐大的新內容庫和完整的技術基礎設施。但這不是極客看重的那種速度。極客之道所指的速度不是前進的快慢，而是企業迭代的節奏。它指的是團隊能夠以多快的速度開發出產品呈現在顧客眼前，並在實際環境中測試，獲得回饋意見，然後將回饋融入下一個版本。正如我們這一章所看到的，星球實驗室相對於NASA等現有公司的一項優勢，是它能夠以幾個月而不是幾年的週期時間，反覆進行改善。

　　從這個角度來看，奎比是在原地踏步。它沒有在正式推出之前，廣泛釋出應用程式的試用版，藉此蒐集使用者的回饋意見，相反的，奎比忙著實現卡森伯格的串流媒體服務願景：不允許會員在電視上觀看內容或在社群媒體上分享影片。奎比沒有反覆推敲這個願景能否在市場上取得成功，而是一意孤行。卡森伯格在奎比公開推出**後**提到測試版，他在2020年6月表示，這項服務剛開始的低迷表現，「給了我們一個形同測試版的機會[43]……我們現在實際

＊　編注：《星際大戰》中居住在恩多星上的生物。

上已經掌握內容的許多特性，包括什麼對使用者奏效、什麼對使用者最有吸引力、我們的弱點在哪裡。當我們正在談論的同時，這些內容都正在重新調整。」極客之道的支持者可能會好奇，為什麼這樣的重新調整這麼晚才開始。

2020 年 4 月 6 日，即奎比上線當天，科技分析師班乃迪克‧伊凡斯（Benedict Evans）在推文中[44]總結極客對奎比的迭代和回饋方法的觀點：

（矽谷）對奎比過去十二個月的整體看法：
- 在與顧客接觸，獲得回饋，了解哪些策略有效之前，就已經籌集和花費大筆資金。
- 這是娛樂企業，而不是科技企業。
- 抱持懷疑態度，但誰說得準呢？

事實證明，伊凡斯的懷疑不是無的放矢，部分原因是奎比沒有擁抱極客的速度行為準則。

四大極客行為準則中的最後一項是所有權意識，也就是讓每個組織成員都有權力採取行動，並對結果負責。所有權意識與自主權、授權和權力下放密切相關。這些對於微觀管理者來說並不是理所當然的事，而且卡森伯格正好就是出名的微觀管理者。在奎比，他深入參與許多節目的製作，「從選角、服裝設計[45]到平面設計的所有內容」都會

提出意見。然而，他的比較對象[46]是上個世紀推出的節目，如《歡笑一籮筐》（*America's Funniest Home Videos*，1989年首播）、電視影評節目《西斯克爾和埃伯特》（*Siskel and Ebert*，1982年）以及珍・方達（Jane Fonda）的健身操影片（1982年）。在娛樂業迅速變化的現在，對於年輕的內容創作者來說，過度依賴幾十年前的範例顯得與時代脫節。有位年輕的內容創作者這麼評價奎比：「把好萊塢最糟糕的一部分[47]放進手機之後，得到的就是奎比。」惠特曼砸大錢的行銷計畫似乎也顯得不合時宜：雖然奎比的服務主要針對年輕人，但奎比卻在奧斯卡頒獎典禮期間投放電視廣告，而奧斯卡頒獎典禮的平均觀眾年齡超過五十五歲[48]。

讓我們把有關奎比的所有權意識，以及在該公司工作的整體經驗，交給「擁有第一手資料的人」（很可能是員工）來做最後結論。這名人士精闢的概括[49]身處一個缺乏極客行為準則、領導者充滿自信、一意孤行、不下放權力和責任文化中的感受：「除非你贊成（卡森伯格和惠特曼），不然你就是麻煩製造者。惠特曼認為自己是行銷天才，卡森伯格相信自己是內容天才，所以你最終只能做些糟糕的工作。你的存在只是為了執行他們的願景，但那裡的其他人都不相信這個願景。」由於這個願景與顧客真正想要的東西相去甚遠，因此這些工作沒有持續太久。

現在，讓我們看看一家娛樂新創企業，這家公司**確實**

遵循了極客之道，而它實際上也是極客之道的推廣者。

好萊塢的結局

在 2000 年即將到來之際，如果你必須打賭某個人能夠理解、塑造電影娛樂產業的未來，並從中獲利，你可能不會選擇里德・海斯汀。他在這個領域完全沒有任何經驗，而他迄今為止的職業生涯，也沒有任何跡象顯示他有興趣成為好萊塢的一份子，更遑論改變它。事實上，他更像是電腦極客的成功典範。

海斯汀大學主修數學，曾擔任和平工作團（Peace Corps）志工，在史瓦帝尼王國（Swaziland）任教，之後於 1988 年在史丹佛大學取得電腦科學碩士學位。在擔任幾年軟體除錯員後，他創辦專門開發程式除錯工具的純粹軟體公司（Pure Software）。純粹軟體於 1995 年上市，1996 年與阿提亞軟體（Atria Software）合併，並於 1997 年被瑞里軟體（Rational Software）收購。當時，海斯汀還沒有成為一名出色的創業家。他認為自己在純粹軟體的表現「普通」[50]，以至於公司變得官僚而且行動緩慢。市場也一致認為這是個令人失望的企業；當瑞里軟體宣布收購純粹軟體時，兩家公司的股價均應聲重挫約 40%。

當好萊塢首次進入海斯汀視野裡時，他已經三十多

歲，這與他對科技變革的敏銳洞察力和……郵資有關。科技變革指的是1990年代末期出現電子商務網站，以及數位影音光碟（DVD），這些光碟比它們所取代的錄影帶更小、更薄、更輕。這意味著可以用便宜的一般信件而非昂貴的包裹，將影音光碟郵寄到全美各地。為了確認這種寄件方式的效果，海斯汀與同事馬克・藍道夫（Marc Randolph）嘗試把DVD郵寄到各自家中[51]。光碟寄達時，完好無損、沒有刮痕，可以正常播放，兩人認定這是一個商機，於是在1997年成立線上DVD郵寄租賃公司Netflix。

Netflix發展迅速，並於2002年上市。接下來的幾年裡，Netflix開始為另一次科技轉變預做準備：不只是在網路上租借電影，還可以直接在網路上觀看電影。海斯汀認為，隨著寬頻網路在家庭的滲透率不斷提高，這將成為一種可行的方式，他希望自家企業能夠引領線上隨選娛樂的潮流。Netflix的串流媒體服務從2007年開始[52]，當時只有上千部電影能透過電腦的網路瀏覽器觀看。眾所周知，Netflix的規模從那時開始不斷擴大。至2019年，Netflix串流媒體流量占全球網路下載量[53]的12.5％以上，占全球線上影音流量的20％以上。

Netflix最近、也是最重大的轉變，就是不只播放其他製片公司的內容，也製作自己的節目和電影。好萊塢的主流業界起初對此都不以為意。正如2010年，時代華納

（Time Warner）執行長傑夫・貝克斯（Jeff Bewkes）討論
Netflix 可能對娛樂業產生的影響時，輕描淡寫的說：「這有
點像阿爾巴尼亞軍隊要統治全世界[54]？我不這麼認為。」為
了激勵自己，海斯汀把一組阿爾巴尼亞軍隊的軍籍牌掛在
脖子上，開始努力在製片公司最擅長的領域擊敗他們。

　　2013年，Netflix 首次推出原創內容：熱門影集《紙牌
屋》（House of Cards）。從那時開始，Netflix 迅速崛起，成
為娛樂產業最成功的家庭觀看影片內容製作商。至 2019
年，Netflix 在艾美獎提名和獲獎方面，均僅次於 HBO[55]。
2020年，Netflix 在提名方面領先[56]，但在獲獎方面仍屈居
第二。2021年，Netflix 提名與獲獎都超越 HBO，並追平近
五十年來單一平台獲獎次數最多的紀錄[57]。現在，Netflix
在全球製作數百部節目和電影，語言從阿拉伯語到意第緒
語，許多外國作品成功抓住美國觀眾的目光。這是一項特
別令人印象深刻的成就，因為正如同憑《寄生上流》獲得
奧斯卡最佳導演獎的韓國導演奉俊昊在致辭感言中所說
的，克服「一英寸的字幕障礙[58]」，讓美國人觀看其他語言
的娛樂節目，一向非常困難。但 Netflix 證實，這個障礙並
非不可跨越。韓國反烏托邦電視劇《魷魚遊戲》於 2021年
9月首播後，成為該平台[59]在美國與將近一百個其他國家最
受歡迎的節目[60]。

　　Netflix 對整個產業造成多大的破壞？2020年8月，

《紐約時報》刊登一篇媒體專欄作家班‧史密斯（Ben Smith）[61] 撰寫的文章，探討海斯汀及 Netflix 開創的串流媒體革命。這篇名為〈舊好萊塢終於死亡的那一週〉（*The Week Old Hollywood Finally, Actually Died*）的文章，是針對前奎比高階主管珍妮絲‧敏（Janice Min）所描述的好萊塢場景的即時個案研究：「正如圈內人士所知道的，串流媒體投資和基礎設施優先這樣的發展趨勢，將好萊塢推向殘酷的最後一幕。高層人士向過去皆大歡喜的製作協議吻別，更重要的是，支撐官僚體系財政源源不斷的水龍頭，似乎正被關緊。這就像一個俱樂部……沒有經費來養活所有成員。」

這個俱樂部對最高層的會員特別友好。像卡森伯格這樣的製片公司負責人，往往享有巨大的權力和崇高地位，而他們所得到的奢侈待遇往往比他們的工作還要長久。就像史密斯所說：「數十年來，成為好萊塢高階主管最棒的部分，就是你被解雇的方式。製片公司高階主管會被逐步、溫和、甚至親切的推到一旁，給他們幾個月的時間來塑造自己的故事、尋找新的工作，甚至升職。」啟發《紐約時報》這篇文章的是一個代表時代已經改變的明確跡象：美國歷史最悠久、最具傳奇色彩的製片廠之一，在幾乎毫無預警的情況下大量裁員，裁員對象包括娛樂部門董事長在內的數百名高階主管，有時甚至是透過視訊的方式告知他們裁員的訊息。

　　這家製片廠正是華納傳媒，執行長貝克斯被自己十年前的迴力鏢打臉，當年他曾表示，說Netflix會顛覆好萊塢，就像讓阿爾巴尼亞軍隊統治世界一樣。現在這真的發生了。幾十年前幫忙卡森伯格開啟職業生涯的巴瑞・迪勒，用體育而不是軍事比喻來描述Netflix的影響力。他說，由Netflix帶領的變革，讓絕大多數娛樂產業的前領導者「成為永遠不會上場打球的高爾夫球童。」*

　　然而，Netflix近期經歷一連串業績不佳和投資人信心下滑。歷經疫情期間的飆升後，公司的股價在2021年底開始急遽下跌。從十月下旬的近700美元高點開始，短短六個月裡縮水約75％。隨著串流媒體競爭日益激烈，其他娛樂公司的股價也受到衝擊，例如迪士尼的股價大跌超過45％，但Netflix受到的打擊特別嚴重[63]，除了訂閱人數出現十年來首次減少之外，在內容製作投入龐大經費卻沒有製作出足夠多的熱門作品，也令Netflix飽受批評。

　　儘管Netflix面臨真正的逆風，但它顯然仍是家強大的企業和競爭對手。截至我在2023年初撰寫本書時，Netflix仍在美國市場占據主導地位，在全球迅速擴張，並擁有穩

---

*　注：華納傳媒在裁員之後，日子依然不好過。2022年，它的母公司AT&T先把它與旗下另一家娛樂企業探索公司（Discovery）合併，然後分拆成一家獨立企業。《紐約時報》估計，此次分拆讓AT&T股東承擔470億美元的損失[62]，AT&T持有華納傳媒大約四年。

健的資產負債表和眾多全球熱門節目。即使在股價最低迷的時候，Netflix 的市值仍高達 850 億美元。曾為 Netflix 和其他公司創作好幾部熱播影集的珊達·萊梅斯（Shonda Rhimes），在 2022 年 5 月如此評論 Netflix 的前景：「我生活在這個領域，我不會看衰它[64]。」

出色的成果，一般的企業文化

　　隨著 Netflix 不斷發展壯大並顛覆娛樂業，它成為組織學極客最廣泛研究和推崇的企業之一。《Netflix 文化集》和海斯汀 2020 年與管理學者艾琳·梅爾（Erin Meyer）合著的書《零規則》（*No Rules Rules*），清楚表明，Netflix 確實力行極客之道的四大行為準則：科學、開放、速度和所有權意識。其中，Netflix 對科學的大量運用最受關注。在娛樂產業，Netflix 開創使用數據和演算法做決策的先河：首先是購買 DVD，然後是開發原創節目。自 2000 年起擔任 Netflix 內容長，而且自 2020 年起擔任共同執行長的泰德·薩蘭多斯（Ted Sarandos）2015 年估計，Netflix 的節目製作決策「可能是七比三[65]……七成是數據，三成是判斷。但這三成判斷如果合理的話，應該要優先考慮。」換句話說，公司由數據主導，但始終對數據進行解讀和提出問題。正如我們將在第四章看到的，冰冷的鐵證與熱血人類之間的相互作用是科學方

法的核心。

速度，也就是快速迭代以獲取回饋意見，並納入回饋意見的極客習慣，長期以來一直是Netflix的標準做法。早在2006年，Netflix就開始每兩週推出一個新版本網站。設計師約書亞・波特（Joshua Porter）當年參觀Netflix之後就說[66]：「Netflix的網站設計師取得巨大的成功，但他們沒有驕傲自滿，而是希望變得更好，對他們來說，這代表持續不斷的修改、修改再修改。」

科學和速度都是Netflix文化的重要元素，但Netflix身為一家極客企業最明顯的標誌是它對另外兩大極客行為準則（開放和所有權意識）的忠誠。海斯汀和同事們花了幾年時間才讓這兩大行為準則落實到位，即便這兩大準則難以企及，他們也不放棄追求。

海斯汀一直認為，開放對於做出正確決策至關重要。例如，《Netflix文化集》在描述理想同事時提到：「即便會引發爭議，你也會說出心中的想法」、「你因直言不諱而為人所知」。然而，在《Netflix文化集》出版幾年之後，這樣的同事就愈來愈少了。2011年，海斯汀提出一個與奎比醞釀出來的想法一樣糟糕的主意。（不祥的預兆是，這個主意也以「奎」開頭。）海斯汀深信有必要把公司分拆成兩個不同的實體：Netflix負責串流媒體，而另一個海斯汀命名為奎克斯特（Qwikster）的公司則繼續經營傳統的DVD郵

寄業務。這個變革於7月12日宣布。

　　基於幾個原因，這個變革的回響不佳。首先，這代表想要保留這兩個服務的訂閱者必須登入兩個網站，並管理兩個獨立的帳戶。其次，他們必須多付大約60％的費用。網路評論者開始稱呼Netflix執行長為「貪婪」的海斯汀[67]。再來就是名字的問題，大家都不喜歡這個名字。有位專欄作家這麼描述它：「奎克斯特這個名字讓人聯想到很多事[68]，譬如一家1998年的超酷新創企業，會完全改變你『飆網』的方式；或是1930年代有聲電影當中，警察用來稱呼一個狡猾罪犯的名稱……但就是不會聯想到2011年的DVD郵寄服務名稱。」事實上，@Qwikster的推特帳號已經有人使用，帳戶使用者的名字是傑森・卡斯蒂略（Jason Castillo），帳號頭像是芝麻街的艾蒙（Elmo）在抽大麻煙[69]。*

　　9月，面對日益增加的批評，海斯汀讓Netflix發布一段古怪、蹩腳的影片[70]，同時為這個變革辯護，又有點像是為此道歉。這段影片在《週六夜現場》（*Saturday Night Live*）被惡搞[71]，這無疑表明事情已經偏離正軌。到10月時，整

---

* 注：由於 @Qwikster 顯然已經成為一個有價值的線上資產，該帳號的擁有者在推特上發布自己的策略意圖：「天啊，這麼多計畫[74]，這麼多交易，這麼多談判，我想要有一個計畫，在我仍擁有它的一部分時，賺進大把鈔票。這則推文已從Twitter上刪除；引用自傑・亞羅（Jay Yarow）〈奎克斯特帳號背後的傢伙想要『大賺一筆』，到頭來可能只是一場空〉（"Guy Behind Qwikster Account Wants 'Bank,' Will Probably Get Nothing," Business Insider, September 20, 2011, https://businessinsider.com/qwikster-account-negotiations-2011-9）。

個奎克斯特計畫都被取消，而在這段期間，Netflix的股價暴跌75％以上，而被《財星》（Fortune）雜誌評為2010年年度企業家[72]的海斯汀，聲譽也嚴重受損。正如某一篇對這項服務所發出的訃聞說：「奎克斯特是個愚蠢的主意[73]。愚蠢、愚蠢、愚蠢。它肯定應該成為第一批進入『壞決策名人堂』的人，與新可樂（New Coke）、禁酒令，以及葛斯・布魯克（Garth Brooks）將頭髮染成黑色，並以克里斯・蓋恩斯（Chris Gaines）為名演奏搖滾樂並列*。即便是在喝下太多檸檬甜酒後，在拉斯維加斯二十四小時營業教堂中所做的那些荒謬決定，也比奎克斯特計畫更加明智。」

在這一切發生之後，海斯汀不禁要問，為什麼在奎克斯特推出之前，他沒有得到更多的內部反對意見。畢竟，這是個愚蠢的主意（愚蠢、愚蠢、愚蠢），而他所努力建立的文化，是當高層提出一個愚蠢的主意時，同事可以放心的提出負面意見，甚至預期會聽到反對聲音。於是他四處打聽，想知道到底發生什麼事。儘管《Netflix文化集》明確強調開放的文化，但為什麼開放文化會失敗？

海斯汀發現，公司同仁對於是否說出內心對於奎克斯特的真實看法，感到猶豫不決，因為他對這個想法不只非

---

* 編注：1999年，已是鄉村音樂巨星的葛斯・布魯克想嘗試更多音樂類型，於是塑造出克里斯・蓋恩斯這個角色發行搖滾樂專輯。之後布魯克的專輯銷量下滑，被認為是因為他改變髮色、化妝方式以及創造出的搖滾歌手概念不受歡迎。

常熱情，而且充滿自信。正如有位同事對海斯汀所說的：
「我知道奎克斯特計畫將是一場災難[75]，但我想：『海斯汀
向來都是對的，』所以我保持沉默。」這是一個常見的模
式，沒有人說出來，因為，嗯，沒有人先開口。一位 Net-
flix 員工回憶說：「我們認為這太瘋狂了……但其他人似乎
都同意這個想法，所以我們也同意了。」

　　在奎克斯特慘敗之後，海斯汀意識到，迄今為止為讓
Netflix 成為一個能夠暢所欲言所的場所，所做的一切努力
仍然不夠。因此，為了強化開放這項行為準則，他制定一
項政策，要求高階主管在做出任何重大行動之前，先「徵
求異議」：這是 Netflix 為數不多的正式政策之一。在計畫正
式推出之前，負責的高階主管要撰寫一份關於這個想法的
備忘錄，並邀請一群同事評論這項計畫。在某些情況下，
高階主管會進行民意調查，要求大家對這個想法評分，評
分範圍從一分（非常糟糕）到十分（非常好）不等。自從
強制實施「徵求異議」後，Netflix 就再也沒有經歷過如奎
克斯特般的慘痛教訓，這或許並非巧合。

　　在 Netflix，「徵求異議」的溫和版本被稱為「交流」
想法，也就是向多個同事說明想法，蒐集他們的回饋意
見。就像海斯汀在《零規則》中所寫的：「交流是徵求異議
的類型之一[76]，但它更注重徵求，而不是異議。」這個實務
做法讓海斯汀改變主意，決定大力投資兒童節目。海斯汀

原本認為，投資兒童節目不是運用Netflix資金的好方式，海斯汀認為：「我確信成年人選擇Netflix是因為他們喜歡我們的內容，而他們的孩子，不管我們提供什麼內容，都會樂於觀看。」但在2016年的一次經營團隊會議上，他決定交流想法，因此對這個想法展開公開討論。這次的討論也顯露出，自奎克斯特慘案以來，公司的氛圍已經有天翻地覆的變化，海斯汀發現有許多不同意他觀點的人。

同事告訴海斯汀，Netflix精心策劃的環境，讓他們覺得讓孩子瀏覽Netflix比瀏覽YouTube更安全。他們的孩子是家庭中Netflix的主要使用者，而且這些年輕消費者對自己喜歡的內容有非常明確的意見。海斯汀因此意識到自己的假設錯誤，公司開始大力投資兒童內容。到《零規則》出版時，Netflix已經贏得十多座日間艾美獎（Daytime Emmys）的兒童節目獎。

最後一個例子說明，Netflix在促進坦誠和異議，以及建立體現所有權意識（也就是最後一種極客行為準則）的文化方面有多麼成功。

2015年，海斯汀當時堅信在Netflix應用程式內建的下載節目以便日後觀看的這個功能，並不是運用工程資源的好方式。他在公司內部文件中寫道：

我們專注於串流媒體[77]，隨著網路擴展（例如在飛機

上也可使用網路），消費者下載影片的欲望將會消失。我們的競爭對手將會因為支援日益減少的下載使用案例，而有幾年時間擺脫不了這個困境。在這個問題上，我們最終將會因為品牌忠誠度良好而領先對手……下載的（使用者體驗）複雜性對於1％的使用案例來說有實質影響，因此我們避免著重在影片下載。這是在考慮實用性與複雜性之後做出的取捨。

在很多企業，包括讓人印象深刻的奎比，討論可能到此結束。但Netflix不一樣。儘管海斯汀與時任產品長的尼爾·杭特（Neil Hunt）都反對下載，但尼爾手下的產品副總裁托德·耶林（Todd Yellin）卻認為這可能是個好主意。他主動研究這個問題，並要求資深使用者體驗研究員扎克·申德爾（Zach Schendel）對美國、德國和印度的串流媒體服務使用者，進行有關下載的訪談。

對於基層員工來說，接受一個可能打臉自家執行長的任務，會讓他們感到不自在。就像申德爾所說[78]：「我心想，『既然尼爾和里德都反對這個想法，我還要繼續調查嗎？』在我之前待過的任何公司，這都不是一個好主意。但Netflix的辦公室傳說都是基層員工在面對高層的反對下，取得意想不到的成果，因此我決定放膽去做。」

訪談結果顯示，在這三個國家，在所有提供下載功能

的串流媒體服務上，使用者都經常使用下載功能。事實上，申德爾在訪談中發現的下載者比例與海斯汀估計的1％相去甚遠，達到15％。這個研究結果，讓海斯汀與尼爾意識到自己的判斷錯誤，於是改變政策方向。Netflix現在提供下載功能。我就是這個功能的重度使用者。

申德爾自嘲的總結自己的經驗：「讓我把話說清楚⋯⋯我只是個研究員[79]，然而，我能夠反駁高層領導公開發表的強烈意見，喚起人們對這個功能的興趣。這就是Netflix的精神。」只要比較申德爾與奎比內部匿名人士的觀點，就能快速總結極客之道的好處。奎比內部匿名人士是這麼說的：「你最終只能接受糟糕的工作，你的存在只是為了執行他們的願景，而沒有其他人相信這個願景。」

新激進派

極客之道是新的概念，萌芽於二十一世紀初，正如我們所看到的例子所示，這個概念在2010年左右才真正開始成形。在很大程度上，極客之道仍處於發展階段。商業極客繼續努力解決重要問題，像是如何在A／B測試和其他科學方法，與人類創造力的飛躍之間取得平衡。極客之道永遠不會被完全定義和完成，正如微晶片或進化論一樣。這些理論都會隨著知識的累積而改變與完善。

　　在我們開始探索極客之道時，需要指出的一點是，這個概念既嚴謹又鬆散。極客企業就像 Google 一樣，在許多決策中採取嚴謹的資料驅動方法，但又像 HubSpot 一樣，努力追求平等、無階級的互動。事實上，在很多情況下，極客們都非常嚴謹的追求非結構化。阿迪・威廉斯的導師明確告訴她，儘管亞馬遜在 2014 年已是一家擁有超過十萬名員工的企業，但在這裡，領導人仍然被期待應該主動承擔責任，「下定決心放手去做」，而不是去協調工作，遵循明確的流程和尋求批准。同樣的，雖然星球實驗室脫胎於緩慢發展、容不得錯誤的 NASA 文化，但威爾・馬歇爾和他的同事堅持不事先計劃好一切，而是選擇擁抱速度和快速迭代，並接受一些失敗的太空船。

　　海斯汀也是如此。他在《零規則》中寫道：「在 Netflix 的某些地方[80]，安全和錯誤預防是我們的首要目標，我們把這些地方用柵欄圍起來，在裡面建立一個小型交響樂團，演奏完美的規則和流程。」但海斯汀建議，這些區域應該是例外，而不是常規：「對於正在經營的人來說⋯⋯如果創新、速度和彈性[81]是成功的關鍵，可以考慮放棄交響樂團，專注於演奏不同類型的音樂。」

　　在接下來的篇幅裡，我們將探索為什麼極客之道這種「與眾不同的音樂」能如此奏效：為什麼極客們對非結構化的嚴謹要求，能幫助他們避開困擾工業時代企業的許多慢

性功能失調。近期的研究提供大量見解，說明極客之道為什麼如此有效。

正如我們將一再看到，極客迷戀上了解事物的根本本質，也就是事物真正的核心。在克魯帕的提問刺激之下，馬歇爾和博舒伊森想知道，為什麼太空船的造價要花5億美元，而智慧型手機只需要花費500美元。在像網站設計這樣的領域，我們似乎應該聽取訓練有素、經驗豐富且領有高薪的專家意見，但Google的工程師想知道，是否可以經由廣泛的測試，建構更好的網站，而不是聽取「河馬」的意見。哈利根在擔任HubSpot執行長期間，花費很多時間思考，如何讓企業成為很棒的工作場所。海斯汀思考自己是如何將純粹軟體帶向僵化和衰落，還有自己必須放棄哪些關於經營企業的信念，才能把Netflix經營得更好。

商業極客對工業時代建立的許多基本假設提出質疑，這些假設包括該如何建立企業、如何做出正確決策、如何組織大型專案、人們該如何互動，以及如何共享資訊等等。這些極客得出的結論是，許多假設都是錯的。有時，這些假設之所以錯誤是因為它們已經過時。例如，在數位資料稀少、電腦無法運行演算法的情況下，依賴專家判斷是合理的，但有些餿主意一直就是餿主意。無論技術狀態如何，盲目聽從專家意見而不允許其他人對他們的想法進行壓力測試，始終就是個糟糕的想法。

現代商業極客之所以能在競爭中脫穎而出，是因為他們敢於質疑經營企業的假設，包括他們自己的假設，並且屏棄行不通的做法，以更好的方式取而代之。簡單來說，極客正在幫助企業升級，這樣的升級可以普遍適用於各個企業，也容易取得。要在自己的組織中安裝這樣的升級版本不需要創投資金、充滿年輕電腦科學博士的團隊或位於矽谷的總部，你只需要願意以不同的方式做一些事，例如挑戰一些最根本的事情：組織重大專案、做出決策、執行和協調工作、與同事互動，以及，也許最重要的是，決定獎勵哪些行為、打壓哪些行為。

已經自我升級並擁抱極客之道的企業雖然各不相同，但它們確實有一些驚人的相似之處。它們共享科學、所有權意識、速度和開放的行為準則。因此，與典型的工業時代企業相比，它們的文化更加自由奔放、快速行動、證據導向、平等、好辯且自主。

這些文化推動令人印象深刻的績效。亞馬遜和Google的成功不言自明。與NASA相比，星球實驗室在成本和效能上均享有巨大優勢，而且正在普及資訊獲取的方式。哈利根創辦HubSpot之後，一路帶領它歷經快速發展和成功上市，HubSpot已多次被評為美國最佳工作場所之一。

這些不是特例，相反的，這些案例表明商業極客顛覆根本的思想，已經創造出一種嶄新、進化的企業經營方

式。出於諸多原因，現在是時候給予極客企業應有的關注。原因之一是他們表現出色，另一個原因是，他們已經成功實現商學界長久以來一直在談論的事情：創造並維持一個賦予員工權力和自主權的環境。「授權」和「自主權」一直是商業文獻中的熱門詞彙，但是，要在實際的企業中找到它們，遠比在文章和書籍中更加困難。而今，這已不再是空談。正如我們將看到的，極客企業的員工擁有很高的授權與自主權，這些員工也認為，自己的組織在創新、執行力和敏捷方面均有出色表現，這絕非巧合。這些組織成為最受歡迎和最具吸引力的工作場所之一，也絕非巧合。

在接下來的篇幅當中，我將把極客一詞同時用作名詞和形容詞：名詞用於描述創新者本身（即「商業極客」或「組織極客」），形容詞用於極客們所創建的企業。這本書將探討這些企業的運作方式，我把它稱作「極客之道」。極客之道促使我們重新思考自己對可能性的看法，並重新定位我們對企業可以和應該是什麼的想法。極客之道主要起源於科技業，但由於它效果非常好，它的傳播範圍將遠遠超出科技領域。因此，即使看似遠離矽谷的產業，也將面臨轉型，無論它們喜歡與否。

讓我盡可能清楚的闡述我的主要論點：一群極客已經找出更好的企業經營方式。因此，他們正在接管經濟，而且他們才剛剛開始。

摘要

行為準則指的是群體成員對彼此行為方式的期望，而極客之道由四個行為準則組成。

第一個是**速度**：偏好經由快速迭代，而不是廣泛規劃來取得成果。第二個行為準則是**所有權意識**。與工業時代的組織相比，極客企業擁有更高的個人自主權、授權和責任，且更少的跨職能流程與協調。第三個是**科學**行為準則：進行實驗，產生資料，並就如何解釋證據展開辯論。第四個也是最後一個偉大的行為準則是**開放**：共用資訊，樂於接受爭論、重新評估和改變方向。

由於這些行為準則，與典型的工業時代企業相比，極客企業的文化更加自由奔放、快速行動、證據導向、平等、好辯與自主。

這些文化推動令人印象深刻的績效，並賦予員工權力和自主權。

一群極客已經找出更好的企業經營方式。因此，他們正在接管經濟。

第 二 章

調整至最佳狀態

極客企業的績效與文化

真正可怕的是把二流偽裝成一流……或明知自己
有能力做得更好，卻甘於接受平庸的工作成果。

—— 多麗絲・萊辛（Doris Lessing）

我主張，有一群商業極客，其中很多人在我們廣義上稱為科技領域的地方工作。這群商業極客已經想出更好的企業經營方式，而這樣的經營方式在兩個地方表現得比一般企業更出色。第一，它帶來出色表現。第二，它創造一個高度自主和授權的工作環境。這些都是相當有力的主張。但有什麼證據能支持我的主張？

為了回答這個重要的問題，讓我們想像一下自己有一個極客行為準則探測器，它的工作原理類似蓋格計數器（geiger counter）。每當蓋格計數器遇到阿爾法粒子、貝塔粒子或伽馬射線等游離輻射時，就會發出獨特的咔嗒聲。我們想像中的極客行為準則探測器略有不同。它是根據該區域極客行為準則的密度來發出咔嗒聲，也就是在探測器周圍，科學、所有權意識、速度或開放的行為準則占比有多少。在官僚、僵化的企業中，上司無法容忍下屬頂撞或提出異議，決策是根據「河馬」的判斷，那麼探測器就會非常安靜。例如，我認為，如果我們帶著探測器穿過奎比的走廊，它應該不會發出太多聲響。

另一方面，在Netflix，我們的極客行為準則探測器就會發出巨大聲響。如果我們離開Netflix位於加州洛斯加圖斯（Los Gatos）的總部，穿過附近的城鎮，探測器仍然會不斷發出很大的聲響。矽谷的中心通常被認為是帕羅奧圖（Palo Alto）的某個車庫，比爾・惠列（Bill Hewlett）與大

衛・普克（David Packard）在1939年創辦惠普之前，曾在這裡進行實驗。如果我們以這個車庫為中心，以三十英里為半徑畫一個圓，這個圓足以容納整個舊金山，Netflix、星球實驗室和Google的總部都在圓內，Apple、PayPal、Zoom、eBay、思科（Cisco）、領英（LinkedIn）、Dropbox、Adobe和英特爾（Intel）總部也是。

　　這些企業當中沒有任何一家始終遵循所有偉大的極客行為準則：沒有一家公司能做到，但我猜想，在這些企業裡，會一直聽到探測器不斷發出聲響。我這麼說既是基於個人經驗，也是因為這些企業離Netflix很近。不僅地理位置很接近，在數位科技的使用程度與人才來源方面也很接近。後面這一點尤其重要。在北加州各企業之間尋求職業生涯發展的人，會汲取好的想法，並將這些想法傳遞出去。正如我們將在接下來所看到的，這種學習能力是人類這個物種的超能力之一。A／B測試和《Netflix文化集》都起源自矽谷圈。企業經營方式上的許多其他創新也是如此，包括與科學、所有權意識、速度和開放相關的創新。

　　當然，這些創新已經擴散到這個圈子之外。在第一章中，我們了解到，總部位於華盛頓州西雅圖的亞馬遜，企業文化裡擁有強大的自主權意識。我們會看到，亞馬遜對其他偉大的行為準則也非常堅持；所以我們的探測器在亞馬遜辦公室裡會發出很大的聲音。總部位於華盛頓州西雅

圖東部雷德蒙德（Redmond）的微軟總部，也會讓探測器響個不停。在第五章中，我們會看到微軟如何擁抱偉大的極客行為準則，藉此完成企業史上最偉大的一次逆襲。麻州劍橋市與北加州或西雅圖的距離很遙遠，幾乎可能是美國本土中最遠的距離，但總部位於劍橋的 HubSpot 沒有因為這種距離而放棄實施開放和其他偉大的極客行為準則。簡而言之，我們的探測器在任何地方都可能會發出聲音。

西進擴張

　　讓我們來看看我的第一個主張，即極客企業是表現出色的公司。驗證這點的一個方法是，檢視那些極客企業最集中的地區，是否也有績效最好的公司。這當然不是完美的驗證方法，因為這些地區的非極客企業可能表現得更好，但它至少能讓我們知道自己是否走在正確的道路上。

　　對於上市企業來說，衡量績效的主要指標之一是市值，也就是企業在投資人眼中的價值。如果極客確實打造出更好的企業，市場就應該給予相對較高的評價。股價往往會因為投資人對新資訊做出反應（有時可能過度反應）而波動，但長期來看，股價通常反映公司取得成功的實際能力。正如華倫・巴菲特（Warren Buffett）的名言[1]（轉述其導師班傑明・葛拉漢（Benjamin Graham）的話）：

「從短期來看，（市場）是一台投票機；從長期來看，它是一台體重計。」

　　圖2.1與2.2是美國股市二十年前後最有價值的企業比較。圖2.1顯示的是2002年底，美國一百家最有價值的上市企業。

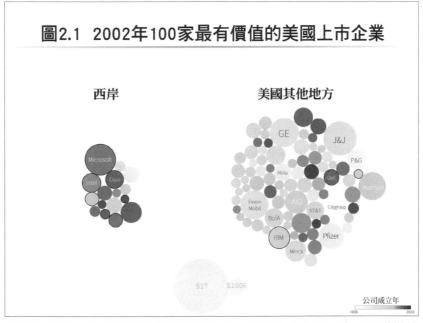

圖2.1　2002年100家最有價值的美國上市企業

西岸

美國其他地方

◎圖中圓點有黑色邊框者代表科技企業，這些企業主要從事：互動媒體與服務、網路與直銷零售、半導體及半導體設備、軟體、技術硬體儲存與周邊設備。總部地點是根據初次公開發行（IPO）時的資料。

資料來源：FactSet

　　每個圓點都代表一家企業，圓點大小與企業市值成正

比。根據企業總部地點（成為上市企業時的地點），圓點被劃分為兩組。左邊是西岸企業，其中大多數公司的總部位於北加州，右邊則是總部位於美國其他地方的企業。圓點根據企業成立的時間進行陰影處理，成立的時間愈短，顏色愈深。有黑色邊框的圓點代表「科技」產業公司。

這個視覺化圖表顯示，至2002年底，西岸聚集了一批相對年輕的大型科技企業，然而，大多數大型企業仍位於其他地方。前百大公司當中，84家不在西岸，它們合計占百大企業總市值的80%以上。美國的大型企業版圖主要由歷史悠久的品牌主宰：例如金融服務領域的花旗集團（Citicorp）、摩根大通（J.P. Morgan）和美國國際集團（AIG）；生命科學領域的默克（Merck）、輝瑞（Pfizer）和嬌生（Johnson & Johnson）；資訊科技領域的IBM以及奇異集團。

現在讓我們來看看2022年底的同一張地圖（圖2.2），對於許多極客企業來說，這是嚴峻的一年。以科技股為主的納斯達克指數[2]在2022年重挫近三分之一，寫下二十多年來最糟糕的紀錄，亞馬遜、特斯拉（Tesla）和Netflix等企業的市值縮水一半，甚至更多。所以，2022年底地圖長得怎樣？

即使科技業經歷2022年的殘酷洗禮，到年底時，北加州圈（占全美土地面積僅不到0.1%）仍然是迄今為止全美

高市值企業最熱門的聚集地。拜亞馬遜與微軟之賜，西雅圖地區也脫穎而出。與此同時，美國其他地區在發展大型科技企業或大型年輕企業的能力表現平平。事實上，在考慮通貨膨脹因素後，從2002年到2022年，美國其他地區的大部分企業根本沒有成長多少。至2022年底，西岸所包含的大型企業股票市值（47%）幾乎與全美其他地區（53%）一樣多。

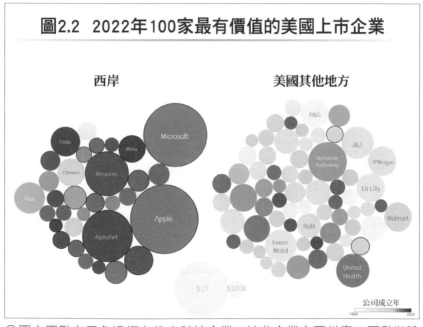

圖2.2　2022年100家最有價值的美國上市企業

◎圖中圓點有黑色邊框者代表科技企業，這些企業主要從事：互動媒體與服務、網路與直銷零售、半導體及半導體設備、軟體、技術硬體儲存與周邊設備。總部地點是根據 IPO 時的資料。

資料來源：FactSet

　　如果我們再將目光投向大西洋彼岸的工業革命發源地：歐洲，這種對比將更加鮮明。至2022年底，北加州圈子裡所有上市企業的市值，是歐盟和英國（兩者加起來有超過5億人口的富裕地區）股票市值總和的一半以上。亞洲雖然幅員遼闊，人口眾多，但所有上市企業加起來的總市值還不到北加州圈內企業市值的4倍。矽谷城鎮給人的感覺就像沉睡的郊區，但它們已經成為世界資本主義價值創造的中心。

　　在這個世界上，極客探測器反應最強烈的地方所創立的企業，已經對廣告、媒體娛樂、消費電子和汽車製造等各個產業造成破壞。它們帶來改變世界的創新，例如搜尋引擎和智慧型手機，市場預期它們將繼續創新和發展。（請記住，企業市值反映的不是企業的歷史，而是投資人對企業**未來**財務前景的預估。）*其中一些企業已經變得如此龐大與強大，以至於它們在美國和其他地方引起反壟斷審查。

　　對於這個非凡表現的標準解釋是，矽谷是美國科技產業的中心，隨著商業世界的數位化，矽谷獲利豐厚。這種解釋有一定的道理，但正如我們所見，「科技」不再是一

---

*　注：企業估值的首要前提是，在任何時間點，一家企業的價值等同於它未來自由現金流的現值。如果你對「自由現金流」這個概念感到陌生，只要在心裡把它替換成「獲利」即可。但千萬別告訴會計教授你這樣做，除非你真的想聽一番長篇大論。

個有意義的企業分類方式。所以我想講一個不同的故事，一個關於我們這個圈子創造價值的故事。

　　我的故事不是聚焦於「科技」產業的發展，而是關注「極客」企業文化的崛起。我要講的故事與策略無關，但這不是因為策略無關緊要。策略自然至關重要，在2022年仍維持一定規模的企業，均已採取各種明智的策略行動。但俗話說得好：「企業文化會把策略當早餐吃掉」（Culture eats strategy for breakfast）*。有些企業能成功執行自己制定的策略，有些則不能。這兩種類型企業之間的差別主要來自於文化差異。

內部評等

　　要主張公司文化與績效之間有所關聯，主要的挑戰是數據很難量化。直到最近，有關公司文化的系統性證據還是不多，因為公司文化是出名的難以衡量。我們該如何準確評估一家企業在開放、迅速或其他任何特質上的文化程度？是否應該訪談執行長？翻閱年報？很顯然，這些方法都無法提供我們客觀的答案。那麼調查員工呢？這可能會產生更可靠的結論，但人們不喜歡填寫冗長的問卷，企業也不願意分享

***

＊　編注：指組織文化的影響力遠勝過組織策略。

自己內部調查的結果，而要從外部進行這種調查也相當困難。因此，我們沒有很多可靠且豐富的資訊來比較企業文化。

　　好消息是，這種情況正開始改變。我們對企業文化的無知正逐漸被理解取代。這種轉變是由於最近的兩個發展。第一個是，網路上出現大量員工對自家企業的評論。就像人們評論自己讀過的書和住過的飯店一樣，人們現在也評論自己的工作場所。*包括玻璃門在內的網站會匿名蒐集這些評論，並採取措施保護評論者，防止他們遭到雇主報復。

　　第二個有助於改變的發展是，強大的機器學習**軟體現在已廣泛運用。機器學習最常見的一種方式稱為監督學習，它從一組被標記的訓練資料開始。以分析玻璃門資料為例，這些訓練資料可能是一組員工評論，這些評論已經被人們從兩個層面標記：正在討論的企業文化，以及員工對這些文化的感受（例如，「這是對企業**敏捷**的高度正面評論」）。利用足夠的標籤資料訓練機器學習軟體後，它就能瀏覽玻璃門上一大群企業的所有評論，並自動分門別類。這個過程可以對不同企業文化進行一致性分析，進而進行

---

* 　注：我對我們的書《第二次機器時代》最喜歡的評論只有四個字：「太多證據。」

** 編注：機器學習（machine learning）是人工智慧的一種，著重於建立能根據資料來學習或改善效能的系統。

比較和排名。

　　商業研究員唐‧蘇爾（Don Sull）和查理‧蘇爾（Charlie Sull）已經為超過500家企業進行這種分析，其中大多數位於美國，擁有足夠的玻璃門評論來進行有意義的分析。據我所知，他們的「文化五百大」（Culture 500）專案，是第一個利用員工觀點為企業文化進行大規模量化分析的專案，結果極具啟發性。

　　這兩位蘇爾調查他們所謂的「九大文化價值觀」[3]，即企業在自己的官方價值觀聲明中，最常引用的文化價值觀。這些文化價值觀分別為：敏捷、協作、顧客、多元性、執行力、創新、誠信、績效和尊重。文化五百大的每家企業會根據機器學習分析的結果，針對各個價值觀進行排名。舉例來說，你猜Netflix在敏捷方面的排名為何[*]？是第50百分位數？還是第75？事實上，它是在第99百分位數。怪不得《Netflix文化集》如此受到歡迎。

　　文化五百大研究沒有直接調查科學、所有權意識、速度和開放等偉大的極客行為準則，但它確實關注敏捷、執行力和創新等相關概念。因此，我們可以利用文化五百大的資料，來驗證我提出的極客之道論點是否獲得支持。兩

---

[*]　注：更準確的說，我們可以將Netflix員工對企業敏捷的整體看法，與其他文化五百大企業員工的相似看法進行比較。

位蘇爾創建多個企業集團分類，並將Netflix放到「科技巨頭」和「網路」這兩個分類中。我們把這兩類合併，將所有分類中的企業稱為極客文化的「可能嫌疑人」。我預期在這些企業中，我們的極客行為準則探測器會發出最大的聲響。下表列出33名「可能嫌疑人」，其中60％的創立地點位在北加州的圈子內。

Airbnb*	HubSpot	Twitter*
阿卡邁（Akamai）	IBM	優步（Uber）
Alphabet*	英特爾*	韋費爾（Wayfair）
亞馬遜	LinkedIn*	工作日（Workday）*
Apple*	來福車（Lyft）*	雅虎（Yahoo）*
思科*	微軟	Yelp*
DoorDash*	Netflix*	齊洛（Zilllow）
eBay*	甲骨文（Oracle）*	
智遊網（Expedia）	Paypal*	
Facebook（Meta）*	波斯賣（Postmates）*	
GoDaddy	賽富時（Salesforce）*	
酷朋（Groupon）	史迪奇（Stitch Fix）*	
格魯布外送（Grubhub）	支援網（Support.com）*	
注：＊表公司創立於北加州		

　　我計算「可能嫌疑人」在文化五百大九大價值觀中每一個價值觀的平均值，並把各項平均值與 Netflix 在各價值觀的得分進行比較。結果如圖 2.3。

　　整體來看，這些「可能嫌疑人」與 Netflix 非常相似。在文化五百大的九個價值觀中，這些「可能嫌疑人」在執行力、敏捷、創新、尊重、多元性和績效六個價值觀中處於領先地位。

　　考量到科技產業向來以單一文化著稱，極客企業在多元價值觀的排名相對較高，實在出人意料。要先聲明的是，這種名聲在某些方面確實有它的立論基礎，例如，在五大科技企業中，僅三分之一的員工是女性[4]，而微軟和 Google 的技術員工中，黑人或拉丁裔員工的比例在 2014 年至 2019 年間僅提高 1 個百分點[5]。彭博（Bloomberg）2021 年的一項分析[6]發現，科技企業的專業和管理階層中，女性、黑人和拉丁裔員工的比例明顯比其他大型企業少。因此，極客企業在多元價值觀取得高分，至少部分歸因於這些企業中，以白人男性為主的大多數人認為不存在多元化的問題，而這些人的觀點蓋過看法不同的人。對於如此重要的主題，顯然有必要進行更多研究。

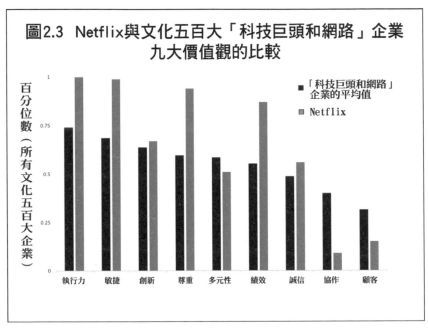

圖2.3　Netflix與文化五百大「科技巨頭和網路」企業
九大價值觀的比較

來源：CultureX

　　與Netflix一樣，這些「可能嫌疑人」在企業文化中有
兩個領域的排名遠低於平均水準：協作和顧客。協作的排
名低既不讓人意外，也不值得擔憂。正如我們將看到的，
採用所有權意識和高度自主權行為準則的極客企業，往往
較不重視廣泛協作，實際上，它們經常努力把協作最小
化。而正如唐‧蘇爾向我指出的，顧客評分偏低可能是因
為科技企業的大多數員工不直接與顧客互動，且平台上的
客群往往不只一個。

企業文化俱樂部

　　讓我們把注意力集中在圖表左側。整體而言，我們的「可能嫌疑人」排名最高的兩個項目與Netflix相同：執行力（Netflix在第100百分位數）與敏捷（第99百分位數）。唐和查理‧蘇爾將執行力定義為「員工有權採取行動、擁有所需資源、遵守流程紀律並對結果負責」的程度，而敏捷則是「快速有效回應市場變化並抓住新機會」的能力。這些「可能嫌疑人」的第三高分是創新，這是衡量「企業開發新產品、服務、技術或工作方式」的程度。

　　如果你向我的商業學術圈同僚調查驅動企業績效的因素，敏捷、執行力和創新三者無疑都將名列前茅。唐和查理‧蘇爾的文化五百大研究結果顯示，根據這些企業自家員工的說法，我們極客文化的「可能嫌疑人」在這三項關鍵活動中都表現出色。這項研究也讓我們可以將「可能嫌疑人」與其他產業群體比較，這樣我們就能了解，極客是否有任何實際的競爭對手。而結果正如圖2.4所示，極客企業沒有競爭對手，它們根本領先對手一大截。

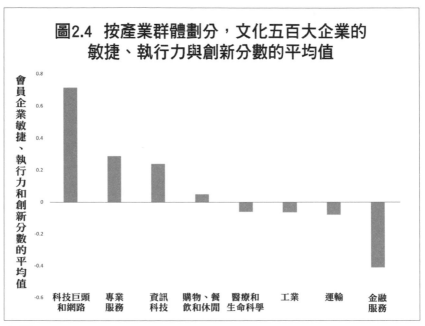

圖2.4 按產業群體劃分，文化五百大企業的
敏捷、執行力與創新分數的平均值

會員企業敏捷、執行力和創新分數的平均值

科技巨頭和網路　專業服務　資訊科技　購物、餐飲和休閒　醫療和生命科學　工業　運輸　金融服務

來源：CultureX

　　在這些「可能嫌疑人」中，敏捷、執行力與創新三個
項目的平均綜合得分，比其他產業多出超過一倍。專業服
務公司和資訊科技公司在這三個項目的表現相當亮眼（這
同樣是根據他們自家員工的說法）。大概就是這樣。大多數
其他產業的得分徘徊在零分左右；金融業因為敏捷、執行
力和創新的平均表現低迷而顯得尤為突出。

　　我愈看這張圖，就愈覺得驚奇。我在商學院工作的幾
十年裡，聽過無數關於授權、自主和擁抱新事物重要性的

討論，以及最健康的公司文化就是擁有最高水準的自由、信任、責任和問責的文化。如果把與這類文化力量有關的書籍和文章全部集中在一起，那一定會堆積如山，而且在那堆書山之中，很少有人預測一群網路極客將成為建立這些文化的人。然而，根據我們掌握的最佳證據，這就是事實的真相。

這實在令人震驚。就好像一群沒有製造飛機經驗的飛行愛好者，學會如何製造出色的飛機，而主流航空業卻無法阻止自己的機器從天上掉下來。這不僅是因為「可能嫌疑人」中的企業相對年輕，因此沒有時間建立官僚體系和其他問題。「可能嫌疑人」企業雖然年輕，但在敏捷、執行力和創新方面的得分，明顯高於其他產業中同樣年輕的企業。文化五百大研究支持我論點的核心要素：不僅存在獨特的極客企業文化，而且這種文化的特點是高度授權和自主，且高度支持創新、敏捷和執行力。

另一個耐人尋味的證據表明，商業極客已經建立理想的文化，這個證據來自專業社群網路LinkedIn。LinkedIn在2016年公布它的「最具吸引力」名單，這些是LinkedIn會員最感興趣的企業，決定排名結果的不是會員觀點，而是他們的行動：求職申請、員工與公司頁面的瀏覽量，以及新員工在企業工作的時間長短。LinkedIn把這份最具吸引力名單總結為「同類排名中第一個[7]完全基於使用者行動的

排名」。*

LinkedIn 會員的實質行動顯示我們的「可能嫌疑人」極具吸引力。在美國，最具吸引力名單上的前十一名中有十個都被「可能嫌疑人」占據，而且除了微軟之外，這些企業的總部都位於北加州（第十一名是特斯拉，這家企業在某些重要的地方十分符合極客特質，我們將在第六章中詳述）。全球的情況大致相同，有七家企業占據前七名。記者蘇西・威爾許（Suzy Welch）點出[8]這份名單嚴重失衡，而且明顯遺漏工業時代的企業：

> 科技業占美國 GDP 的比例不到 10％，但在最具吸引力名單上排名前十的企業，無一不屬於科技領域。而且，縱觀美國上榜的全部四十家企業，科技公司占總數的 45％⋯⋯。
>
> 相較之下，能源領域和零售領域的企業根本沒有上榜，這兩個領域的企業共占 GDP 的 7.5％，占《財星》五百大前四十名企業的 25％。（我要再說一遍，完全沒有。）同樣值得注意的是：傳統製造業⋯⋯占美

---

* 注：在後來的幾年中，LinkedIn 把最具吸引力名單替換為「頂級企業」，並把納入名單的標準擴大到使用者行動之外：「LinkedIn（頂級企業）排名基於七大支柱[9]：進步能力、技能成長、企業穩定、外部機會、企業親和力、性別多元和教育背景。」

國經濟的比重仍有12％，占《財星》五百大前四十大企業的10％。然而，在LinkedIn的最具吸引力榜單上，唯一一家接近這個類別的企業是特斯拉，排名第八，但實際上，特斯拉更像是製造電動汽車的科技企業，而非純粹的傳統製造業。

這些「可能嫌疑人」之所以如此有吸引力，可能是因為它們優渥的薪資待遇，但這種觀點顯然難以解釋以下的事實：薪資同樣優渥的金融業，在「最具吸引力」名單上表現欠佳，只有四家上榜（Visa第十三；貝萊德（Blackrock）第十九；高盛（Goldman Sachs）第二十七；摩根士丹利（Morgan Stanley）第四十）。心理學家亞當・格蘭特（Adam Grant）對於為什麼最具吸引力名單被我們的「可能嫌疑人」占據，給出更好的解釋：「科技企業已經重新定義優質工作場所的標準[10]：不只是免費食物和乒乓球桌，更重要的是有機會在重要問題上開展創造性工作，與積極主動、才華橫溢的同事協作，向世界級專家學習，並擁有真正的發言權。」威爾許、格蘭特和許多人繼續使用產業標籤「科技」來描述這些「可能嫌疑人」，但我認為用「極客」這個文化標籤更貼切。例如，格蘭特對理想工作場所的描述完全與文化有關，而非產業面。

我不是說極客企業是完美的。它當然不完美。它們未

能完成一些重要任務，譬如晉用足夠的女性和少數族裔員工[11]、最大限度減少發布產品中的偏見、保護一線員工的健康、防止外國干預選舉以及假新聞和仇恨言論在社群媒體平台上傳播。在接下來的篇幅中，我們會看到大量商業極客犯錯的例子。我也不是要在本書主張極客企業都心懷善念、它們在道德上是正確的，抑或是它們應該不受干擾、不受監管。我的目標不是要讓你喜歡極客企業或信任它們。

我的目標更加具體簡單：證明很多極客企業之所以表現出色，很大程度上歸功於它們創造的文化。這些公司有能力能夠完成企業存在的主要目的：持續在保持獲利的情況下創造顧客重視的產品，並且長時間堅持下去。如果你對利害關係人資本主義（stakeholder capitalism）、環境、社會和治理標準、企業社會責任、多元、公平和包容，或其他尋求重塑商業世界的運動充滿熱情，那麼持續、出色的表現將幫助你實現目標。

如果你不喜歡現今最大極客企業的權力和影響力，我認為你更應該仔細研究它們。就像體育隊伍會偵察與研究自己的強敵，美國軍方和情報部門也會花費大量時間了解中國、俄羅斯和北韓的能力。這不是因為美國認為這些國家值得欽佩，而是因為它們是值得重視的對手，是應該認真對待的競爭者。

簡而言之，無論你是極客企業的支持者、反對者還是

競爭者，花時間了解它們如何變得如此龐大，都很有價值。我的論點很簡單：極客企業創造的文化是推動它們成長的關鍵力量。

別去那裡

多年來，我拜訪過許多科技界的頂尖極客和他們的企業，我意識到一項驚人的事實：他們很少以正面的角度談論工業時代的企業文化或實務做法。事實上，他們很少談及這些。當他們談到這些公司時，通常是為了說明自己想要避免哪些作法。商業極客重視的是打破工業時代的傳統作法，而不是遵循這些規則。

如果你偏好圖像、而不是用莎士比亞一樣的修辭方式來思考，請試著想像這樣的情境：每家企業都會面臨一些相同的基本取捨：給予員工自主權或是建立結構和標準化流程；相信資料、實驗和演算法或是依賴直覺、經驗和判斷；快速行動或是有條不紊；擁抱辯論和分歧或是重視合作和共識；扁平結構或是階層組織；鬆散整合或是緊密融合。如果把每一個取捨視為轉盤上的一個刻度，設計與經營企業的人就會旋轉刻度盤，直到找到似乎適合自己情況的設定。

就像我們將在後續章節中看到的，極客把這些刻度盤都盡可能旋轉到同一個方向，也就是能培育科學、所有權

意識、速度和開放行為準則的方向，並創造一種快速行動、自由奔放、平等、證據導向、好辯和自主的企業文化。根據工業時代的傳統智慧，這不是好主意。這樣的文化可能適合年輕的新創企業、同質性高的科技群體，或臭鼬工廠（Skunk Works，大型企業內部為祕密專案而設立的小組）。而且傳統的商業建議告訴我們，在某個時候，你必須成長。你必須把刻度盤轉向中間，因為企業日益發展和成熟；因為企業需要更可靠的執行力，而不能只靠創新；因為員工人數擴大且變得更加分散和多元。

極客們似乎不受這個建議影響，事實上，他們幾乎可以說是從根本上反對這些建議。套用作家多蘿西・帕克（Dorothy Parker）的一句話來解釋[12]：他們認為將刻度盤轉向中間，不是一個應該輕輕丟棄的想法，而是應該用盡全力去拋開的想法。

他們為什麼會這麼認為？部分原因是他們對這個建議所產生的結果（以及所帶來的企業類型和成果）不以為然。如果這聽起來像是過於嚴厲的評價，讓我們看看以下的例子：

• 在 2017 年《哈佛商業評論》（*Harvard Business Review*）的一項調查中[13]，近三分之二的受訪者表示，自家企業存在中度至嚴重的官僚體系，只有 1% 的受訪者認為自家企業沒有官僚體系。

- 2018年，近300名企業領導人被問及自家企業創新的最大障礙[14]。最常聽到的兩個答案（各被大約一半受訪者提到）是「政治／地盤之爭」，以及向來為人詬病的「文化問題」。

- 大多數大型專案都會延遲完成並超出預算（如果它們最終能夠完成），很多專案，無論是建築、消費電子產品或軟體開發，都患有「90％症候群」[15]：原本一切似乎都按部就班進行，直到專案完成80％到90％時，進度就突然放緩，幾乎停滯不前。

- 2020年對超過500家美國大型企業進行的一項研究發現，企業標榜的價值觀與員工評估的實際公司文化之間，幾乎沒有關聯[16]。

- 二十一世紀的調查結果一致指出，只有不到一半的員工[17]（有時甚至不到10％[18]），清楚了解企業對自己的工作有什麼樣的期待，或者他們的工作要如何與企業目標跟策略保持一致。

極客們問，**我們不能做得更好嗎？**我們為什麼要容忍企業文化成為創新的最大障礙，而不是這個關鍵活動的最大支持者和培育者？為什麼我們要接受重要的工作總是遲遲無法完成，或是高度的官僚體系和虛偽是理所當然的事？為什麼很少有員工真正知道，為什麼他們現在該做這些事？

　　商業極客審視二十一世紀初的典型企業，得出與瑪麗亞‧蒙特梭利在二十世紀初研究義大利學校後相同的結論：**我們可以在每個重要的層面上做得更好**。極客們相信，自己可以建立行動更快、執行力更好、更創新的企業，同時給予員工更好的歸屬感與更多授權。

　　建立這類企業之所以重要，不只是因為它會生產出更好的商品和服務，也是因為它將成為更好的工作場所，而工作是絕大多數人生活的核心。在美國，全職員工平均每週花在工作上的時間（47小時[19]）與他們睡眠的時間差不多[20]。在工作的黃金時期*，他們與同事相處的時間[21]跟與伴侶相處的時間差不多，只比與孩子相處的時間少一點。他們投入這麼多時間工作，絕非只是因為薪水。眾所周知（我們將在接下來的內容中探討），我們的工作讓我們有機會去做對人類來說最重要的事：感受到自己是社群的一份子、有使命感、學習和教導、獲得地位等等。

　　不論是喜劇或悲劇，有個常見的場景是：喪屍一般的員工在死氣沉沉的工作崗位上打卡，但這樣的描述並不是非常準確。2016年的社會概況調查（General Social Survey）詢問美國勞工：「如果你有足夠的錢，讓你的餘生過上舒適的生活，你會繼續工作，還是停止工作？」足足有70％的人

---

*　編注：prime working years，經濟學家將 25 歲到 54 歲定義為是整體勞動力的中流砥柱。

表示自己會繼續工作[22]，而實際上，在教育程度最低的勞工及從事最低聲望工作的人當中，表示會繼續工作的比例最高。痛苦不是來自於工作，而是來自於擔心可能會失去工作。社會科學家亞瑟・布魯克斯（Arthur Brooks）[23]發現：

> 2018年，自稱「非常」或「相當」有可能失業的美國成年人，對生活「不太滿意」的可能性，是那些認為自己「不太可能」被開除的人的三倍多……2014年，經濟學家發現，失業率每增加1個百分點，國民幸福感下降的幅度是通膨率每上升1個百分點的五倍多。

企業都擁有豐富多彩的文化，由於工作占據我們絕大部分時間和身分認同，這幾乎是理所當然的事。但「豐富多彩」未必就是「健康」，也不意味著「有計畫」。很多商業領袖沒有花太多時間在企業文化上，而是在很大程度上讓它自行發展。就像《哈佛商業評論》2018年刊登的一篇文章中，一個組織研究團隊說：「根據我們的經驗……試圖建立高績效組織的領導人，通常會被文化所困惑[24]。事實上，很多人的選擇是讓它不受管理，或是把它丟給人資部門，讓它成為企業的次要問題。他們可能會為策略和執行制定詳細周到的計畫，但由於他們不了解文化的力量和機

制，他們的計畫往往會偏離軌道。」這會錯失巨大的機會。這就像經營超市，卻不關心哪些產品放在哪個貨架上，這會讓整家商店毫無競爭力且變得一團糟。

當我審視工業時代企業文化的證據，以及這些企業在與迷戀文化的極客爭鬥時的表現，「毫無競爭力且變得一團糟」似乎常常是合適的說法。沒有理由讓這種混亂持續下去。人們希望在健康的環境中工作，而我們現在知道該如何創造這種環境，這要歸功於兩個截然不同的社群：一群新的極客企業創辦人和領導人，以及提出和回答各種人類行為問題的科學家。

正如本章內容所述，有充分的證據表明，商業極客正嘗試打造更好的東西，並取得成功。他們遵循 HubSpot 共同創辦人達美什・沙哈的建議，他說：「既然你會擁有一種文化[25]，何不打造一種你喜愛的文化。」

摘要

矽谷給人的感覺像是沉睡的郊區，但在二十一世紀，這裡已經成為世界資本主義價值創造的中心。矽谷比其他地方擁有更多快速發展、創新、改變世界的企業。

對這出色表現的標準解釋是，矽谷是美國科技產業的中心，但我的故事並非聚焦於「科技」產業的發展，而是關注「極客」企業文化的崛起。

最近的研究顯示，商業界存在著獨特的極客企業文化，這些文化的特點是高度授權和自主；它培育創新、敏捷和執行力。

無論你是極客企業的支持者、反對者還是競爭者，花時間了解這些企業如何變得這麼強大，很有價值。我的論點很簡單：它們創造的文化是推動它們成長的關鍵力量。

人們希望在健康的環境中工作，而我們現在已經知道該如何創造這種環境，這要歸功於兩個截然不同的社群：一群新的極客企業創辦人和領導人，以及提出和回答各種人類行為與文化進化問題的科學家。

第 三 章

超級和終極

思考我們的新方式

我們是力量和物質轉化為想像力和意志的奇蹟。
真是不可思議。生命力正在實驗各種形式。你是
其中之一。我是其中之一。宇宙宣告自己還活
著,我們就是其中一個宣告。

——雷・布萊伯利(Ray Bradbury)

我們人類獨一無二。在這個星球上，沒有任何事物能夠與我們媲美，他們跟人類差得遠了。但真正讓我們與眾不同的，不是大多數人想像的那些事。

大多數人認為，區別我們與其他生物的是我們的智慧。這種長期以來普遍存在的觀點，甚至反映在我們物種的學名中：智人的「智」，意謂的是「智慧」。我們確實在很多方面比我們的近親更聰明。到兩歲半的時候，人類兒童在空間、數量和因果關係的理解上，已經與成年黑猩猩和紅毛猩猩[1]不相上下（當然，我們在空間、數量和因果關係這些領域的智力在幼兒期之後，還會持續增加很長一段時間）。

更好的人類物種名稱

然而，人類之所以獨特是因為我們「絕頂聰明」，這個觀點有幾個問題。其中一個問題是，在某些重要的推理方面，我們實際上不如我們的演化近親。空間記憶和資訊處理速度與人類其他類型的智力密切相關，所以人們往往認為，成年人在這些方面可能會比黑猩猩做得更好。[*]靈長類動物學家吉崎井上（Sana Inoue）和松澤哲郎（Tetsuro Matsuzawa）

---

[*] 注：你的空間記憶和資訊處理速度愈好，你就愈有可能擅長解決問題和推理。

透過一個實驗來測試這一點，他們讓一組大學生與一組黑猩猩比賽：實驗人員向受試者簡單展示一串分布在電腦螢幕上的連續數字（例如，「1」位於螢幕左下方，「2」位於螢幕中間附近，「3」在左上方，依此類推），然後用空白矩形遮住所有數字。受試者必須按數字順序以最快速度點擊矩形（即先點擊遮住「1」的矩形，然後是「2」……），以測試他們的空間記憶，而且不能有任何錯誤。

如果受試者成功記住螢幕上隱藏數字的順序，假設是6個，接下來他們看到的螢幕就會有7個被矩型遮住的數字，以此類推，數字最多會有9個。除了改變螢幕上數字的數量之外，實驗人員也會改變數字被矩形遮住之前看得到的時間。最長的時間為0.65秒，最短的為0.2秒。為了測量資訊處理速度，這個實驗會追蹤受試者在矩形出現到開始點擊所需的時間。

空間記憶方面的總冠軍是一隻名為阿步（Ayuma）的五歲黑猩猩，無論數字消失得有多快，牠都表現得很鎮定＊。人類在空間記憶任務中擊敗其他黑猩猩，但在資訊處理速度領域，所有人類都輸給黑猩猩。黑猩猩開始點擊矩形的速度比人類還要快，而且與人類不同的是，如果牠們開始加快點擊速度，表現也不會變差。

在這些測試中，人類的表現輸給黑猩猩，讓「我們聰

＊　所有其他受試者，無論人類或黑猩猩，表現都有所下滑

明絕頂」的這個觀點有所動搖。但真正粉碎這個觀點的是，即使在擁有所有必要生存條件的情況下，我們（聲稱的）智人仍沒有足夠的智慧能自力更生。就個體而言，我們甚至沒有足夠的智慧來維持生存。

要明白我的意思，請想像一下這樣一個令人不安的情境：把一群剛斷奶不久的人類兒童放在最適宜居住的環境：沒有天敵、病原體、毒物或敵人；氣候四季如春、溫暖宜人；有充足的住所、被褥和衣物；飲用水源充沛，新鮮水果、蔬菜、堅果、穀物隨手可得，而且無限量供應，甚至冰箱裡裝滿新鮮生肉、家禽和魚。這個伊甸園唯一缺少的就是有經驗的成年人和火。

如果你用其他哺乳類動物進行這個實驗，最終的問題將會是動物過剩。然而，人類的孩子卻將面臨相反的狀況。如果身邊沒有人教他們如何生火與烹飪食物，他們最後就會餓死。*

之所以會出現這種意想不到的情況，是因為很久以

---

* 注：1978 年，蘇格蘭魯賓遜（Robertsons）一家人在太平洋的一艘船上，生存了三十八天。當他們準備好的食物用完後，他們靠捕獲的魚和海龜的生肉維生。然而，正如靈長類動物學家理查德‧白蘭（Richard Wrangham）在他 2009 年出版的《著火》（*Catching Fire*）一書中寫道：「他們的經驗證明[4]，只要食物充足，人類就能在以生食為基礎的飲食下存活至少一個月。但有時，只要有水，人類甚至可以在完全沒有任何食物的情況下生存一個月。缺乏任何證據表明，人類可以依賴長期生食存活，這意謂即使在極端情況下，人類也需要煮熟的食物。」

前，我們的祖先開始烹煮一部分食物[2]。*烹煮過的食物營養更豐富、更容易咀嚼和消化。這些好處甚至改變我們的物種。隨著烹煮食物的做法在人類社會中普及[3]，進化開始發揮作用，我們的胃和腸道開始縮小（因為只需要更少的時間和能量，就能消化烹煮過的食物），削弱我們的下顎肌肉（因為我們不需要咀嚼太多）。由於這些改變和其他適應環境的改變，現代人類無法依賴未經料理的生食維生。**我們對火有「強制性的依賴[6]」。查爾斯・達爾文（Charles Darwin）意識到，用火是人類的一項根本發展。正如他所說，火「或許是除了語言之外，人類有史以來最偉大的發現」。

如果進化讓我們[7]依賴火，按理說，進化也會賦予我們創造火的能力。但並非如此。事實上，幾乎沒有人能獨自學會生火，必須有人教導我們這項技能；我們不夠聰明，無法靠自己掌握這項技能。很久很久以前，現今所有人類的祖先都至少掌握一種生火的方法（例如，敲擊特定種類的岩石產生火花，或是快速摩擦兩塊木頭，讓它變熱到足

---

* 注：關於人類什麼時候開始烹煮食物存在爭議[5]。理查德・白蘭認為，這種轉變發生在大約 180 萬年前，也就是直立人物種出現的時候。其他人則認為這種轉變發生的時間更近，是在過去幾十萬年之內。一些考古學家甚至認為，人類普遍烹煮食物的歷史有大約 1 萬 2000 年。

** 注：「生機素食」飲食涉及使用攪拌機和其他現代工具進行大量食物準備。五十多歲的搖滾明星藍尼・克羅維茲（Lenny Kravitz）「以生食為主[8]」，他的精力和體格強烈暗示，這些飲食可能是正確的選擇。

以點燃火種）。*然後，這些人把生火的方法教給同伴，同伴
又把方法（也許有所改進）教給自己的孩子，如此下去。
在人類群體中，每一代人都會教導下一代如何生火、維持
火勢，以及如何利用火烹煮食物或是做其他必要的事。

　　不只生火。人類也需要被教導如何狩獵、如何解毒、
如何製作衣服和工具、如何建造住所，以及其他許多對我
們生存至關重要的事。人類已經學會如何在沙漠、雨林，
以及幾乎所有生態系統中生存，但這些生存方式並非每個
人每次嘗試都能成功。相反的，這些知識是由許多人和群
體在許多世代中累積起來，然後代代相傳。

　　我們人類達成一個奇妙的進化交易。我們接受以個人
的無助為代價，換取群體的神奇力量。單憑我們的智慧無
法讓我們生存下去，但我們的社會群體卻能做到。我們的
群體掌握我們所需的知識和技能。沒有群體，我們將難以
生存；在群體的支持下，我們的智慧足以建造太空船。

　　發射太空船是一項令人印象深刻的成就，也是我們人
類獨有的成就。黑猩猩至今還沒有把任何東西送上軌道，
而且我想可以肯定的說，牠們在短期內也無法做到這一

---

* 　注：孟加拉灣北森蒂納爾島（North Sentinel Island）上與世隔絕且極少接觸外界
　　的居民，可能是其中一個例外。人類學家崔洛克納 ‧ 潘迪特（Triloknath Pandit）
　　是少數與森蒂納爾人有過接觸的外來者之一。據他觀察，森蒂納爾人不懂 9 該如
　　何生火，而是把被閃電擊中的樹木上燃燒的木頭，帶回自己的小屋，一直讓這些
　　火保持燃燒。

點。為什麼？正如我們所見，黑猩猩在很多關鍵面向表現得非常聰明。牠們也會互相學習。黑猩猩有自己的文化習俗和社會學習，這些文化與學習在不同群體中各不相同，而且世代傳承。不同群體的黑猩猩文化在很多方面都有所不同，包括如何建造巢穴、如何使用工具從木頭裡取出蜂蜜，以及如何求偶。其他非人類的靈長類動物有文化，許多鯨豚類動物，如鯨魚、海豚和鼠海豚，牠們也有文化。

擁有文化的動物名單[10]實際上可能很長，但心理學家史蒂夫・史都華－威廉斯（Steve Stewart-Williams）指出這些動物與我們之間的關鍵區別：「一萬年前，黑猩猩文化的頂峰[11]是利用樹枝從白蟻丘中掘出白蟻。今天，黑猩猩文化的頂峰仍然是……用樹枝從白蟻丘中掘出白蟻。」黑猩猩的創新，如工具的使用，是真實存在而且有其重要性，這些創新在同伴之間、父母與孩子之間傳播，但不會隨著時間的推移而在這個基礎之上加以發展。[12] *與此同時，人類的創新顯然做到了這一點；我們已經從使用樹枝進步到投擲長矛，再進步到發射太空船。

我們需要一個定義以捕捉文化的獨特之處。我會使用

---

* 　注：一些靈長類動物顯然可以向人類學習。2008 年，有人在婆羅洲拍攝到一張照片，照片中一隻紅毛猩猩表現出前所未見的行為：用一根長得像矛的棍子[14]，試圖在高洪河（Gohong River）捕魚。這隻猩猩很可能是看到人類用這種方式捕魚，於是加以模仿。（但就像許多人一樣，牠沒有捕獲任何東西。）

人類學家約瑟夫・亨里奇（Joe Henrich）對文化的定義：「我所謂的『文化』是指我們在成長過程中，向他人學習而獲得的大量實務[13]、技術、啟發、工具、動機、價值觀與信念。」「向他人學習」這一點展現出人類與黑猩猩和其他物種的區別。與地球上其他生物相比，我們從更多不同的個體中學習到更多事物。正如我們將看到的，我們還會重組從其他人那裡學到的東西，然後毫不費力的把自己看過的最佳範例融合成一個混合體。

除了學習之外，讓人類與眾不同的另一件事是我們密切合作的能力。我們是唯一一個能在一大群互不相關的個體中，密切合作的物種。螞蟻、蜜蜂和其他社會性昆蟲在「密切合作」方面做得很好，牠們在獲取食物、對抗入侵者與撫養後代時，會進行溝通、協調和分工，但牠們是以家庭成員為單位來完成這些工作；牠們有血緣關係。其他一些動物也會合作，但不如社會性昆蟲那樣深入。正如心理學家麥可・托馬塞洛（Michael Tomasello）談到我們近親物種時的描述：「你很難想像會看到兩隻黑猩猩一起搬運一根木頭[15]。」

現在看看我們人類。我們經常與毫無關係的人進行大量密切的合作。第二次世界大戰中有 7,000 萬名參戰者[16]，他們絕大多數彼此之間沒有深厚關係，卻願意用自己的生命捍衛「國家」這個抽象的概念。非戰爭時期，我們也會

與大批陌生人攜手合作。我們把太空船送入宇宙；創造經濟體並透過貿易把它們連結在一起；對抗全球疫情時我們共同研發並分發疫苗；創造智慧型手機、全球通信網路與翻譯軟體，期望全人類能暢通無阻的交流。

這些文化成就都需要大量的學習與知識累積。只有人類能夠如此迅速的締造這些成就。在此之前的地球生命史中，沒有任何跡象表明有其他物種能如此快速的主導文化進化。我能想到最接近的比喻，大概只有在科幻電影中才能找到。

許多科幻片都有超光速旅行這樣的情節，這是因為浩瀚星際空間無法彰顯電影的緊湊情節*，也是為了展現宇宙飛船啟動曲速引擎後，瞬間出現在遙遠星系的炫目視覺效果，但這公然違反物理學定律。**人類之所以能在地球上如此的成功並占據主導地位，是因為我們有自己的曲速引擎：一種其他物種都不具備的進化類型。除了生物進化（每個生物都有）之外，我們還有文化進化，而且它的速度要快上非常、非常、非常多。如果說生物進化像是受到光速限制的旅行，文化進化就是人類的曲速旅行。

---

* 　注：人類迄今為止所製造出速度最快的太空旅行物體，需要大約 1 萬 9000 年才能抵達距離太陽最近的恆星，即比鄰星[17]。

** 注：如果你因為我把《星際迷航記》中的科技與《星際大戰》（*Star Wars*）中的用語混在一起而感到不悅，你剛剛已經證明自己是個科幻極客。

　　要了解文化進化的速度有多快，讓我們來看看太空船的發展。經過數千年夢想飛行之後，人類終於在1783年，乘坐孟格菲兄弟（Montgolfier）在法國製造的熱氣球，首次離開地球表面。一個多世紀後，1903年，萊特兄弟（Wright）之一在北卡羅來納州基蒂霍克（Kitty Hawk）進行首次飛機飛行。此後，里程碑開始以幾十年為單位計算。1957年，人造衛星史普尼克一號（Sputnik）開始環繞地球運行；1969年，尼爾・阿姆斯壯（Neil Armstrong）登上月球；1976年，人類太空船登陸火星，不到四十年後，又有另一艘太空船飛越冥王星；2021年，我們在另一個星球上重新開始全新循環；**機智號（Ingenuity）**直升機從當時位於火星的**毅力號（Perseverance）**探測車的甲板上，進行短程飛行。物理學家兼哲學家的戴維・多伊奇（David Deutsch）對這些成就累積而成的影響做出精闢的總結：「地球已經或即將成為已知宇宙中，唯一[18]能夠排斥物體、而不是吸引物體的天體」，因為我們有能力建立行星防禦系統。

　　不只科技，我們文化的其他基本要素也以驚人的速度發生變化。1980年，超過八成的中國人口[19]居住在農村，然而至2019年，全中國六成的人口居住在城市。1970年，美國有一成的非婚生新生兒[20]；至2018年，這個比例翻了四倍。1945年，世界上僅有大約超過11％[21]的人口生活在民主國家，至2015年，這個比例已經超過55％。

　　我不是在為這些變化貼上「好」或「壞」的標籤；我只是為它們貼上**快**的標籤。大多數人都會同意，自己社群的生活模式、建立婚姻關係和養育子女的方式，以及政府的組織形式都很重要，也許不應該隨意改變。然而，我們不是在幾百代或幾千代之間，而是在短短一兩代人之內，就讓我們的生活方式發生巨大改變。生物進化無法做到這一點，文化進化卻能輕而易舉辦到。

　　我們的學習能力之強、合作程度之高、文化進化之快，都是人類社會性的各種面向（就像蜜蜂跳舞告訴蜂巢裡的其他成員花在哪裡一樣，這也是蜜蜂社會性的一個面向）。我對人類社會性了解得愈多，就愈覺得它非比尋常、獨一無二。我不是唯一有這種感覺的人。許多研究生物歷史的科學家認為，由於我們的社會性能夠帶來如太空船這樣的創新，人類的出現因此被認為是地球生命的「重大進化轉變」[22]之一。這樣的轉變屈指可數，卻都舉足輕重。這些轉變包括染色體的發展[23]（大約40億年前）；有細胞核的細胞出現[24]（27億年前）；多細胞生物出現[25]（15億年前）；蜜蜂和螞蟻等社會性昆蟲的出現[26]（1.3億年前）。*

＊　注：正如一篇評論所說，就像我們這些超社會性人類一樣，社會性昆蟲在進化方面也「非常成功」[27]。螞蟻、蜜蜂、群居黃蜂和白蟻在世界各地都大量存在。例如，在一個熱帶生態系統中，牠們占所有昆蟲生物量的八成。從化石紀錄來看，這些動物的主要血統都沒有滅絕。

　　雖然不應該太過自我陶醉，但對於我們人類來說，在重大進化轉變名單上占有一席之地，確實是一件非常了不起的事情。畢竟，這個清單非常短，而我們是一億多年來第一個新進榜的條目。我們也是唯一由單一屬（人屬）構成的條目。我們之所以能夠贏得這一席位，是因為據我們所知，人類是地球歷史上，唯一能與大量非親屬密切合作，而且經歷快速文化進化的生物。除了在名單上占有一席之地外，我們還有自己的標籤：我們是地球上唯一的超社會性生物。[*]

　　請注意，我們在重大進化轉變的名單上占有一席之地，**不是**因為我們的智慧，所以也許**智人**不是我們這個物種的最好名稱。我認為**超社會性人（Homo ultrasocialis）**才是更好的名稱，它能真正凸顯人類的獨特與成功之處。如果連怎樣點燃一堆樹枝以產生賴以生存的火都無法自行解決，我實在很難繼續認為人類是具有超常智慧的物種。在我看來，把自己視為一個已進化成超社會性物種的成員，並以接受以個人的無助（在生火和許多其他事情上）為代價，換取無限的群體力量，這樣的說法更合理。

---

[*]　注：關於人類是否名列重大進化轉變名單，以及我們應該使用什麼術語來描述我們的社會性，其中還有爭議。我同意複雜性科學家彼得・圖爾欽（Peter Turchin）和其他人的看法，即我們確實屬於這個名單，而「超社會性」是描述我們的適當詞彙。

當我們把人類看成智慧的個體時，人類的很多行為（譬如我們不會生火）似乎很奇怪，甚至令人費解，然而一旦我們轉變視角，把自己視為超社會性生物，一切就會變得十分合理。要明白我的意思，讓我們重溫一下社會心理學中最著名的實驗之一[28]，這個實驗於1970年12月在紐澤西州的一所神學院進行。

我們在普林斯頓神學院學到的東西

普林斯頓神學院（Princeton Theological Seminary）成立於1812年，是長老會牧師的培訓基地，心理學家約翰・達利（John Darley）與丹尼爾・巴特森（Daniel Batson）招募學生參與一個實驗，想探究是什麼讓人的行為或多或少表現出利他主義。這是個性問題嗎？有些人天生就比其他人更樂於奉獻和樂於助人？還是這與正念有關？例如當人們思考利他主義和樂於助人這件事時，是否就更有可能去幫助他人？

為了探討個性對於利他行為的重要性，達利和巴特森對所有神學院學生進行測試，目的是評估他們宗教信仰的本質（例如，宗教是一種達成目的的手段，或者宗教本身就是最終的追求？）為了測試正念的重要性，研究人員將受試者分為兩組，讓一組人優先考慮助人和利他主義。他們的做法是要求所有神學院學生，準備一個簡短、但不同

主題的演說;一半人的主題是談論神學院畢業後的職涯發展,另一半人則被要求談論聖經中「好撒瑪利亞人的比喻」（parable of the good Samaritan）。

研究人員確信,後一組的受試者在步行穿越校園前往發表演說的地方時,腦海中肯定是將利他主義置於首位。好撒瑪利亞人的寓言也許是《聖經》中,耶穌講述過最著名的故事。故事中,一名男子遭強盜攻擊後,被遺棄在路邊。一名拉比和一名利未人（宗教人員）路過時刻意避開,但一名撒瑪利亞人則是停下腳步伸出援手。撒瑪利亞人和猶太人是傳統的敵人,因此耶穌的追隨者在這則寓言中聽到一個明確的訊息:美德來自於幫助有需要的人,而不是來自信奉正確的宗教信仰。這個故事的結尾,耶穌叮囑門徒「去做同樣的事」。

達利與巴特森讓受試者有機會去做同樣的事。神學院學生在前往演說地點的路上,會經過一條小巷,在那裡他們會遇到一個人:一名男子「癱坐在門口,低著頭,閉著眼,一動也不動」。他會在神學院學生經過身邊時,咳嗽兩聲,發出呻吟。當然,這名男子實際上沒有生病或受傷,他只是這個實驗的暗樁,被安排在這裡,看看哪些受試者會停下來主動提供幫助。

神學院的學生們個性不同,是否有哪一種個性的學生比較有可能停下來幫助別人?沒有。在實驗中,沒有哪種

個性的人比其他人更傾向利他。更令人驚訝的是，演講主題被指派為好撒瑪利亞人的神學院學生，沒有比去演說職業生涯的學生更有可能停下來，幫助倒下的人。換句話說，把好撒瑪利亞人的故事放在心上的人，自己成為好撒瑪利亞人的可能性沒有顯著增加。提高人們助人的意識，不會影響他們助人的表現。

　　實驗中唯一**有**發揮影響力的因素是，受試者是否認為自己違反規定。達利和巴特森在實驗中又加了一個變因：他們改變神學院學生在接近癱倒的男子時，感受到的時間壓力。三分之一的人感覺時間很充裕，因為在他們報到的辦公室，他們被告知還有幾分鐘時間前往演講地點：「斯坦納（Steiner）教授的實驗室」。另外三分之一的人則感覺比較匆忙，他們被告知：「助理已經幫你準備好，請馬上過去。」最後三分之一的人則是感覺很急迫，因為他們被告知：「哦，你遲到了。他們已經等你好幾分鐘。我們最好馬上過去，助理應該已經在等你，你最好加快腳步。」

　　這個變因大大改變學生伸出援手的比例。在被告知「你遲到」的學生中，只有10％幫助癱坐地上的男子；被告知「馬上過去」的人中，有45％的人伸出援手。只有在被明確告知還有額外幾分鐘時間時，大多數神學院學生（63％）才會在校園裡表現得像好撒瑪利亞人。

　　普林斯頓神學院的實驗結果令人震驚。神學院的學生

來到校園，是因為他們想要了解和傳播基督的教誨。好撒瑪利亞人的寓言（耶穌關於樂於助人重要性的教誨）可能是所有這些教誨中，最清晰、最直接的應用。然而，絕大多數處於時間壓力下的神學院學生，即使正在思考助人的重要性，依舊徑直走過顯然需要幫助的人。達利和巴特森勉強壓抑住興奮之情指出：「有好幾次，準備演說好撒瑪利亞人寓言的神學院學生，在匆忙趕路的途中，真的直接跨過需要幫助的人！」

為什麼時間壓力如此重要？嗯，約會遲到很少被認為是良好的行為（畢竟你讓別人等待），而且長老會似乎格外重視守時。正如《改革宗長老會》（*Reformed Presbyterian*）雜誌1864年的一篇文章[29]所說：

上帝為我們樹立起如此出色的守時榜樣，多麼值得我們效仿！祂的太陽在指定的時間升起和落下。月亮準確無誤的遵守著她的季節。星星在我們學習尋找星星的那一刻準時出現。即使是飄忽不定的彗星，在浩瀚無垠的星空中遊蕩，也會準確無誤的歸來……對於養成守時習慣的人來說，守時是快樂的泉源。它確保他人的信任和尊重。

達利和巴斯頓先是挑選出一個崇尚守時觀念的校園社

群，接著，他們透過操縱變因來影響實驗對象，讓他們感覺自己在不同程度上違反這個行為準則。違規程度愈嚴重，受試者就愈不願意停下來察看是否有人需要幫助，即使他腦海中最重要的想法是助人和利他主義。

當我把人類視為智慧的個體時，普林斯頓神學院的實驗結果就非常令人費解。但是，如果我把人類視為超社會性人的成員，一切就變得很合理，因為這個物種的成員如果不成為群體的一部分，就無法生存。當然，這個物種的成員天生就有遵循群體行為準則的強烈傾向。畢竟，不遵守群體行為準則對於維持生存來說，是個糟糕的策略。

我們的行為準則心理不只深入骨髓，更深入基因。正如我們將看到的，我們在群體中的許多行為也是如此。我們根據各種線索、利用各種方式調整我們的行為，以維持或提高我們在群體中的地位。當群體環境發生變化時，我們也會立刻隨之改變。這些行為變化，有時大到像是只有換掉相關參與者才有可能發生。

在接下來的內容中，我們將目睹微軟從一家快速行動、勇於創新的企業，變成一家因官僚體系、僵化而癱瘓的公司。我們將看到，數十年來因優良職業道德而享有盛譽的安達信會計師事務所，因為採取墮落的實務做法，在短短幾年內就被市場掃地出門。我們會看到專案中充斥肆無忌憚、互相欺騙與欺瞞上司的人，辦公室裡充滿欺騙和

欺詐顧客的人。在這些案例中，不良行為都不能歸因於人事變動，也就是好人離職或壞人出現（事實上，早在安達信被聯邦定罪導致停業的幾年之前，它剛聘請了第一位職業道德專家）。相反的，我們會看到，這些功能失調是因群體環境變化而產生。

我們還會看到很多正面例子。我們將檢視微軟如何完成最近的驚人逆襲。我們將看到，亞馬遜在發展初期是如何扭轉乾坤，大幅減少官僚體系和頭重腳輕的現象。我們將探討 Salesforce 如何讓七萬多名員工保持一致，努力實現企業目標；創投公司安德森霍羅維茲創投基金（Andreessen Horowitz）如何在高度不確定的環境中做出重大決策；一群極客人物，包括失意的程式設計師和戰鬥機飛行員，不僅改變了軟體的編寫方式，也改變全世界從產品推出到軍事行動的管理方式。

這些成功故事都不是依賴大規模的人事變動，相反的，這些企業都有賴於相同的工具、技術和方法而獲致成功。我們將會在接下來的篇幅對此進行探討，而開始探索這個工具包的一個好方法，就是以反向的方式思考一個類似普林斯頓實驗的干預措施：它利用我們的超社會性來促進利他行為，而不是讓它在小巷中枯萎。

讓利他主義常態化

2017年，經濟學家艾瑞茲・尤利（Erez Yoeli）意識到，憑藉一點超社會性干預與行為準則建立，或許就能促使人們完成全部的結核病治療療程。最後一句話中的「全部」是個棘手的關鍵問題。結核病是一種使人衰弱、有時甚至會致命的疾病，而抗生素可以迅速緩和結核病的症狀，如發燒、胸痛、疲勞、咳嗽（咳嗽可能持續不斷，嚴重時甚至會導致內出血）等。由於結核病的傳染性很強，患者經常會被排斥，這讓患者更加渴望治癒，最好是在周圍的人意識到自己生病之前病情能夠好轉。因此，雖然藥物可能會引起噁心和頭暈症狀，但患者通常願意每天服用強效的抗生素，也願意在需要更多藥物時翹班前往診所。

然而，一旦病症消退，繼續固定服用幾個月的藥物，似乎就顯得非常麻煩。但事實並非如此；抗生素需要足夠的時間才能消滅隱藏在患者肺部和關節深處的最後一批細菌。如果治療得不夠徹底，結核菌可能會產生抗藥性，治療起來將更加困難和昂貴。

結核病初期的治療相對容易，因為患者能迅速感覺身體明顯好轉，這種好處通常被認為超過他們需要承受的成本（如頭暈、噁心、不便、缺勤）。但隨著治療進入後期，困難度大增，原因是成本仍在增加，然而病人卻早已獲取

直接、明顯的個人利益，因此，此時患者需要展現利他精神，為顧全整體社群的利益，繼續完成治療。

在肯亞的一個結核病治療計畫中[30]，尤利與他的同事想出兩種方法，利用人類的超社會性來激發這種利他主義，讓人們完成整個療程。第一個方法類似達利和巴特森在普林斯頓神學院的方法：讓某個人提醒受試者，他們在某項義務上的進度已經落後。參與肯亞治療計畫的患者，每天都會收到自動發送的手機簡訊，詢問他們是否已經服藥。如果患者沒有回覆，系統會再自動發送兩條追蹤簡訊。如果依舊沒有回覆，就會有曾經成功完成治療計畫的人，透過簡訊和電話與患者聯繫。如果**上述方法**仍然無法發揮作用，診所配藥的人員將會嘗試直接聯繫病患。

進行人際接觸的原因之一，是查看病患是否有任何需要解決的疑問或困擾。但另一個原因只是為了確保病患感覺到其他人（在這個案例裡，是曾有過相同經歷的同伴，必要時還有醫療專業人員）知道他們在做什麼，並期望他們能按時服藥。換句話說，所有的聯繫都向患者強調了一個行為準則：完成全部的結核病藥物治療。

研究人員利用病患超社會性的另一種方式，是提醒他們，自己是人類社群的成員，他們希望在這個社群中保持良好形象。然而，這個社群絕對**不能**是病人的鄰居。結核病的傳染性很高，這讓它帶有強烈的汙名，所以不能通知

或讓鄰居加入社群（事實上，如果婦女感染結核病，就連被自己的丈夫發現也可能會很危險）。因此，研究人員創立由患者們組成的線上群組，群組成員可以互相鼓勵，查看自己在按時服藥回報排行榜上的排名，如果回報自己至少有90％的日子中有服藥，就可以進入「優勝者圈」。

這些干預措施聽起來可能無關緊要，但確實產生巨大的正面影響（就像只是讓某個人告訴普林斯頓神學院的學生，他們遲到了，就會造成巨大的負面影響）。在肯亞首都奈洛比（Nairobi）與周邊地區的十七家診所，對超過一千名患者進行的試驗中，干預措施讓未能完成整個療程的病患人數減少約三分之二。

這種干預措施有兩個方面值得特別關注。第一個是**可觀察性**，也就是讓情況的重要性變得清晰可見。人類作為超社會性的生物，總是在觀察周圍的情況，以便弄清楚自己該如何行事、自己的社會地位如何，以及（老實說）自己可以逃避哪些後果。結核病患者的線上社群和排行榜顯示誰按時服藥、誰沒有服藥。按時服藥的人會得到正面回饋和表揚，沒有做到這一點的人則會感覺自己在群組的其他成員眼中落後。這種糟糕的感覺鼓勵人們按時服藥。

一個有用的經驗法則是，可觀察性會增加個人遵守行為準則的程度，這個經驗法則在普林斯頓神學院的實驗中得到驗證。被告知會遲到的受試者知道，一旦自己到達目

的地，他們遲到的行為就會被人注意到，因此他們加快腳步。他們也認為（即使他們不是有意識的承認這一點），自己走過那個癱倒在地的男人身邊或真的「跨過」他，這種行為不會被看到，因為這件事發生在他們認為四下無人的小巷裡。大多數神學院學生的行為反應，似乎更像是在對可觀察到的事物做出反應，而不是對「正確」、「道德」或「基督教價值」做出反應。

　　對於這兩個實驗，我想凸顯的第二個面向是幾乎與可觀察性相反的概念：**合理推諉**。一個人能否聲稱「那不是我」或「事情不是那樣」或「我不知道／沒有看到／沒有聽到／沒有這樣做」之類的說法，而且可能會被人相信？就像在我們這些超社會性人類群體中建立新行為準則時，增加可觀察性是好主意一樣，減少合理推諉（如果可能，消除它）也是明智之舉。在肯亞的實驗中，結核病患者很難向自己或其他任何人聲稱自己不知道應該每天持續服用藥物，直到整個療程結束。每天不斷增加的簡訊和電話通知，不只消除這種合理推諉，也有助於確保病患遵從治療。另一方面，普林斯頓神學院學生可以合理的聲稱，在他們認為無人觀察的巷子裡，與癱倒在地的男人相遇的過程中，到底發生什麼事或沒有發生什麼事。「是的，我從一個人身邊走過，但他看起來似乎沒有任何不適。」「不，他沒有咳嗽或什麼的。」「不，我根本沒有注意到任何人。」

正如我們將在下一章看到，人類不費吹灰之力就能想出諸如此類的說法，目的是讓我們在別人面前有面子。很多時候，甚至連自己也相信這種說法。

　　增加可觀察性和減少合理推諉是極客之道的核心，即使商業極客本身通常不會使用這些術語。它們是極客工具包中用來建立和維護健康行為準則的兩個基本工具。我們將在接下來的內容中，更深入探討這個工具包。

終極的思考方式

　　在開始這場探索時，我希望鼓勵大家不僅要從智人的角度思考，也要考慮超社會性人。換句話說，除了把人視為有智慧的個體（我們確實是！）之外，我也希望我們把人視為一個獨特群體物種的成員。這樣做有助於我們了解普林斯頓神學院和肯亞結核病實驗的結果。在這兩個案例當中，結果都能很好的解釋，超社會性人與生俱來的遵循行為準則傾向，特別是在可觀察性高且可合理推諉性低時；與此同時，思考聰明的智人無助於我們理解普林斯頓神學院學生普遍缺乏樂於助人的情況，即使他們腦海中把樂於助人放在優先位置。拳擊手麥克・泰森（Mike Tyson，我們稍後將在本書中再次提到他）有句名言：「在被迎面痛擊之前，每個人都有自己的一套計畫[31]。」我認為直到遇到行為準則之前，每個

人都有自己的思維模式，這句話也一樣正確。但一旦遇到行
為準則之後，行為準則通常會占據主導地位。

　　超社會性人的觀點已經醞釀一段時間，但近年來發展
得愈來愈興盛。這個觀點可以追溯至諾貝爾獎得主、生物
學家尼古拉斯・廷貝根（Nikolaas Tinbergen）* 1963年發表的
一篇著名論文〈動物行為學的目標和方法〉（*On the Aims
and Methods of Ethology*）[32]。動物行為學是一門研究動物行
為的學科，從人類相互交談到孔雀炫耀令人驚嘆的尾巴，
都屬於這門學科所涵蓋的範疇。廷貝根提出四個問題以引
導我們研究這類行為，其中兩個問題被標示為**近因問題**，
因為它們與此時此地有關。近因問題是關於**機制**（「人類如
何產生言語？」）和**個體發生**（ontogeny），即生命週期內
的發展（「嬰兒什麼時候開始說單詞？什麼時候開始說完整
的句子？」）。

　　另外兩個問題被稱為**終極問題**，不是因為問題更深
刻，而是因為這兩個問題看得更長遠。廷貝根的終極問題
涉及**功能**（「為什麼孔雀有如此精緻的尾巴？它有什麼作
用？」）和**系統發生**（phylogeny），即進化發展（「孔雀的
祖先什麼時候開始長出大尾巴？」）。

---

* 　注：尼古拉斯不是家族中唯一獲得諾貝爾獎的成員。1969年，他的哥哥揚（Jan）
　　獲得有史以來第一個諾貝爾經濟學獎。1973年，尼古拉斯獲得生理學或醫學類
　　別的諾貝爾獎。

　　如果想要，你現在就可以忘記個體發生和系統發生，這兩個問題對我們的目標來說不重要。*但務必牢記廷貝根的另外兩個問題：一是關於行為怎麼樣完成的近因問題，即它的**機制**是什麼；二是關於行為最初為什麼存在的終極問題，即行為的**功能**是什麼。

　　牢記這兩個問題至關重要，因為回答這兩類有關於人類行為的問題，我們可以學到很多東西。以過度自信為例。從智人這個角度來看，過度自信通常被視為我們出色推理能力的缺陷。很多近因研究都在調查我們過度自信的程度，以及這種常見的認知偏誤是如何引發的。這是一項寶貴的工作，但同樣值得問的是，為什麼會存在過度自信？過度自信的作用是什麼？換句話說，為什麼進化會讓人變得過度自信？

　　智人的視角對這個問題沒有太多答案；它無法很好的解釋，為什麼一個智慧生物也會如此不聰明。但如果從超社會性人的視角來看，答案立刻呼之欲出。為什麼我們常

---

*　注：然而，有兩個原因讓我們需要牢記個體發生和系統發生。第一，當某人試圖用深奧的語言說「個體發生概括系統發生」時，你會明白他的意思。這是十九世紀提出的「生物發生律」（biogenetic law）的表述，生物發生律認為，胚胎在發育過程中，會依次呈現出所有該物種的進化祖先的形態（例如，人類是從海洋生物進化而來，因此人類胚胎會經歷一個看起來像魚的階段）。這個「定律」是無稽之談，你應該對任何重複說「概括」一詞的人的科學依據，抱持謹慎態度。第二個原因是，如果你牢記系統發生，你就會明確知道先有雞還是先有蛋。硬殼蛋在數億年前就已出現，而雞作為一個物種的歷史還不到六萬年。因此，這個古老的謎語有一個明確的終極答案：先有蛋。

常過於自信？因為展現自信，甚至是過度的自信，對我們這種超級群體物種成員必然有某種好處。正如我們將在下一章中看到的，有很多證據表明確實如此。過度自信的人通常表現良好，所以進化型塑出我們過度自信的特質。

與過度自信一樣，我們的許多行為也是如此。超社會性人的視角為終極問題提供了答案。例如，為什麼「「我方偏見」」（myside bias）*如此普遍，為什麼我們更有可能相信從自己的宗教或政黨成員那裡聽到的事？因為對於我們超社會性人來說，重要的是成為我們團體中信譽良好的成員、認同團體的信念，而不是過度質疑。為什麼許多社會都強調尊敬長輩？因為長輩是重要知識和技能的寶庫，他們保存著群體文化進化的成果，而在我們人類歷史的大部分時間裡，我們沒有維基百科、圖書館或其他獲取這些知識的途徑。**

說到維基百科，至 2022 年初，維基百科上的「認知偏誤列表」[33] 已包含約二百個條目。這些偏離理性的現象令人著迷，我們在組織學術領域已經研究它們大半個世紀。心理學家阿莫斯・特沃斯基（Amos Tversky）和丹尼爾・康

---

* 編注：接受與自己信念一致的資訊，無視與自己信念不一致的資訊。不管客觀上什麼是正確的，只堅守自己相信的。

** 注：此外，長輩在充滿挑戰的環境中長期生存下來，這個事實本身就證明他們知道自己在做什麼，我們應該聽取他們的意見。

納曼（Daniel Kahneman）1974年在《科學》雜誌上發表的論文〈不確定狀況下的判斷[34]：啟發和偏見〉（*Judgment under Uncertainty: Heuristics and Biases*）具有里程碑的意義，進而引發前述大部分的研究工作。

　　兩位學者的研究對行為決策領域的開創發揮重要作用，這個領域至今仍持續蓬勃發展。這個領域的研究不只獲得諾貝爾獎（康納曼等人）和麥克阿瑟「天才獎」（特沃斯基等人），也帶來無數關於人類思維如何運作的重要見解。行為決策科學的研究也幫助我們改善一切，從假釋決定到協助民眾為退休儲蓄。我想不到戰後社會科學領域中，有其他哪個領域曾做出過更大的貢獻。

　　然而，大多數行為決策研究都是近因研究。它提出的問題諸如：這種偏誤有多大？它對我們決策的扭曲程度有多大？它是怎麼引發的？如果它問的是終極問題：「為什麼會存在這種偏誤？答案通常類似於：「這是一種啟發（即經驗法則），能讓我們省去困難的思考，快速得到足夠好的答案。換句話說，這是一種省時省力的裝置。」但維基百科列表中的許多條目不被認為是啟發。從近因的角度來看，它們只是偏誤：人類的認知缺陷，我們思維硬體和軟體的錯誤。

　　然而，從超社會性人的角度來看，維基百科列表就變得截然不同。它不是錯誤列表，相反的，它在很大程度上

是一系列人類行為的**特徵**，這些特徵的存在有其原因。對於研究終極問題的人來說，挑戰在於找出這些原因：為什麼某種行為會存在，以及它的功能是什麼。

創業家、高階主管和經理人面臨的挑戰是，建立健康、快速學習的企業。從**智人**的角度來看，認知偏誤看起來像是可能損害企業利益的缺陷。例如，過度自信的人可能會推出一款在市場上失敗的產品，或是因為高估成長速度而令投資人失望。像過度自信這樣的缺陷需要糾正，而糾正這些缺陷的方法就是向有智慧的人指出這些缺陷，他們會認知到這些缺陷的本質，並嘗試加以改正。我當然想減少過度自信、減少部落式思維等等。有很多很棒的書籍和其他資源可以幫助我完成這項工作。有很多方法可以讓你變得更有智慧，養成更好的思維習慣。

如果你採用超社會性人的視角，你不會扔掉那些書，也不會停止嘗試養成更好的思維習慣，但你會開始做其他的事。你將努力創造更好的群體思維習慣，也就是更好的行為準則。例如，除了讓人減少過度自信外，你也會理所當然的認為，某種程度的過度自信將永遠伴隨我們（因為這是人性的一部分），並思考該如何好好利用它。正如我們將在下一章看到，這正是科學這項偉大的極客行為準則的作用，而且效果驚人的好。

還有很多運用超社會性人視角的其他方式。例如，這

種視角會促使領導人就道德這個關鍵主題，提出不同的問題。除了詢問：「我們應該為員工提供什麼樣的道德教育訓練？」他們還會問：「我們想要鼓勵哪些道德行為？該如何才能把這些行為轉化成行為準則？我們該如何提高遵守這些行為準則的可觀察性，並減少不遵守的合理推諉？」正如這個例子所示，採用超社會性人的視角，會讓我們聚焦在群體層級的干預措施，而智人的視角則通常只側重於個人。

我了解得愈多，就愈懷疑個人層級的訓練和教育，是否能為組織帶來持久的變化。我贊同心理學家喬納森・海特（Jonathan Haidt）的觀點，他說：「沒有人能發明一門道德課[35]，讓人在走出教室，返回工作崗位後，仍能堅持去做符合道德的行為」。但正如我們在肯亞結核病療程研究中看到的，群體層級的改變能為社會行為帶來巨大的正向影響。

得益於大量出色的終極問題研究，我們現在比幾十年前更擅長設計群體層級的干預措施。正如我們將看到的，這個研究提出某種版本的終極問題：「為什麼我們人類會有這樣的行為？」很多時候，答案都圍繞在超社會性、行為準則、學習和文化進化的某種組合。

在接下來的篇幅中，我們將把這些答案付諸施行。這是一本探討終極問題的商業書籍，它從終極問題出發，探

討為什麼我們這些既奇怪又奇妙的人類，會有這樣的行為。沉浸在這些問題中，讓我同時站在超社會性人及智人的角度，看待自己的人類同胞。我希望接下來的內容會鼓勵你也這樣做。

偉大的極客基本規則

商業極客和研究進化論的科學家各自得出相同的結論：人類的超能力體現在群體，而非個人，因此聚焦群體有其道理。進化科學家認為，成就人類今日地位的原因在於我們是快速學習的群體，而非我們的大腦。想要建立快速學習企業（即創新、敏捷、反應靈敏、有生產力的企業）的商業極客，同樣將自己的精力集中在改善群體，而不是改善個人。這些極客傾向於認為人類這個物種更接近超社會性人，而不是智人。

我們已經看到好幾個極客關注群體而非個人的例子。回憶一下第一章，在海斯汀的災難性奎克斯特創意差點毀掉 Netflix 之後，他是怎麼樣應對的。在《零規則》中，他沒有提及自己曾鄭重發誓要減少做出愚蠢的決定，或是閱讀大量關於如何更有效的推理或提高判斷力的自助書籍，或者報名參加精英商學院的高階主管策略管理教育課程。簡而言之，他沒有試圖讓自己成為更好的個人決策者，而

是確保由一群超社會性人做出Netflix的重要決策。徵求異議、交流想法、讓基層員工蒐集證據，並用這些證據挑戰高階主管，這些都是群體層級的活動。

在做出奎克斯特的錯誤決定之後，海斯汀的做法不是試圖讓自己養成更好的思維習慣，而是努力讓他的企業養成更好的群體思維習慣。這是相當精明的方法，因為群體思維習慣，也就是行為準則，對於我們這種超社會性物種來說非常重要。擁有錯誤行為準則的企業會產生官僚體系、僵化、拖延、虛偽、充滿禁忌話題的文化，以及糟糕的工作。擁有正確行為準則的企業，會產生卓越的績效與健康的工作環境。商業世界中的奎比和Netflix這類企業最明顯的區隔，不是領導人的個人才華，而是領導人對創建和維護正確文化的重視程度。換句話說，「極客」不是個人擁有的一種心態，而是一群能夠創造文化的超社會性人類，所共同擁有的一種特殊的群體思維狀態。

正如我們在第二章介紹的企業身上所看到的，極客的群體思維狀態強調速度、所有權意識、科學和開放。在接下來的四章，我將依次探討這四大極客行為準則。我們將查看它們為什麼如此有效，以及極客領導人如何建立和維護這些行為準則。他們的所有努力都遵循一個基本原則，我們可以用目前已經掌握的一些術語來陳述這個規則。

準備好了嗎？現在就來公布極客的終極基本原則：**形**

塑群體成員的超社會性，讓群體文化盡快朝預期的方向進化。 在你開始閱讀本書之前，這條基本原則可能沒有什麼道理，但我希望現在它對你來說有一定的道理。從較高的層面來看，形塑群體的超社會性，意味著確立科學、所有權意識、速度和開放的行為準則。在較低的層次上，這意味著增加可觀察性，減少合理的推諉，以及進行我們將在接下來的內容中探討的其他事。讓文化盡快進化，意味著壓縮發射太空船或發射任何東西所需的時間。更多創新、更快改善、變得更敏捷。讓你的顧客更滿意、以更高的效率與可靠性經營、提高生產率（或者，對於非經濟學家來說，更好的把所有投入轉化為產出）。這些都是文化進化的商業版本。近幾十年來，我們對文化進化發展的歷程有很多了解，因此，我們知道該如何加快它的速度。

　　我們也知道文化進化很容易偏離正軌，因此需要在基本原則的尾端加上「朝向預期的方向」，因為文化可能會朝預料之外的方向進化：例如官僚體系、僵化、內訌、不道德的行為、騷擾、濫用職權，以及其他災難。商業極客敏銳的意識到這種可能性，極力加以避免。正如我們將看到，偉大的極客行為準則能幫助企業避免退化到功能失調的狀態。

摘要

也許智人不是我們這個物種的最好名稱。我認為超社會性人才是更好的名稱，它能真正凸顯人類的獨特及成功之處。與其他動物相比，人類的合作更加緊密，文化進化也更快。我們是地球上唯一的超社會性生物。

單憑我們的智慧無法讓我們生存下去，但我們的社會群體卻能做到。我們的群體掌握我們所需的知識和技能。沒有群體，我們將難以生存；但在群體的支持下，我們的智慧卻足以建造太空船。

因為進化把我們形塑得如此社會化，我們會根據各種線索，利用各種方式調整我們的行為，以維持或提高我們在群體中的地位。當社群環境發生變化時，我們也會立刻隨之改變。

增加可觀察性和減少合理推諉是極客之道的核心。它們是極客工具包中用於建立和維護健康行為準則的兩個基本工具。

商業極客和研究進化論的科學家得出相同的結論：人類的超能力體現在群體、而非個人，因此聚焦群體是有其道理。

這就是極客的終極基本原則：**形塑群體成員的超社會性，讓群體文化盡快朝預期的方向進化。**

第 四 章

科學
新聞祕書與鐵律

猜得多好、猜的人有多聰明、猜測者是誰或他叫
什麼名字都沒關係。只要與實驗結果不同,那麼
這個猜測就是錯的。僅此而已。

——理查・費曼(Richard Feynman)

管理學者瑪格麗特‧妮爾（Margaret Neale）擁有每個公開演講者都希望達成的理想：現場示範完全不出錯。

這簡直是自相矛盾。任何在觀眾面前可能出錯的事，往往真的會出錯，許多示範也因此砸鍋或失敗。但是，當妮爾拿著裝滿迴紋針的玻璃瓶走上台時，她清楚知道即將發生的事：她要讓觀眾看到，他們在一個簡單的任務上，表現可以有多糟糕，以及大多數人在同一個任務上的糟糕表現會有多相似。她的示範讓我們了解一些根本事實：為什麼企業經常做出糟糕的決策。

在2007年史丹佛大學的一集播客[1]節目中，妮爾要求觀眾猜測瓶子裡有多少個迴紋針。她告訴大家，瓶子裡的迴紋針大約裝到八成滿，實際數量在一到一百萬之間。她要求每個人寫下自己的最佳猜測。

「我現在要你們做的是，」妮爾說：「給我一個95％的信賴區間。我的意思是，我希望你給我一個範圍，你有95％的把握，這個數字會落在這個範圍內。」

幾秒鐘後，妮爾公布答案：瓶子裡有四百八十八個迴紋針。她詢問有多少人準確猜出這個數字（沒有人猜對）。然後她問：「你們當中，有誰的**猜測範圍包含**四百八十八？我希望你們能自豪的舉起手來？」

妮爾講述令人驚訝的結果：

也許一半。只有一半的人猜對。最多……平均來說，你們當中應該有95％的人答對，但大約只有一半的人答對。你們這些傢伙真的很不會猜迴紋針數量。

然後妮爾揭露這個練習的重點：

現在你可能在想，「但是妮爾，我們不在乎迴紋針。」我同意你的觀點。我不在乎你能否準確的猜出迴紋針數量，我真正關心的是，你了解自己知道什麼，了解自己不知道什麼。

為什麼你給出的範圍內沒有四百八十八這個數字？你的範圍有什麼特徵？太狹窄。範圍太狹窄意味著什麼？「我認為自己很擅長猜測迴紋針的數量。」如果你認為自己真的很不會猜迴紋針的數量，我正試圖幫助你。我已經告訴你們範圍是一到一百萬！

但你們說，「我擅長這個。我能猜出迴紋針的數量。」你們太過自信。

就像我們在上一章看到的，從終極的角度來看，過度自信是一種特點，而不是一種錯誤。換句話說，過度自信不是**智人**思維硬體的缺陷。相反的，對我們這些**超社會性**人而言，它其實有其功能；它的存在是有原因的。然而，

這個原因可能很難辨別，因為過度自信會造成很多傷害。

認知偏誤的教科書案例

　　正如心理學家史考特・普洛斯（Scott Plous）所說：「過度自信被稱為[2]人類所有認知偏誤中，最『普遍且具有潛在災難性』的一種。它被指責為訴訟、罷工、戰爭、股市泡沫和崩盤的罪魁禍首。」從奎比的卡森伯格與 Netflix 的海斯汀這兩個例子中，我們可以看到，即使是經驗豐富的成功高階主管，也不能保證不會過度自信。卡森伯格甚至沒有進行測試，就推出構思不周的奎比應用程式。而海斯汀即使在奎克斯特犯下災難性的錯誤之後，他對兒童節目和 Netflix 使用者下載需求的判斷，仍然過於自信（海斯汀認為這只是「1％」的使用案例；但實際需求至少是 15％）。

　　雪上加霜的是：我們非常喜歡自己過度自信的判斷，以至於我們主動去尋找能支持自己判斷的證據，而不是對這些判斷進行壓力測試，或讓它接受真正的檢視。換句話說，我們的過度自信偏誤與**確認偏誤**密切相關：偏好支持或強化我們現有信念的資訊，而淡化或忽略與我們現有信念相悖的資訊。就像認知科學家雨果・梅西耶（Hugo Mercier）與丹・史波伯（Dan Sperber）所寫：「（確認偏誤的範例）清單[3]可以列出好幾頁（甚至可以寫成幾章或幾本

書）。此外，……會掉入確認偏誤陷阱的不是只有一般人，就算是天賦異稟、注意力集中、積極主動或思想開放的人，也無法對確認偏誤免疫。」

即使大型跨國企業隨便一個重大決策錯誤，就可能損失慘重，也無法躲開確認偏誤。接下來的故事是現代企業史上最離奇的故事之一，它提醒我們，過度自信和確認偏誤沒有極限。

1985年4月23日，在紐約的記者會上，可口可樂執行長羅伯特・古茲維塔（Roberto Goizuet）宣布一個讓人難以置信的消息：公司正著手調整旗艦產品的配方。他自信滿滿的說：「最好即將變得更好……簡單來說，我們有一個新的可口可樂配方[4]。」「新可樂」將迅速在世界各地推出，而自1886年以來一直使用的原配方將不再使用。*在回覆一位驚訝的記者提問時，古茲維塔聲稱，這是「我們做過最簡單的決定之一[5]。」

這個決定之所以簡單，是因為古茲維塔與一些核心幕僚掌握人們更喜歡新可樂的證據。1985年，可口可樂仍然是碳酸飲料領域當之無愧的領導者，但它的市占率正不斷被百事可樂蠶食。差距縮小的一個原因是基於A／B測試的

---

* 注：在新可樂推出之前，可口可樂的配方經歷過兩次重大改變。1980年，原配方中的甜菜糖和甘蔗糖被高果糖玉米糖漿取代。而在1905年，配方中的古柯葉提取物（即可卡因）被移除。

成功宣傳活動，也就是「百事可樂挑戰」，參與者盲測並排擺在一起的飲料，在嚐過兩者後，選出自己更喜歡的飲料，絕大多數人選中百事可樂，因為相較於可口可樂，它的味道更甜，而且酸味比較不那麼強烈。

可口可樂的內部測試得出與百事可樂挑戰相同的結果，這讓古茲維塔深信必須有所改變。他召集幾位高階主管，共同制定反擊百事可樂的計畫。他們研發出一種更甜的可樂配方，在祕密進行的口味測試中[6]，新配方以55％對45％的比例擊敗現有配方。這個配方被命名為「新可樂」，但很快就變成一場災難。

記者會結束後，可口可樂愛好者立刻打電話到公司抗議，到了六月，每天竟然有八千通抗議電話[7]。對這個改變感到憤怒的消費者組成各種抗議團體，諸如「美國老可樂愛好者」（Old Cola Drinkers of America）[8]等。他們把新可樂倒進下水道，抱怨公司高層「剝奪我選擇的自由」[9]，而且至少提起一起訴訟[10]。為盡可能拖延新可樂成為未來的唯一選擇，人們開始囤積市面上所能買到的舊配方可樂。比佛利山莊的一家酒商開始以每箱五十美元的價格，出售舊配方可樂[11]，很快就銷售一空。有位好萊塢製片甚至每月花費1,200美元，租用酒窖來存放自己的舊配方可樂。可口可樂強大的獨立瓶裝廠商也和消費者一樣大聲抗議。就連卡斯楚（Fidel Castro）也發表意見[12]，聲稱改用新可樂配方的決

定，象徵美國資本主義的墮落。

　　古茲維塔很快意識到自己犯下巨大的錯誤。7月10日，可口可樂宣布：「我們希望讓大家知道，我們對自己引發的不滿深感抱歉[13]。近三個月來，我們讓大家受苦了，我們對此感到非常抱歉。」可口可樂公司恢復原來的配方，以「經典可口可樂」的品牌重新推出，並與「新可樂」一起出售。風波逐漸平息，新可樂最終也銷聲匿跡。*現在已經沒有經典可口可樂這個品牌，它又再次回歸成為原本的可樂。

　　有誰能避開過度自信和確認偏誤的陷阱嗎？我們可能會認為，最不會受這些偏誤影響的人會是科學家，畢竟，他們的工作就是追求客觀真理。這種追求很可能會吸引那些更加理性、不易自我欺騙的人。我們可能會進一步想到，研究認知偏誤的科學家可能最不容易受到這些偏誤的影響，而該領域的頂尖科學家也最不容易因過度自信和確認偏誤而犯下根本性錯誤。

　　我們可能這麼認為，但我們是錯的，以下這個有關一位精英認知科學家試圖將產品推向市場的故事，將說明一切。

---

*　注：作為 Netflix 影集《怪奇物語》（*Stranger Things*）宣傳活動的一部分，可口可樂於 2019 年推出限量版的新可樂，該劇以 1980 年代中期為背景。

　　心理學家丹尼爾・康納曼是研究人類思維運作領域中，最重要的專家之一。他對我們了解自身行為方面做出非常重要的貢獻，因此成為有史以來第一個授予非經濟學家的諾貝爾經濟學獎得主。康納曼在他具有里程碑意義的著作《快思慢想》（*Thinking, Fast and Slow*）中，講述自己如何說服以色列政府，讓它相信自己需要一本關於判斷與決策的高中教科書。為了編寫這本書，康納曼組建一支全明星團隊，其中包括課程設計專家西摩・福斯（Seymour Fox）。康納曼寫道：「我們每週五下午開會[14]，進行大約一年的時間，我們制定出詳細的教學大綱，編寫出幾個章節，並在教室中試上幾堂範例課程。我們都覺得自己已經取得很好的進展。」

　　此時康納曼靈機一動，想到運用一種技巧來調查團隊成員（這個技巧後來被寫入教科書中）。在一次團隊會議中，他要求每個人寫下自己認為完成這本書需要多久的時間。在會議之前，他沒有與其他人討論過這個話題。成員們最後獨立估算出的時間範圍從一年半到兩年半不等，平均值正好在這兩者的中間。

　　隨後，康納曼又想到另一個好點子。他試圖找出基準率：過去為全新課程編寫第一本教科書的專案，通常需要花多久時間？他向專案老手福斯提出這個問題。康納曼說：

他陷入沉默[15]。當他終於開口說話時，我覺得他似乎
對自己的回答感到尷尬，而有些臉紅：「你知道，我
之前從來沒有意識到這一點，但事實上，與我們處於
類似階段的團隊不見得都能完成任務。有許多團隊最
後未能完成這項工作。」

這話真令人擔憂；我們從未考慮過失敗的可能性。我
開始焦慮，我詢問他預估失敗的機率有多大。他答
道：「大約40％。」此刻，整個會議室籠罩著一片陰
霾。下一個問題顯而易見：「完成任務的人，」我問
道：「他們花費多久時間？」他回答說：「我想不出
有哪一個團隊能在七年內完成任務。」

在康納曼的追問下，福斯承認，自己剛剛給出的基準
率可能不適用他們的團隊。但因為這個團隊的經驗和資源
略低於平均水準。因此，他們完成這項工作很可能需要花
費超過七年的時間。福斯也承認，自己最初預估這項專案
需要花費多久時間（他幾分鐘前寫下的預估），與他的同事
一樣樂觀。

在收到這些資訊後，康納曼與團隊其他成員如何處理
這個問題？他們置之不理。康納曼如此描述：

西摩提供的資料[16]在標註之後就被擱置一旁……經過

短暫漫無目的的討論之後，我們重新振作精神，若無
其事的繼續工作。

　　這本教科書最後花了八年的時間才完成，這時以色列
教育部關注的焦點已經改變。這本書從未在以色列的課堂
上使用過。康納曼對這項專案的總結很簡潔：「（那次會
議）當天，我們就應該退出[17]。」

▌我們的心理祕書

　　這麼多經驗豐富的聰明科學家，怎麼會忽視擺在面前
的明確證據，而且這個證據還是他們職業生涯中最重要的主
題？這不是因為康納曼在思考方面不如他的同儕（我以他為
例，只是因為他願意坦白寫下自己的錯誤推理）。事實證
明，過度自信和確認偏誤在科學家身上發生的機率，似乎與
其他職業的人一樣普遍。哲學家麥克・斯特雷文斯（Michael
Strevens）2020年出版的著作《知識機器》（*The Knowledge
Machine*）[18]總結說，科學家的偏見與草率思考與大多數人無
異：「在思考理論與資料之間的連結時，科學家似乎根本不
遵循任何規則。」事實上，康納曼與他的教科書專案同事，
遵循了一條完全不科學的規則，就是「忽略你不喜歡的資
料」。是什麼原因讓他們這樣做？不管是什麼原因，這怎麼

可能不是一個錯誤？我們的思維長期來看是如此偏頗，怎麼會說這對我們有用呢？

親愛的讀者，請容我向你介紹你的新聞祕書。它是一個心理模組，它藉由讓你看起來很棒，來增加你的自信心。

心理學家羅伯特・柯茲班（Robert Kurzban）和雅典娜・阿克蒂皮斯（Athena Aktipis）[19] 在2007年發表的一篇論文中，確認並命名這個心理模組。他們主張，新聞祕書（及過度自信，在很大程度上）之所以存在，是因為自信對**我們超社會性人**來說非常重要。自信的人更容易吸引盟友、震懾對手、吸引異性。最近的研究發現，事實上，自信比聲望更性感[20]。諾貝爾獎得主、法國科學家居禮夫人（Marie Curie）說：「我們必須有毅力[21]，最重要的是有自信。」牙買加政治活動家馬庫斯・加維（Marcus Garvey）說：「如果你沒有自信[22]，你就會在人生的賽跑中落敗兩次。有了自信，即使比賽還沒開始，你也已經贏了。」美式足球四分衛喬・納馬斯（Joe Namath）也認為：「當你有自信，就能享受很多樂趣[23]。當你有樂趣，你就能做出驚人的事情。」他們都認同自信的力量。

關於自信的終極重要性，我最喜歡的解釋來自大衛・馬密（David Mamet）1987年的電影[24]《賭場》（*House of Games*）。片中的騙子麥可・曼庫索（Mike Mancuso）解釋他這一行最重要的潛在規則：

這是所謂的信心遊戲。為什麼？因為你給我自信？
不，是因為我給你我的自信。

2016年，康納曼和我聊起一位對自信這個遊戲特別有天賦的玩家。當時我們坐在一輛廂型車上，正從機場前往一個會議地點，我們談論的話題，可想而知是即將到來的美國總統大選。當時還在競選初期，但川普（Donald Trump）已經擁有龐大的聲勢。我問康納曼是否能對川普現象提供一個解釋，因為川普每天的言論都很不一致，我覺得這很令人費解。康納曼想了一下，然後說（他一如往常給出精闢的見解）：「我認為部分原因在於，他始終自信的表現出自己的不一致。反過來說，如果他的自信時高時低，他就不會這麼受歡迎。」

那麼我們該如何才能始終保有自信？我們可以提醒或訓練自己始終表現出自信，但這需要持續的努力和警覺。如果我們能夠不費吹灰之力的自然保持自信，甚至超過事實和證據所支持的程度，那麼一切將會變得更加簡單。

生物學家羅伯特・泰弗士（Robert Trivers）認為[25]，人類正好擅長達到這種狀態，他把這種狀態稱為自欺欺人。我們不只在思想和判斷的品質上欺騙自己，也在許多事情上欺騙自己，像是我們的慷慨、我們的倫理道德、我們的社會地位、我們的外表，總之，任何讓我們這些超社

會性人在別人眼中看起來更好的領域，都有這個現象。就像泰弗士所說：

> 這種（自欺欺人的）反直覺安排[26]的存在，是為了獲得操縱他人這個好處。我們在意識中隱藏真實，以便更完美的瞞過旁觀者。

泰弗士等人已經蒐集到大量證據，證明我們長期都在自欺欺人：

- 某個企業的研究中[27]，四成的工程師認為，自己屬於最優秀的5％工程師之列。
- 只有不到一成的大學教授承認自己的研究低於平均水準。
- 25％高中高年級生認為自己非常擅長「與人打交道」，自己在與他人相處的能力方面名列前1％。
- 相對於道德行為的記憶，中年人[28]似乎會把自己不道德行為的記憶埋藏得更深，深到好像是十年前的事。這麼做能讓不道德的自己成為過去。
- 在一個實驗中，研究人員修改參與者的照片[29]，讓他們看起來比較有吸引力或不那麼有吸引力，然後詢問參與者，哪些照片最像自己。平均來說，人們會選擇提升20％吸引力的照片。

- 在一個特別邪惡的研究中[30]，參與者被問到他們從事一系列道德行為的頻率。六週後，研究人員給參與者看所有參與者的平均回答，詢問他們覺得自己與平均值相比如何。大多數人認為自己的大多數行為都高於平均水準。然而，他們看到的「平均值」其實是他們自己六週前的回答。因此，參與者在不知情的情況下，認為自己比……自己有道德。

可能有很多證據支持自欺欺人的理論，但它似乎建立在一個不穩定的基礎上：我們大腦的某些區域會對其他區域的大腦隱藏資訊。這感覺就像是自相矛盾，因為我們習慣把我們的大腦視為一個單一個體。大多數研究人類思維的學科都抱持這樣的觀點。從心理學、經濟學到哲學，長期以來的主流觀點是，我們人類有一個統一思維；每個人只有一個「我」，只有一個「你」等等。

模組化的馬基維利思維

但近幾十年出現一種不同的觀點，這個觀點主張我們的大腦是深度模組化的，由許多不同的區域組成，每個區域負責一個或多個專門任務。其中許多模組不需要或「不想要」透過與其他模組互動來完成自己的任務。所以它們保持獨立，不進行互動。羅伯特・柯茲解釋：

由於進化的運作方式[31]，大腦由很多、很多部分組
成，這些部分有各種不同的功能。因為它們被設計用
來做不同的事情，所以未必總是完美和諧的工作……
這種觀點的一個重要影響是，它讓我們以一種截然
不同於一般理解的方式思考「自我」。特別是，它讓
「自我」的概念本身成為一個問題，甚至可能比人們
想像得更沒有用處。

讓我描述一個特別有說服力的實證，來說明人類大腦
的模組化。這是心理學家麥克・詹葛尼加（Michael Gazzan-
iga）與神經科學家約瑟夫・勒杜克斯（Joseph LeDoux），
對裂腦患者進行的一系列具有里程碑意義的實驗。

1960 年代，少數嚴重癲癇患者接受切斷胼胝體的手
術，胼胝體是大腦中連接兩個半球的部位。*手術成功減輕
他們的症狀，患者認知能力也完好無損，但手術卻將他們
的大腦分成兩半；他們的左腦與右腦無法相互分享資訊。

當時我們已經知道，大多數人的語言中樞位於大腦的
左半球，我們也知道，人類大腦的每一個半球都是與身體
的一半「連接」。左半球控制右手，接收來自右側視野的訊
息等等。這種結構讓研究人員能夠對裂腦患者進行實驗，

---

* 　注：在此，我把有關裂腦患者的醫學科學稍作簡化，以免深陷於細節中。

並經由巧妙的實驗設計[32]，觀察當他的語言中樞被要求解釋非語言中樞（右腦）所做的事情時，會發生什麼事（請記住，該患者的左腦與右腦無法相互傳遞資訊）。

這些實驗產生一致且讓人感到驚訝的結果。裂腦患者立即自信的給出一個不可能正確的解釋。由於他們所設計的實驗方式，所以研究人員知道這是不正確的。研究人員知道，患者大腦的語言區專門感知和回應一組資訊（稱之為 S），而非語言區則感知和回應另一組資訊（稱之為 N），而 N 資訊與 S 完全不同。當患者被要求解釋為什麼非語言區這樣做，他的語言區提出並口頭表達一個完全根據 S 而產生的解釋，這個解釋完全與 N 無關。＊這個解釋不可能

＊　注：如果你對這個實驗的細節感興趣，請看這裡：患者與語言區相連的視野中出現一隻雞爪，同時與非語言區相連的視野中出現雪景。然後，患者被要求觀看一組圖像，並用兩隻手分別指向與剛剛看到的內容相關的圖像。不出所料，語言區負責的手指指向一隻雞的圖像（記住，言語側視野一直在看著一隻雞爪），而他的非言語區手指向一個雪鏟的圖像（因為非言語視野一直在看著雪景）。

接著，實驗人員詢問患者，為什麼語言區負責的那隻手指向一張雞的圖片。由於他的言語區視野幾秒前看到的是一隻雞爪，所以他給出一個十分合理的答案：「雞搭配雞爪。」

現在真正有趣的部分來了：實驗人員詢問患者，為什麼非語言區負責的那隻手指向一把鏟子的圖片。結果如何？患者立刻不假思索的解釋：因為「你需要一把鏟子來清理雞舍。」

但這不可能是他指向鏟子的原因，因為在指向鏟子的時候，他的非語言區對雞一無所知。它只知道自己之前所看到的雪景。與此同時，他的語言區完全不知道非言語區看到什麼，也不知道它為什麼要把手指向任何東西。請記住，胼胝體切斷後，兩側大腦之間無法交流。

然而，這種無知根本沒有影響患者的言語模塊。事實上，它根本不知道自己是無知的。它認為自己掌握所有相關資訊（雞爪、雞和鏟子的圖片），而且毫不費力的講述一個把這些資訊串連在一起的故事。

是正確的，因為非言語區在行動時對 S 一無所知。令人驚訝的是，這種無知沒有阻止語言中樞，甚至沒有減慢它完全根據 S 做出自信的解釋。語言中樞不知道自己不知道什麼。它甚至不知道自己不知道。它自以為掌握所有相關的資訊，因此毫不費力的給出基於 S 的解釋。

柯茲班這個實驗引導出一個關鍵問題，得到的答案卻令人不安：

> 「患者」認為發生了什麼事？其實，沒有所謂的「患者」[33]。這個問題沒有真正的答案，因為所謂的「患者」是兩個不相連的大腦半球。你只能詢問個別的、獨特的、分離的部分在想什麼。詢問「患者」看到什麼，這是很糟糕的問題，答案也毫無意義……當我們試圖理解腦中在想什麼時，如果只注意對方口中所說出的話，那就錯了，因為腦袋裡有很多很多部分是無法言語的……大腦中控制聲帶的部分沒有什麼特別之處。它只不過是你腦中的另一塊肉。

這種觀點對大多數人來說非常陌生，而且違反直覺，因為我們習慣把大腦視為本質上單一的個體，而不是模組化的個體。我們也習慣認為，自己是有自我意識的人，能夠進行準確的內省；我們相信，自己能夠成功質疑自己的

動機和推理，並準確的談論這些事。我們大多數人還相信，我們知道自己不知道什麼：我們會意識到自己是否內省不足，或是對某件事是否一無所知。

但其實並非如此。裂腦實驗與許多研究深深的挑戰這些信念。這個研究顯示出柯茲班所描述的人類思維：模組化、相互連結不深、通常沒有自我意識，而且總是樂於講述和相信與現實不符的故事，只要這些故事讓我們看起來不錯。

泰弗士、柯茲班等人提出的自欺欺人理論是一種終極理論，這個理論主張，進化利用人類大腦的模組化，來實現一種特定的功能，讓我們能夠向自己講述對自己有利的故事，這樣我們就可以滿懷自信且憑良心的把這些故事，講給我們這個超社會性物種的其他成員聽。這就是新聞祕書的作用。新聞祕書的專長就是盡可能對我們所做的一切做出最好的解釋：我們的表現、我們的成就、我們的道德、我們的外表、我們的行為、我們實現目標的進展等等。

新聞祕書隨時待命，接受各式各樣的任務，而且工作速度很快。大約十年前，我與一位朋友從波士頓開車前去曼哈頓度週末。我負責開她的車，當我們接近紐約市時，汽車突然開始減速，無論我怎麼樣用力踩油門都沒用，我緊張的掃視幾秒鐘後，發現車子竟然沒油。

接下來的幾秒鐘也相當緊張。我必須找到並開啟汽車

的危險警示燈，穿越多條車道，然後停在高速公路的路肩上。為了處理當下的狀況，那段時間我的精神高度集中，我的新聞祕書也是如此。但它不是在努力保護我們的安全，而是在努力維護我的自我形象。它立即撰寫並遞交一份備忘錄，說明所有責任都不在我身上。這份備忘錄強調，這不是我的車；我的朋友沒有加油，也沒在出發時提醒我車子快要沒油；油表位於儀表板的最旁邊，油量過低時，警示燈也沒有閃爍或鳴響。備忘錄強調，**這不是我的錯，我是優秀的駕駛**。當我回想這起事件時，我仍然覺得很不可思議，我原以為大腦會百分之百專注於手頭的緊急情況，但這些想法卻如此迅速自然的湧現。我的新聞祕書立刻把備忘錄發送到我的語言中心。我可以自信的向我的同伴與其他任何人解釋，**這不是我的錯，我是優秀的駕駛**。儘管我駕駛的汽車沒油，這顯然是我的錯，但新聞祕書的這一切行為還是發生了。*

　　新聞祕書不僅負責緊急專案，也負責長期專案。我年輕時經常打壁球（有點像用長柄球拍打的美式壁球）。** 在大多數的週六早上，我會去健身房參加由專業教練帶領的

---

* 注：即使在我打下這句話時，我的新聞祕書依舊拒絕承認這起事件是我的錯。

** 注：儘管這兩項運動有明顯的相似之處，但大多數打壁球的人都鄙視美式壁球，也完全不參與。我健身房的壁球場經常很擁擠，而美式壁球場幾乎總是空的。在我沒有壁球場或必須等待壁球場的時候，我從來沒有想過要去打美式壁球。

訓練課程。我們經常進行特定的擊球技巧練習。

你是否能擊出一記漂亮的壁球，取決於兩件事：你的技巧，以及你回擊的來球難度（就像其他球拍類運動一樣）。在球場上和訓練課程結束後，我總是很訝異自己接到的球難度都很高。這些球一定比訓練課程中其他成員所面對的球還要困難，否則就無法解釋為什麼我的球技不如其他人。畢竟，我從事這項運動的時間和他們一樣長，還可以說是個運動健將，我在這項運動上的實際能力，顯然比訓練課程中展現的更好。我的新聞祕書每週發來的備忘錄內容總是一樣：由於統計偏誤，你今天接到的球比其他人更難打。

我知道自己沒有我想像得那麼優秀嗎？套用柯茲班的話來說，這是很糟糕的問題，答案也毫無意義。

我大腦中懂得基本統計資料的部分，原本可以計算出我總是碰巧接到比別人更難的球的機率（極低），但是，我的新聞祕書也是我大腦的一部分，與我的自我形象密切相關。它不停告訴我，我有多棒。我大腦中負責自我形象與向他人展示的部分，熱衷於閱讀新聞祕書起草的自欺欺人備忘錄，因為「安德魯擅長壁球」比「安德魯壁球打得很差」更能增強我的信心。同樣的，「安德魯很有原則」、「安德魯是一個好朋友，也是一個值得信賴的盟友」、「安德魯仁慈善良」、「安德魯聰明能幹」等等也是。甚至關於

「安德魯很有自知之明」這種自欺欺人的說法，也有絕佳的終極意義。

　　我對壁球訓練課程的反應說明，新聞祕書模組在貌似合理的推諉中蓬勃發展。只要有辦法證明我擅長壁球，而且貌似合理的否認不利於我的證據，新聞祕書就會繼續頑強的為自我進行辯護。這些證據甚至不必真的那麼合理，只要合理到足以讓我一直認為我很擅長打壁球就可以。我終於不再打壁球，因為我總是輸給那些我認為不如我的人，然而，比分卻一直顯示他們更強。一段時間後，就連我的新聞祕書也無法合理的否認這一點，於是，我掛起球拍，深深體悟網球運動員阿格西（Andre Agassi）的見解：「贏球的感覺沒有輸球的感覺強烈[34]，好的感覺也沒有壞的感覺持久。兩者根本不在同一個層次。」

　　過去，每當我聽到政客說出毫無根據的荒唐言論，我都會問自己：「他們不會真的相信自己說的話吧？」但我對新聞祕書模組了解得愈多，我就愈認為這實際上不是一個有用的問題。新聞祕書擅長為我們提供理由去相信某件事；這就是它的工作，而它非常擅長這個工作。

　　幾乎所有人（包括政治家）都說過一些自知是赤裸裸謊言的話。*但對大多數人來說，這種謊言很罕見。

---

*　注：有些人似乎很少撒謊[35]。他們可能不涉足政治。

　　徹頭徹尾的謊言屬於所謂自我意識範圍的一端，在這一端我們完全清楚自己說話的真實性。我們大多數人不會在這個範圍內說很多謊言，很大程度上是因為新聞祕書無法在這裡運作。我從來不會告訴我在舊金山的朋友：「我昨天在壁球俱樂部擊敗職業選手。」這不只是因為我擔心自己的謊言會傳回我居住的劍橋，更是因為我的新聞祕書無法幫助我自信的說出這句話。

　　參與上述實驗的裂腦患者完全處於自我意識範圍的另一端。他全然不知，自己對自己的回答給出虛假的解釋。大多數時間，我們大多數人都處於自我意識範圍的模糊中間地帶，那裡存在著合理的推諉，也是新聞祕書真正發光發熱的地方。多年來，我都能輕鬆的告訴舊金山、劍橋和其他地方的朋友：「我是俱樂部裡壁球打得最好的人之一。」因為我的新聞祕書可以看似合理的起草這份虛假備忘錄。*

　　在康納曼講述自己與同事如何嚴重低估教科書專案的故事中，我們看到新聞祕書在模糊的中間地帶運作。西摩‧福斯非常了解這類專案實際需要耗時多久，然而，對於康納曼最初的估算要求，福斯的新聞祕書所起草的備忘錄中，聲稱**這個**專案只需要幾年時間。在康納曼向福斯追

---

* 　注：儘管已經十年沒打壁球，但要打出「虛假」一詞仍然讓我感到很痛苦。

問類似的專案實際耗時多久，以及他們這支缺乏經驗的團隊是否可能需要更長的時間後，所有參與人員都發現否認這個讓人不願面對的事實似乎是合理的。就像康納曼回憶：「我們看到的只是一個合理的計畫[36]，應該在大約兩年內完成一本書的製作，這與統計資料矛盾，資料表明，其他團隊若不是失敗，就是花費長得離譜的時間才能完成任務。」

在這些例子中，我們可以看到新聞祕書擅長忽略讓人難以接受的資訊，而且更驚人的是，新聞祕書非常擅長吸收任何容易接受的資訊，這些資訊可用來向自己證實，我們比實際上更有能力，或是更有美德、更有道德，以及其他任何能提高我們在他人眼中地位的東西。就像我們在本章開頭所看到的，確認偏誤與過度自信一樣，都是普遍存在且難以擺脫的認知偏誤。

由於確認偏誤的存在，我們在設計幫人做出更好決策的方案時，必須非常謹慎。因為這些努力很有可能適得其反。例如，我們經常認為，向人提供更多資訊會有幫助。但若將**人**替換成**新聞祕書**，風險就變得顯而易見：新聞祕書模組會挑選最有利於自己的資訊，並運用這些資訊來起草更有說服力的備忘錄。

這絕非只是一個假設的風險。在一項研究中，那些對槍支管制和平權行動等爭議問題瞭若指掌的人，甚至無法提出一個反對自己立場的論點，但那些較缺乏相關知識的

人卻能闡述多個反對觀點。正如哲學家麥可・漢農（Michael Hannon）所做的總結：「最了解政治的人[37]，往往也是最有政黨偏見的人，而……知識最淵博和最熱情的選民，也最有可能以扭曲和受偏見影響的方式思考……試圖糾正選民的無知很困難，因為熱情的支持者在獲得更多資訊後，往往會變得更加兩極分化。」

如果你把人類視為有智慧的智人，解決這種偏見思考的方法就很明顯。那就是自我提升，也就是意識到我們的偏見，訓練自己克服它。關於如何做到這一點，我近期最偏愛的兩本書是亞當・格蘭特（Adam Grant）的《逆思維》（*Think Again*）和史迪芬・平克（Steven Pinker）的《理性》（*Rationality*），這兩本書都在2021年出版。我從這兩本書中學到了很多東西，並希望這兩本書能讓我的思考更加清晰且更少偏見。

但是，當我從智人的視角轉向超社會性人視角時，我看到這種做出更好決策的方法存在風險。訓練自己重新思考、變得更加理性確實有很多好處，但這也為我們的新聞祕書提供強大的新素材。新聞祕書能在備忘錄中添加這樣的句子：「既然你在推理方面下足苦功，你可以更加確定自己在這種情況下是正確的。」

在第三章，我曾提出主流的個人道德訓練不會讓人在工作中表現得更有道德。現在我們看到，這樣的訓練甚至

可能會讓人們的行為變得**更糟**，因為它會讓訓練過後的新聞祕書可以在備忘錄中插入一個新的句子：「你已經接受過道德訓練；因此，你現在是個道德高尚的人。」換句話說，這種訓練可以提供道德許可，允許你在自欺欺人的「好人」信念掩護下，做出不良行為。心理學家索妮雅・薩克德瓦（Sonya Sachdeva）與同事在一項研究中觀察到這種許可，他們讓參與者撰寫關於自己的故事[38]，強調自己正面或負面的人格特質，這些參與者會因此獲得報酬，並有機會捐贈一部分自己剛剛收到的錢。研究發現，寫下正向故事者，捐款額僅為寫下負面自我故事的人的五分之一。研究人員推論：「確認道德身分讓人覺得自己有權做出不道德的行為。」

科學作為認知柔術

對過度自信、確認偏誤，以及我們永不疲倦的新聞祕書模組的深入了解，似乎讓我們陷入一個絕望的境地。它們顯示，新聞祕書讓我們無法理性評估接收到的資訊。相反的，這些心理模組會挑選出讓我們看起來不錯，又貌似合理的資訊，然後根據這些資訊起草備忘錄，把備忘錄發送到大腦中負責處理我們超社會性人與人類同胞互動的那塊區域。想透過訓練自己不要過度自信、不要屈服於確認偏誤，並藉

此讓我們的新聞祕書退下，非常困難。就像柔術高手能夠借力使力一樣，這種訓練只會成為我們新聞祕書的養分，用於起草備忘錄告訴我們，不需要再擔心過度自信，畢竟，我們已經接受過訓練！但實際上我們絕對仍有必要擔心。獲取更多資訊無法消除過度自信和確認偏誤，即便是康納曼也無法解決這個問題。

然而，事情顯然並非毫無希望。隨著時間的推移，我們這些非理性、過度自信、深陷確認偏誤的人，仍然能夠變得更聰明、更好。世界各地的生物學家和醫療人員不再相信疾病的瘴氣理論；地質學家信奉板塊構造理論，但一百年前，多數地質學家都不這麼認為。就像我在第三章所描述的，從乘坐熱氣球短暫離開地球表面，到發射太空船登陸火星，我們只花了不到兩個世紀的時間。

我們是如何實現這些非凡且不可能的進步壯舉？我們這些長期自欺欺人的人類是如何不斷接近我們對宇宙理性與準確的理解，並不斷提高我們形塑宇宙的能力？採用**超社會性人**的視角，有助於解開這個謎題。

要了解如何做到這一點，讓我們回到極客的終極基本規則：**形塑群體成員的超社會性，讓群體文化盡快朝預期的方向進化**。既然我們知道我們在這裡尋找的是什麼樣的文化進化，我們可以說得更具體一些：**形塑群體成員的超社會性，以便群體做出更好的決策和預測**。我們也知道，過

度自信和確認偏誤，是阻礙我們更好完成這些任務的兩大因素。最後，我們知道，雖然智人訓練自己成為更好、更理性思考者的方法有幫助，但這不太可能讓我們的新聞祕書消失，甚至可能為它們在起草有偏見的備忘錄時提供新的素材。

現在讓我們從超社會性人的視角提出兩個相關的問題。第一，與其試圖開除我們的新聞祕書或讓它閉嘴，我們是否可以利用新聞祕書，幫助群體做出更好的決策？換句話說，我們能否讓新聞祕書發揮作用，幫助我們更準確的判斷，而不是更加有偏見？第二，我們超社會性人是否進化出能對抗他人新聞祕書的防禦機制？畢竟，欺騙是地球上所有物種共同的進化策略，但很少會不遭遇任何挑戰就輕易成功。例如，當掠食者發展出更好的偽裝能力時，它的獵物就會發展出更好的視力（或者滅絕）。所以，我們是否已經發展出抵禦所有欺騙性新聞祕書的能力？我們已經看到，我們通常沒有意識到自己的新聞祕書。我們是否更善於發現他人的新聞祕書？

我們可以經由探索科學的運作方式，得出這兩個問題的答案。但我相信你已經注意到，關於這個問題的看法相當分歧。如果你想在一個滿是受過過度教育的人的房間裡，展開一場漫長而激烈的爭辯，你可以這樣說：「嘿，究竟什麼是科學方法？」

　　我不打算試著總結這場爭辯，而是想強調一個對我來說十分合理的觀點，這個觀點解答我們提出的兩個問題，並為企業及它的領導者提供實用的建議。這是哲學家麥克‧斯特雷文斯在《知識機器》中提出的觀點。極客企業的運作方式，就彷彿他們的創辦人早在這本書出版之前就已經拿到書，並一直把這本書當作企業的發展藍圖。

　　斯特雷文斯研究有關科學與科學方法的大量文獻，得出一個非常簡單明瞭的結論：科學是受「解釋的鐵律」[39]支配的永恆論辯：

　　一、努力透過實證檢驗解決所有論辯。

　　二、為了在一對假設之間做出決定，進行一項實驗或量測，其中一種假設能解釋其中一個可能的結果……另一種假設則無法解釋那個結果。

　　關於鐵律，有一點很重要，那就是鐵律是一種行為準則：一種社會行為的預期標準，或群體思維的習慣。鐵律假設，人們對於現實的本質總是存在分歧，並具體指出解決這些分歧的方法，那就是**用證據**。不是資歷、魅力、過去的表現、雄辯言辭、哲學思辨、道德或美學訴求，而是證據。特別是能區分對立假設的證據，進而有助於解決分歧。

　　這個行為準則聽起來合乎常理，但其實相當違背人性。我們人類真的不喜歡鐵律中提到有關蒐集證據的部分。聽我們的新聞祕書告訴我們，我們是對的，這毫不費

力、自然、直接又令人愉快。蒐集證據則並非如此,而是需要時間、精力並一絲不苟的關注在細節上,而且通常毫無樂趣可言。斯特雷文斯講述羅傑・吉耶曼(Roger Guillemin)和安德魯・沙利(Andrew Schally)的故事,這兩位內分泌學家在整個1960年代相互競爭,想要成為第一個明確描述甲狀腺激素受體(THR)的人。這場競賽需要蒐集大約一百萬隻羊和豬的大腦並進行後續處理,以獲得足夠的THR進行分析。

回首往事,沙利認為[40]自己成功的關鍵因素「與金錢無關,而是意志……這是每週投入六十個小時,持續一年,才能獲得一百萬個碎片並拼湊出最終結果的巨大決心和努力。」他的許多競爭對手因為「大量艱苦、枯燥、昂貴和重複的工作」而相繼退出。這場比賽就像是一場磨人的超級馬拉松。沙利和吉耶曼大約在同一個時間完成研究,並共享1977年的諾貝爾生理學或醫學獎。

鐵律的妙處在於,它能讓想要在科學競賽中勝出的人集中注意力。斯特雷文斯如此描述這些人:「他們對勝利的渴望[41],他們想拔得頭籌的決心,這些原始的人類野心……都被轉移到實證測試的表現中。因此,這個鐵律利用人類最古老的情感,來驅使人們對過程與細節的非凡關注,進而讓科學成為錯誤想法的最高判別者與毀滅者。」

一旦我們決定要在科學中取得勝利,一旦我們意識到

這意味要遵守鐵律，我們的新聞祕書就會開始工作。但它不會為其他科學家起草備忘錄，描述我們有多麼優秀。這種備忘錄在決定遵守鐵律的社群中將被置若罔聞，因為在這裡，唯一重要的是禁得起最嚴格審查的證據。

　　相反的，我們的新聞祕書會開始為自己寫備忘錄，說明我們多麼擅長提供這類證據：我們的假設肯定是正確的，我們是不可思議的證據蒐集者，我們顯然將贏得比賽。這些備忘錄激勵我們努力尋找證據，以支持我們的信念。科學方法常被低估的地方在於，它是一種減少偏見的活動，卻根本沒有試圖減少參與者的個人偏誤，而是利用這些偏誤，讓參與者過度自信自己的想法能夠禁得起實證檢驗。這是大師級的認知柔術。

　　這條鐵律利用我們的欺騙偵測能力，只要是針對別人，這種能力就非常出色。正如我們所看到的，我們真的不擅長評估自己的想法：我們長期過度自信和自欺欺人。但事實證明，我們非常擅長評估與批評他人的想法。就像我們出奇的不擅長評價自己一樣，我們也出奇的擅長評價別人。

　　我們的新聞祕書讓我們成為騙子，向世界展示我們過於自信的版本。但習慣性的相信騙子是非常糟糕的主意。所以我們不這樣做，我們大多數人會自然而然評估他人的想法，並擅長拒絕不好的想法。這是設計使然，而當然，

進化是設計師。

　　我們在第三章中看到，進化將生火的知識從個人外包給群體。類似的情況也發生在想法上：進化把對這些想法的評估外包給群體，而不是誕生想法的個人。我們的大腦對自己的想法深信不疑，對他人的想法則是會**深度論證**。這是認知科學家雨果·梅西耶和丹·史波伯提出的觀點，他們從終極的視角詮釋超社會性人的推理過程。

　　從這個角度來看，個人的想法可以透過群體層級的討論與辯論得到評估。壞想法會被拒絕，好想法會被接受。我們很多人都抱有這樣的刻板印象：（其他）人可能會相信幾乎任何事情，但事實並非如此。絕大多數時候，我們其實非常擅長來回探究別人的論點，並評估這些言論的品質。*事實上，梅西耶和同事發現，如果我們把自己的想法重新包裝，並當作他人的想法回饋給我們，我們將更能忽略自己的新聞祕書，並客觀的評估自己的想法。在一個實驗中，研究小組要求參與者自己解決簡短的邏輯問題，並為自己的答案提供理由。幾分鐘後，研究小組為每個參與

---

*　注：這裡的特例是能觸動我們的道德或部落身分的論點。如下一章所述，人類天生就有強烈的部落傾向，我們的道德觀念在很大程度上受到部落的影響。進化讓我們希望成為部落中信譽良好的成員，這有時意味著我們對反對部落的論點充耳不聞，即使它們站得住腳。當今美國社會已經變得如此兩極化和部落化，導致即使有確鑿科學證據支持的論點，即接種疫苗來預防肆虐全球的致命病毒，仍然沒有被很多人接受。這種兩極分化的趨勢令人深感憂慮。

者提供一組實驗中其他參與者的答案和理由，並要求參與者評估每個理由。

　　你明白這是怎麼回事了吧？其中一個理由不是來自實驗中的其他人，而是來自參與者自己。換句話說，每個參與者都被要求評估自己幾分鐘前才想出的一個理由。大約有一半的人沒有察覺到這一點；他們以為自己正在評估別人的論點。在這些情況下，有超過一半的人否定自己的論點。梅西耶和史波伯寫道：「令人欣慰的是，參與者偏向於拒絕自己給出的壞理由[42]，而不是好理由。」

　　梅西耶和史波伯在他們的《理性之謎》一書中得出結論：

> 獨立推理是偏頗、懶散的[43]，而辯論不僅在我們過度好辯的西方社會中有效率，也適用於所有類型的文化；不只對受過教育的成年人有用，對幼兒來說也是如此。

　　「辯論」這個詞在許多文化中都有負面含義，確實，讓別人不同意你的觀點，通常不如為你完美的才華喝采來得更有趣。但你已經有一位新聞祕書在為你鼓掌。你、我和其他人需要的，是對我們的想法進行壓力測試。這就是其他人真正擅長的事情，就像我們真的很擅長對他人的想法

進行壓力測試。辯論是我們區分好想法和壞想法的方法。

鐵律的力量在於它如何縮小我們辯論的範圍，它具體指出辯論要用證據來解決。根據斯特雷文斯的說法，鐵律在十八世紀下半葉開始被科學家廣泛遵循，這在一定程度上要歸功於牛頓（Isaac Newton）的巨大影響力。牛頓的天才幾乎與他一絲不苟的進行實證檢驗，以及提供證據支持他的理論不相上下。無論如何，以證據為基礎的辯論準則在整個科學界傳播開來，科學界成為生產知識的機器。我們在理解宇宙方面開始取得更快速的進展。

在本章的前面，我們採用極客的終極基本規則：**形塑群體成員的超社會性，讓群體文化盡快朝預期的方向進化**，並開始根據科學行為準則客製化這條基本規則。我們目前的進度是，**形塑群體成員的超社會性，以便群體做出更好的決策與預測**。現在我們可以使用鐵律來完成客製化工作：**進行基於證據的辯論，以便讓群體做出更好的決策與預測**。

可口可樂公司因為推出新可樂而深陷麻煩，主要原因在於它只遵循科學這個行為準則當中的證據蒐集部分。百事可樂挑戰是一種 A／B 測試，測試證據指向民眾更喜歡百事可樂的味道，而不是（老）可口可樂。可口可樂甚至在內部複製這個測試，得到相同的實證結果。但他們所犯的錯誤是他們沒有對結果進行足夠的辯論。

更多的辯論會發現，利用百事可樂挑戰的結果來證明新可口可樂的合理性，存在一個小問題，同時伴隨一個巨大的問題。小問題是把品嚐一口可樂的味道，錯誤的等同於品嚐一整杯或一整瓶的味道。許多可樂愛好者在只喝一小口時喜歡百事可樂較甜的甜味（就像百事可樂挑戰中的情況），但當喝得更多時，他們的喜好就發生了變化。

巨大的問題在於，認為人們喝可樂是因為它的味道，但其實，民眾喝可樂更常是因為它的象徵意義。在新可口可樂問世之前的近百年間，可口可樂一直是美國體驗中不可分割的一部分。1938年，堪薩斯州報紙編輯威廉・艾倫・懷特（William Allen White）把可口可樂描述為「美國一切精髓的昇華[44]，誠實製作的正派產品」，此時可口可樂在美國人心目中的地位已然確立。懷特可能是在可樂中添加一點私釀酒後寫下這些文字，但他確實捕捉到人們對這款特殊碳酸甜飲料的感情。

古茲維塔僅讓一小撮人參與轉向新可口可樂的決定。如果他更廣泛徵求同事的意見，其中一些人肯定會對古茲維塔所蒐集的證據提出異議。問題不在於證據的有效性，而是它的相關性。與其詢問這兩種可樂哪一個味道更好，新可口可樂團隊是否詢問過受試者，如果對一種他們一生熟悉且代表美國文化象徵的飲料進行重大改變，他們有何感受？他們的 A／B 測試是「改變『美國一切精髓的昇

華』」還是「不改變它」？新可樂的巨大錯誤不是來自口味
測試，而是沒有全面的蒐集證據，也沒有充分辯論改變可
口可樂對飲用者的意義。正如著有一本關於可口可樂專書
的康斯坦斯・海斯（Constance Hays）對這次失敗的總結：
「這不只與口味有關[45]，還有一種深深的失落和心碎。對許
多人來說，這款產品幾乎就是他們生活的一部分，而對它
的變更就像是無故抨擊或批評他們深愛的東西。古茲維塔
在他所有的計算和評估中，都沒有把這個因素考慮進去。」
但如果古茲維塔遵循鐵律，進行科學的基本論證，一定會
有人向他指出這些事。

資料、示範、辯論

　　新可口可樂慘敗表明，商業世界從根本上來說與科學
世界非常相似：錯誤的假設難以持久。如果你對顧客需求或
市場發展方向判斷錯誤，你會知道自己錯了，而在競爭激烈
的環境中，你會更快發現這一點。這種環境對經常犯錯的企
業來說相當不友善。如果犯錯次數太多，你可能就無法繼續
經營下去。

　　所以，這是很棒的消息，企業能引進來自科學的鐵
律，並用它來指引自己。這條規則能幫助企業減少錯誤，
就像它能幫助整個科學界隨著時間推移減少錯誤一樣：明

確規定，要以能夠區分對立假設的證據來解決爭議。

正如我們在第一章所見，商業世界中鐵律的運用，在2000年初開始步入一個新的黃金時代，當時 Google 在網頁上進行史上第一次已知的A／B測試。每一個類似的測試都是鐵律的嚴格小應用。一個頁面有兩個或多個版本，每一個版本都是關於使用者需求的對立假設。哪一個最好？與其依賴河馬或新聞祕書備忘錄，不如提前商定我們將依賴哪些與使用者行為相關的證據，來決定哪一種方式最好，並透過實驗（即A／B測試）來產生這些證據，然後利用這些證據來決定，應該廣泛推廣哪種願景。

Ranker.com 創辦人暨執行長克拉克・本森（Clark Benson）認為，這種能夠產生證據的基礎架構應該被用來「測試幾乎所有內容」[46]。換句話說，不要只實驗你認為會產生重大影響的事，也要在你認為可能不會產生明顯影響的事情上進行實驗。即使像本森這樣的網路老手也「經常驚訝的發現，一些微不足道的小因素，在測試中展現超乎尋常的價值。」我們的新聞祕書一直在起草備忘錄，告訴我們，我們知道顧客和其他重要群體的需求。但這些備忘錄很多都是錯誤的。

然而，就像每頭豬或羊的大腦只能產生極少量的THR一樣，每次A／B測試也只能略微提升企業的整體績效。因此，進行**大量**的測試非常重要。就像 Google 首席經濟學家

哈爾・范里安（Hal Varian）在2017年告訴我的：

> 在Google，我們很早就做一件非常重要的事：我們建
> 立一個實驗平台。因此，我們可以對不同的想法進
> 行A／B測試：不同的使用者介面設計、不同的廣告
> 排序方式、不同的搜尋排序方式等等。我們也可以在
> 1%或2%人群中進行實驗，看看這些實驗是否真的能
> 改善我們的指標。如果確實可以，我們就會在更大的
> 範圍內實施。因此，擁有這個實驗平台對於Google的
> 成功至關重要。

截至目前為止，偉大的極客科學行為準則聽起來相當
沒有人情味且機械化：停止依賴河馬與「專家」判斷，建
立一個實驗平台，然後讓它發揮作用。但事實上，這類實
驗平台只是極客企業實踐科學的一小部分，其餘的絕大部
分都涉及深度與大量的人際互動與交流。

Apple提供一個使用相對少量證據來遵循鐵律的絕佳範
例。Apple是一家喜歡產品示範的企業，至2010年代中
期，Apple的iPhone因為能夠拍攝各種事物（包括人像）
的精彩照片而聞名。高階人像通常會有模糊的背景（稱為
散景效果，Apple希望在即將推出的一些iPhone機型中加
入這項功能。然而，團隊對於該如何呈現這個效果的意見

不一。相機團隊最初的設計是讓使用者在拍完照後，才能看到背景的模糊效果；人機介面設計團隊則是認為，應該讓使用者在拍照時即刻預覽並調整模糊效果。在人機介面設計團隊成員強尼‧曼扎里（Jonny Manzari）示範「預覽模糊」[47]的實際效果，並展示其強大功能後，爭議獲得解決。預覽模糊成為iPhone人像模式的一部分，並在2016年的iPhone 7 Plus中首次亮相，被譽為「iPhone最酷的相機功能之一[48]」。

　　如這個例子所示，遵循鐵律不一定需要花稍的統計測試或龐大的實驗平台。這些東西通常很有用，有時甚至不可或缺，卻不是科學這個極客行為準則的全部。這個行為準則簡單來說是提出一個假設（例如，使用者會更喜歡這個版本的網頁、可樂愛好者會更喜歡新可樂、iPhone使用者希望能夠在拍照之前確定人像照的效果等等），弄清楚如何用證據來檢驗假設，產生並解讀這些證據，同時在這個過程中不斷的討論、協作與辯論。

　　1990年代中期，一位數學物理學家如此描述強調交談與協作的鐵律。他說，科學是「一門極度需要社交的事業[49]，本質上就是（我的辦公室）大門敞開與關閉之間的區別。如果我從事科學研究，我會把大門敞開。這既有象徵意義，也反映真實的情況。你希望一直與人交談……只有與建築物中的其他人互動，你才能完成任何有趣的研究；它

本質上是一個集體的事業。」

　　大約在同一時間，幾個商業極客為鐵律的「辯論」特質提供了絕佳例證。1996年，科技新貴網景和老牌企業微軟正準備爭奪全球資訊網軟體領域的主導權。網景在推出第一款成功的網路瀏覽器後公開上市，但微軟也正如火如荼準備自己的重大行動。本‧霍羅維茲（Ben Horowitz）負責網景的一些重要策略反制行動，這些行動將於1996年3月5日在紐約舉行的一場大型發表會上宣布。

　　然而，馬克‧安德森（Marc Andreessen），早在幾週前接受《電腦經銷商新聞》（Computer Reseller News）雜誌採訪時，就已經透露網景的這些策略反制行動。安德森是史上第一個網路瀏覽器的發明家之一，於二十二歲時成為網景的共同創辦人。這次的採訪讓霍羅維茲非常不高興[50]，他撰寫一封簡短的電子郵件給安德森：

新郵件	
收件者	馬克‧安德森
副　本	霍羅維茲的老闆
寄件者	本‧霍羅維茲
主　旨	發表
我猜我們不會等到五號才發表策略。	
	──本

不到15分鐘，安德森就回信說：

新郵件	
收件者	本・霍羅維茲
副　本	霍羅維茲的老闆、網景執行長、網景董事長
寄件者	馬克・安德森
主　旨	回覆：發表

顯然，你似乎不明白事態有多嚴重。我們在外面正被殺得片甲不留。我們目前的產品根本不如競爭對手。我們幾個月來沉默不語，結果，我們的市值蒸發超過30億美元。我們現在面臨失去整個企業的危險，這一切都是伺服器產品管理部門的錯。

下次你他媽的自己去接受採訪吧。

去你的，馬克

先別管安德森的髒話（我們很快會再談）。相反的，我們可以觀察一下他是如何遵循極客的科學行為準則。霍羅維茲在電子郵件中提出一個假設：採訪是個錯誤。安德森在回信中，提出一個截然不同的假設：網景已經損失巨大價值，而且正被「殺得片甲不留」，部分原因是「我們沉默不語」，並提供證據支持自己的假設。這就是鐵律的實踐。

收到這封電子郵件後，霍羅維茲擔心自己會被炒魷

魚。結果沒有。他在2014年出版的《什麼才是經營最難的事》（*The Hard Thing About Hard Things*）一書中寫道：「令人驚訝的是，馬克和我最終成為朋友[51]；自那時起，我們一直是朋友和商業夥伴……對於馬克與我來說，即使過去十八年，我們幾乎每天都會因為被對方找出自己思維中的問題而被惹火。但這種模式運作良好。」由於運作良好，這對搭檔在2009年共同創辦創投公司安德森霍羅維茲（Andreessen Horowitz，簡稱a16z）。

在2016年接受播客主持人提姆・費里斯（Tim Ferriss）訪問時[52]，安德森同意，富有成效的辯論是他與霍羅維茲關係的核心，並建議聽眾不要留在不好辯的組織：

因此，（霍羅維茲作為同事價值的一點是）他會回嗆我……他不會就此屈服。他會馬上反駁。如果你長期觀察很多企業或投資公司，不難發現有種誘惑讓每個事物都想成為一個等級制度。人們對於向權力說出真相心存恐懼。我一直認為，真正聰明睿智的領導人所要做的，是努力找到組織中真正願意反駁的人……在某些組織，要想出人頭地，你就必須敢於向領導人提出不同意見。這就是你獲得注意的方式。

順帶一提，在一些組織當中這樣做根本行不通，我建議大家盡快離開這些組織。我們努力做到，至少我和

本希望，這個組織能讓人真正向權力說出真相，並像其他人一樣反駁我們，這就是為什麼他與我經常爭辯的原因，因為我們想要樹立榜樣。

在為本書蒐集資料時，我採訪過的所有頂尖極客都強調過企業高層相互辯論的重要性。這種來回辯論幫助經營團隊做出正確的重大決策，也為組織的其他成員樹立榜樣。科技界（及科學界）有一個迷思，即許多最重大的突破都是由孤獨的天才完成，但這種信念禁不起檢視。知情人士一再告訴我，在極客企業裡，即使是最有才華、最自負的人，也會聽取別人的意見。為了保持企業的領先地位，他們必須這樣做。

我問過 Google 前執行長施密特，極客企業如何避免因為成功而不聽取或停止聽取其他人意見。他承認這是一個挑戰，但他說，很多真正想在商業競賽中獲勝的人都被迫進行辯論，因為他們看到這樣做非常有效。就像他告訴我的：「成功的人被迫聽你的，即使他們正在尖叫。例如，賈伯斯，我跟他的交情很深*，賈伯斯非常非常頑固，但他也會向現實低頭。」

---

* 　注：施密特於 2006 年至 2009 年擔任 Apple 董事。

極客的弱點

　　賈伯斯以對同事、商業夥伴和任何令他失望的人進行尖酸刻薄的侮辱言論而聞名。安德森在寫給一位資淺同事的電子郵件結尾處寫下：「去你的，馬克」，這些例子顯示，極客有時可能難以創造具有高度心理安全感的文化。

　　心理安全感這個概念可追溯至 1960 年代中期[53]，管理學者艾美‧艾德蒙森（Amy Edmondson）把它定義為：

> 一種人們可以自在表達與做自己的氛圍。更具體的說，當人們在工作中擁有心理安全感時，他們會放心的分享擔憂和錯誤，而不必擔心尷尬或報復。他們相信自己可以暢所欲言，不會被羞辱、忽視或指責。他們知道當自己對某事不確定時可以提問。他們傾向於信任與尊重同事……對於在複雜多變的環境中經營的組織來說，心理安全感是價值創造的關鍵來源。

　　艾德蒙森強調，心理安全感不是個人在某種程度上擁有的個性特質，如合群或外向，而是一個群體在一定程度上擁有的特徵。

　　心理安全感是一種行為準則（一種群體思維的習慣），而且是一個非常重要的準則。心理安全感遵循鐵律和真正

實踐科學所需的要求。擁有好的假設、好的想法、好的證據的人，必須能夠自在的提出這些見解，甚至以此挑戰自己的主管和上級。從上面引述馬克・安德森的話中可以明顯看出，他認為心理安全感是優秀組織與糟糕組織的分水嶺。那麼，也許他應該在電子郵件中使用不同的結語？

　　距離他以粗魯言辭作為寫給霍羅維茲信的結語，已經超過二十五年，我敢肯定，他現在已經改了。但根據我的經驗，我可以告訴你，他仍然是非常好辯的人。當他不同意你的想法時，他會有力、詳細、充滿活力的反駁你的想法。當他和我發生衝突時，他的論點充滿證據，而不是侮辱，但仍然有一定的威嚇性。我的整個職業生涯都在學術界度過，在學術界，辯論就像談論天氣一樣自然，但安德森與許多極客把辯論提升到一個全新的境界。

　　這是為什麼？部分原因可能是科技業仍然是男性主導的產業，而男性通常比女性更果斷[54]。科技業吸引很多非典型精神狀態者[55]（neuroatypical），他們擅長思考抽象的想法，卻缺乏同理心或難以解讀其他人的情緒線索。這樣的人可能無法判斷自己的爭辯什麼時候太過分，會被視為傷人或好鬥。不管出於什麼原因，許多商業極客發現，自己處於一個既令人羨慕（他們的辯論能力很強）又危險（他們的辯論方式可能會讓人疏遠）的境地。

　　薩奇・夏普（Sage Sharp）就讀波特蘭州立大學時，就

開始研究開源軟體Linux作業系統，2013年他們（夏普是非二元性別者，使用「他們」而不用「他」）加入英特爾，參與開發Linux核心（作業系統的核心）。然而，他們不斷看到關於Linux核心的線上討論充滿侮辱和辱罵性語言，其中一些甚至直接來自最高層，也就是Linux創辦人林納斯・托瓦茲（Linus Torvalds）本人。

托瓦茲在1991年開始探索Linux的世界，不久後，他發出邀請，讓更多人一同參與，並獲得許多人響應。Linux成為世界上最大的開源軟體專案，全球程式設計師社群在2017年對這項專案進行超過八萬多項改善和錯誤修復[56]。至今，托瓦茲仍然是這個社群的重要人物，直接參與Linux核心的維護與開發，但是他的真正角色更像是他的非正式頭銜所傳達的：「仁慈的終身獨裁者。」

然而，在許多線上互動中，托瓦茲的表現一點都不仁慈。他經常咒罵別人並進行人身攻擊，說出：「現在就去死吧[57]，世界將會變得更美好」這種話。如果有人批評他的這些言辭，他典型的反應是：「笑話往往令人反感。如果你被冒犯，問題肯定出在你身上。好好想想吧。」

在公開的Linux核心郵件群組中，夏普呼籲托瓦茲改變自己的做法：「林納斯，在口頭辱罵他人與公開撕毀他人情感方面，你是最糟糕的罪犯之一[58]……**沒有人**活該在電子郵件中被用大寫字母辱罵，或是被公開嘲笑。你位高權

重，請停止口頭辱罵你的開發人員。」托瓦茲沒有讓步，繼續為自己的行為辯護：「我只有在沒有任何爭論空間時才會咒罵[59]。咒罵只發生在『你他×錯得太離譜，甚至不值得嘗試對此進行邏輯論證時，因為你根本沒有任何藉口』這種情況。」

夏普繼續試圖改善 Linux 社群的辯論方式。2015 年，他們倡導制定行為守則，但得到的卻是一種線上投訴機制，名稱又是一種不必要的侮辱。它被稱為「Linux 衝突守則」。

最終，夏普受夠了。2015 年 10 月，由於缺乏心理安全感，他們宣布不再擔任 Linux 核心開發人員[60]。他們寫道：

> 我終於意識到，我無法再為一個我能在技術上受到尊重，卻不能要求別人尊重我的社群做出貢獻。我無法與這樣的人一起工作……他們認為，主管為了誠實面對自己的情緒，可以隨意口出惡言……我在這個社群裡感到無能為力，這個社群雖擁有「衝突守則」，卻沒有具體明列應該避免的行為，也沒有力量來執行。

這個故事有個結局，但我很難說它是個快樂的結局。2018 年，在《紐約客》（*The New Yorker*）雜誌對托瓦茲的

行為提出質疑後[61]，托瓦茲辭去在Linux的職務。他寫道：

> 我確實忽視[62]社群中一些相當深層的感受……。
>
> 這就是我。我不是一個在情感上有同理心的人，這可能不會讓任何人感到驚訝。至少我自己很清楚。我誤解他人，而且（多年來）沒有意識到我對情況的判斷有多糟糕，並導致不專業的環境，這很不好。
>
> 這個禮拜，我們社群的成員質問我，說我一輩子都不了解情緒。我在電子郵件中的輕率攻擊既不專業、也毫無必要。尤其是當我把問題個人化的時候。在我忙於尋求好好修補關係的過程中，這樣的回應對我來說很合理。
>
> 我現在知道這樣不好，我真的很抱歉。
>
> 我將暫時休息，尋求協助，學習如何理解他人情緒並做出適當反應。

眾所周知，領導者的行為會為組織定調，而且深刻影響組織行為準則。在後面的章節裡，我們將探討造成這種情況的終極原因。現在，讓我們來看看這個辯論變成辱罵的悲慘例子。整個Linux社群都缺乏心理安全感，這在很大程度上是托瓦茲本人造成的。缺乏安全感趕跑夏普與無數其他想要為這項工作貢獻一己之力的人，最終甚至迫使托

瓦茲離開，即便他非常想繼續參與自己開創的事業。

這是一種遺憾，更遺憾的是這原本可以避免。合理辯論的首要規則是聚焦問題，不要進行人身攻擊。在接下來的篇幅裡，我們將看到許多合理辯論的正面範例，這些範例支持科學、所有權意識、速度和開放的偉大極客行為準則。

科學會太多嗎？

科學的極客行為準則是否有可能做得太過火？我經常聽到有人擔心：企業可能過度沉迷於衡量一切，並試圖讓關鍵衡量指標朝正確方向發展。如果這種沉迷導致人們忽視其他活動，或者更糟糕的是，故意從事適得其反的活動，以便讓數字朝正確的方向發展，那麼這種沉迷可能會導致不良行為。1995年，組合國際電腦公司（Computer Associates）的股東[63]核准三名高階主管的薪酬方案，內容是如果公司股價能連續六十天保持在53.33美元以上，包括當時的營運長桑傑・庫瑪（Sanjay Kumar）在內的三位高階主管就能獲得巨額獎金。這個壯舉在1998年5月實現，三位高階主管共享10.8億美元獎金，這是當時企業史上金額最高的獎金之一。

然而，市場開始流傳，組合國際電腦公司之所以能夠達到目標，是因為採用有疑慮的會計操作。公司認列一些

長期軟體合約的大量營收[64]，並在每季結束時多保留幾天不關帳，以便認列額外營收（這種做法被稱為「一個月三十五天」[65]）。2004年，美國證券交易委員會（SEC）指控組合國際電腦公司證券欺詐[66]，而2000年至2004年間擔任組合國際電腦公司執行長的庫瑪[67]於2006年4月認罪，被判處十二年有期徒刑。

對數字目標做出不當反應有各式各樣的案例。至2010年代初，富國銀行（Wells Fargo）以交叉銷售或讓顧客使用更多銀行產品的強勢推銷文化[68]而聞名（例如，不只使用支票帳戶，還包括信用卡、房貸等）。銀行分行員工被賦予激進的目標，其中一些目標幾乎不可能實現。例如加州聖赫勒拿（St. Helena）分行在某年的目標是銷售1萬2,000種新產品[69]，儘管那個地區還有十一家其他金融機構，而且只有1萬1,500個潛在顧客。很多員工迫於壓力，乾脆在顧客不知情或未允許的情況下，為顧客設立新帳戶並提供其他產品。調查揭露，有多達350萬個虛假帳戶[70]被創造出來，其中許多帳戶向不知情的帳戶持有人收費。富國銀行因虛假帳戶醜聞支付超過25億美元的罰款[71]。

諸如此類的例子屢見不鮮，讓一些人開始相信古德哈特定律（Goodhart's Law），也就是：「當衡量標準成為目標後[72]，它就不再是好的衡量標準。」換句話說，讓人們密切關注某個指標（例如，把他們的薪酬與某個指標掛鉤），

結果幾乎肯定會適得其反。

　　然而，與我交談過的大多數商業極客，都沒有讓古德哈特定律妨礙自己對衡量標準，以及與衡量相關事物的狂熱，例如觀察、實驗、分析、辯論等等。這有幾個原因。其中之一是，極客認為古德哈特的格言與其說是一條定律，不如說是對過於簡化的衡量標準與獎勵方案的警告。如果你將巨額高階主管獎勵和股價等單一指標掛鉤，那麼當高階主管提出一個精心設計的計畫，在一段時間內把那個指標提升到足夠高的水準時，無論這個計畫實際上是否對企業有利，你都不需要感到驚訝。如果你強烈鼓勵銀行行員銷售比某個地區潛在客戶人數更多的新產品，你必然會目睹大量虛假支票和儲蓄帳戶的出現。

　　與許多極客商業領袖一樣，支付平台史泰波（Stripe）執行長派翠克・科里森（Patrick Collison）自稱是一名「測量控」。* 他對我說：「我總是在逼問人們，我們如何衡量？我們如何知道這是否有效？如果你有衡量標準，為什麼它會增加或沒有增加？」我詢問他是否擔心古德哈特定律，科里森回答：「單一指標往往不夠，因此在史泰波，我們有自己的主要指標。我們也會嘗試選擇平衡指標，來控制或

---

* 　注：有確切的證據證明科里森是個測量控。2019 年 6 月的某個週日，他在推特上發布一張自己與未婚妻的照片[73]，並宣布：「本週末達到我們的參與度指標！」

評估只針對某單一指標最佳化時可能出現的問題。此外，我們也會持續關注一系列次要指標。考量到我們在產品、業務或其他任何領域都有大約十五個指標，我不會太擔心古德哈特定律。」

如同科里森所強調的，面對古德哈特定律，極客反應的其中一個關鍵部分，是關注整個指標儀表板，而不是任何單一數字。另一個關鍵是要明白，衡量某件事不代表一定要把它與重要獎勵掛鉤，如薪酬和升遷等。我的很多MBA學生都覺得這種方法很奇怪。畢竟，如果你不打算根據衡量結果採取任何行動，為什麼還要衡量？極客對此的回應是，談論一個衡量標準，經常提及它、辯論如何改進它、表明誰該為此負責，其實就已經在採取行動。

創投家約翰・杜爾（John Doerr）是另一個測量控，他甚至為此撰寫一本書，名為《OKR：做最重要的事》（*Measure What Matters*）。但與許多其他極客一樣，杜爾**不**主張把自己所謂的目標與關鍵結果（Objectives and Key Results, OKRs）和薪酬緊密掛鉤。組合國際電腦公司和富國銀行等例子顯示，這種激勵方式既笨拙又過時。正如杜爾所說：「在當今的工作場所，OKR與薪酬[74]仍然可以是朋友。它們永遠不會完全失去聯繫，但它們也不會同居在一起，這樣做更健康。」

網路安全企業帕羅奧圖網路（Palo Alto Networks）人資

長莉安・霍恩西（Liane Hornsey）與杜爾持有相同的觀點。她明確區分使用數據協助員工專業發展，以及透過數據評估員工績效（以及員工薪酬與其他獎勵）的差別。她向我解釋：「使用數據協助員工發展是指利用數據幫助員工進步。舉例來說，如果我收到自己的績效考核報告，其中有一些內容，我會與帕羅奧圖執行長尼科什・阿羅拉（Nikesh Arora）分享，他會指導我，幫助我進步。另一方面，績效則是在說：『莉安，你的考核很糟糕。我會給你一個非常非常差的績效評分。』這之間存在非常非常重要的區別。」阿羅拉補充說：「我認為區別在於，發展型組織是有同理心的組織，而績效導向組織則比較唯利是圖。從長遠來看，有同理心的組織往往會得到更好的結果，因為在唯利是圖的組織中，一旦遇到麻煩，人們就會放棄。」

有挑戰性的樂趣

極客意識到，過度強調單一衡量標準存在風險，但他們不太擔心過分強調科學。相反的，他們持續努力深化科學做法，因為他們認為，科學是進一步認識宇宙的過程。雖然科學不是唯一值得做的事情，因為我希望生活在一個充滿畫家、小說家、詞曲作家、演員、散文家、教師、狗仔，以及眾多科學家的社會，但科學絕對是一件非常值得做好的事。

　　只要我們開始嚴格遵守鐵律，我們在科學方面的能力就會明顯大幅提升。我們開始藉由提出假設、測試假設，以及在過程中的每一步進行辯論，落實科學做法，同時同意使用證據來解決爭論。正如麥克・斯特雷文斯所說，這一切都是艱苦的工作，遠比繼續自信的重複新聞祕書告訴我們的任何事情要更加困難。但一位八歲的機器人建造者卻在不久前提醒我們，科學還涵蓋其他基本的要素。

　　這位孩子使用的是1980年代麻省理工學院媒體實驗室所開發的Lego ／ Logo建築套件，套件包括熟悉的樂高積木，還有電機、感測器、輪子與其他有助探索實體世界的東西。這些元件可以經由專為兒童開發的Logo語言進行程式設計。1989年，Lego/Logo小組在一次記者會上展示一些年輕創作者的作品。媒體實驗室創辦人尼古拉斯・尼葛洛龐帝（Nicholas Negroponte）在他的《數位革命》（*Being Digital*）一書中描述當天的亮點：

　　某位熱情的全國電視網女主播[75]，在鎂光燈照射下，逼問那個孩子，這是否不光只是樂趣和遊戲。她逼迫這個八歲的孩子做出典型的「可愛」回答。

　　孩子明顯受到驚嚇。最後，在她第三次重複這個問題後，在強烈燈光的照射下，這個滿臉汗水、極度困擾的孩子哀怨的看著鏡頭說：「是的，這很有趣，但它

是有挑戰性的樂趣。」

「有挑戰性的樂趣」成為媒體實驗室的格言，我認為這也是整個科學界的座右銘，無論是在研究實驗室還是在極客企業中。遵守鐵律是一件苦差事，卻也是一種樂趣。當然，不是一直如此，但經常如此。學習新知，看到某個假設成立，看著自己的想法禁得住嚴格的檢視，這些都很美妙。辯論也可以很美妙。有充分的證據指出，超社會性人類天生好辯，而且很擅長這樣做。我們善於評價其他人的想法；這恰恰是不善於評價自己的另一面。

我與同事和朋友相處時，心理感覺愈安全，我與他們辯論的次數就愈多。一旦我覺得他們信任和尊重我、我確信他們知道我也是這麼看待他們時，我就會毫不保留的展現好辯天性。就像我們所看到的，極客可能會辯論得太過火，顯得缺乏同理心，令人疏遠。真正的科學交流依賴開放與平等的來回爭辯，如果希望這樣的交流能夠發生，就必須糾正錯誤的爭辯傾向。如果一個群體能夠做到這一點，就會取得很大的進步，並體驗那種有挑戰性的樂趣。

讓我以兩句話來結束本章，這兩句話深刻捕捉到科學最重要的兩大特性：科學能夠克服人類根深蒂固的自欺欺人能力，以及科學天生擁有社會性，而非孤獨性。第一句話出自生物學家泰弗士，他說：「如果你想……更快的傳播

知識，你就會被科學所吸引[76]，因為科學奠基於一系列日益複雜且無情的反欺騙和反自欺機制之上。」

第二句話來自十六世紀法國哲學家蒙田（Michel de Montaigne），他寫道，他從辯論中學到的東西，甚至比閱讀中學到的還要多：*「讀書是[77]讓人無精打采、無法激起熱情的活動，而談話則讓人教學相長……如果我與一位思維敏銳、強硬的辯論者交談，他會從各方面挑戰我；他的想像力會激發我的想像力；嫉妒、榮耀和辯論刺激我，讓我超越自我。」

現在，我們已經了解科學這個偉大的極客行為準則如何發揮作用，我們也看到這個準則如何幫助極客企業同時在敏捷、執行力與創新方面表現卓越。

企業在爭論產品該納入哪些功能時，如果能用產品示範來終結爭辯，而不是說「相信我，我是這方面的專家」，或「我是老闆，我喜歡這個」，這樣的公司在創造出讓顧客滿意的創新產品方面，必定能做得更好。

一個組織中，成員面對權力若能自在的說出真相，並與組織結構圖上的高層進行辯論，這個組織必能及早發現新趨勢，而不會被最高層成員的世界觀所束縛。換句話

---

* 注：儘管蒙田表示，自己從談話中學到的知識比從書本中學到的更多，但他在撰寫 1580 年首次出版的名著《蒙田隨筆》（*Essais*）期間，幾乎與所有的人際互動斷絕了近十年。

說，這將是更加敏捷的組織。

　　一個團隊如果相信任何事都要進行 A ／ B 測試，並建立一個實驗平台來進行大量測試，然後不斷把結果融入產品之中，這個團隊的執行力將會表現出色。事實上，許多極客企業甚至會故意癱瘓部分基礎設施，以測試這些設施是否能順利、快速的恢復。這種如同走鋼絲的技巧被稱為混沌工程（chaos engineering）[78]，只有對自己執行能力非常有信心的企業才會進行這種測試。

　　當我們研究其他偉大的極客行為準則時，我們會看到相同的模式：在這些行為準則幫助下所建立的文化與企業，在執行力、敏捷、創新與其他能使績效有強勁與持續優異表現的活動中，出類拔萃。極客企業的成功並不神祕：它們的成功大部分來自關注群體思維的一些習慣，例如科學、所有權意識、速度和開放，並確保這些習慣滲透到組織當中，而且長期穩健發展。我們將在下一章中看到，這些行為準則甚至能幫忙對抗企業辭典當中最可怕的一個詞彙：**官僚體系**。

摘要

我們人類長期過度自信，而且容易受到確認偏誤的影響，因此，我們經常做出糟糕的決定與預測。

過度自信的終極解釋是，在別人面前表現出自信，對我們超社會性人類來說有益。因此，進化為我們配備一個心理新聞祕書模組，不斷產生良好的自我形象。

我們的新聞祕書不僅在我們想法和判斷的品質上欺騙我們，也在許多其他方面欺騙我們：我們的慷慨、我們的道德倫理、我們的社會地位、我們的外表：任何讓我們這些超社會性人在別人眼中看起來更好的領域。

由於新聞祕書的存在，我們不善於評估自己的想法，但我們非常擅長評估他人的想法。我們的大腦天生就會為自己的想法辯護，而對他人的想法進行辯論。

極客的科學行為準則就是辯論，行為準則還具體指出該如何贏得辯論，那就是使用證據。不是用資歷、魅力、過去的表現、雄辯言辭、哲學思辨、道德或美學訴求取勝，而是講求證據。

對於科學行為準則來說，極客的終極基本規則是：**進行基於證據的辯論，以便讓群體做出更好的決策、預測和判斷。**

商業極客在辯論時必須保持警惕，因為他們可能無法創造具有高度心理安全感的文化。

向組織提問

這十個問題可用於評估組織遵循偉大的科學極客行為準則的程度。請使用1到7之間的數字回答每個問題,其中1表示「非常不同意」,7表示「非常同意」。

1、我們根據證據做出重要決定。	
2、我們不進行大量測試或實驗。*	
3、這裡的高層經常根據自己的判斷或直覺推翻數據驅動的建議。*	
4、在這個組織,辯論被視為決策過程中正常、健康的一部分。	
5、愈是重要的決定,我們就愈有可能花時間辯論和蒐集相關證據。	
6、我們沒有數據驅動的文化。*	
7、辯論時,這裡的人為了支持自己的立場,會說「相信我,我是專家」,或「我在這個領域工作的時間最長,所以我最了解」,或「我是老闆,所以照我的方式去做」,而不是提供資料與分析。*	
8、這裡的人不願意提出不支持老闆觀點的證據。*	
9、這裡的人在看到新證據後經常改變主意,並改變方向。	
10、當我們無法就該如何進行下一個步驟達成共識時,我們通常會進行測試或實驗,來幫助我們做出決定。	

* 注:加星號之問題的分數需要倒過來計算。請用 8 減去你所寫下的分數。例如,你的回答為 6 分,實際分數應為 2 分。(8 減 6)

第五章

所有權意識

拆毀侏儒操作的巨型機器

官僚體系（是）……在做正確的事與能做正確事的
人之間，拉起一道厚重的帷幕。

——奧諾雷・德・巴爾扎克
（Honoré de Balzac）

如果你想幫忙贏得戰爭，就把公司的標準作業程序強加給對方。

這是閱讀《簡單破壞戰地手冊》（*Simple Sabotage Field Manual*）之後你很可能會得出的結論，這本手冊由美國戰略情報局（US Office of Strategic Services）（中央情報局的前身）於1944年編寫。我初次聽聞這本手冊時，以為它只是都市傳說，但它的確存在。這本手冊在2008年解密，目前可以在中央情報局網站上¹找到這本書。

這本手冊的目標讀者是二戰期間，生活在挪威、法國和其他被納粹占領國家的居民。它教導「公民破壞者」如何進行各種擾亂占領者的活動，內容涵蓋從縱火到堵塞廁所等各種行為。手冊中傳授的不全是物理性破壞，還有組織上的破壞。正如手冊所說：「有（一種）簡單的破壞方式，不需要任何工具……主要是想辦法讓人做出錯誤決定、採取不合作態度，並誘導人們仿效。」

以下是一些讓事情變得更糟的方式：

堅持一切透過「正式管道」進行，絕不允許為了加快決策而走捷徑……。

擔心任何決策的適當性，例如提出以下這些問題：行動是否屬於小組的權責範圍，或是否可能與某些上層的政策產生衝突……。

大幅增加發出指令、發放薪資單等工作所需要的程序
與許可。原本一個人就能核准的事情,現在必須要三
個人都同意。

聽起來很熟悉嗎?很多企業目前的做法似乎是直接複
製自《簡單破壞戰地手冊》。如果這聽起來似乎有些誇張,
讓我們看看珍妮佛・尼娃(Jennifer Nieva)是如何試著完成
工作。2005 年,在惠普擔任主管的尼娃,手上負責的一個
專案需要花費二十萬美元聘請外部顧問。她如此描述自己
的經歷:

顧問現在有空[2],但如果我拖得太久,他們就會被重
新分配給另一個客戶。

我按照流程,在惠普的採購系統中輸入核准支出的請
求,再次檢查時,我發現在我可以開始這項工作之
前,有二十個人需要簽名核准。其中包括我的老闆、
我老闆的老闆、我老闆的老闆的老闆,還有十幾個我
從來沒聽過的名字,我很快就知道這些人都是在墨西
哥瓜達拉哈拉採購部門工作的人。

難道我要失去這些我千辛萬苦才找到的顧問?我的老
闆核准,她的老闆核准,再往上一層也核准了。接
著,我開始打電話給採購部門。一開始天天打,後來

每個小時都打，但通常都沒人接電話。最後，我打給
一位名叫安娜（Anna）的女士，她接起電話。我使出
渾身解數說服她幫助我。審核總共花費六週的時間，
我打了無數通電話給安娜，以至於當她跨出職業生涯
中的下一步時，她請我為她寫一封 LinkedIn 推薦信。

《簡單破壞戰地手冊》的作者們如果知道，敵後游擊隊
員能夠在納粹組織中實施這樣的流程，一定會大為振奮。

繁文縟節的故事

我們很多人都會把尼娃在惠普遇到的審核流程描述為
官僚體系。但「官僚體系」本身不是問題。正如《大英百科
全書》（Britannica）所述，「官僚體系」只是「一種由複
雜、分工、永久性、專業管理、組織階級協調和控制、嚴格
的指揮鏈，以及法律權威所定義的特定組織形式[3]」。我知道
的大多數企業都符合這個定義。*

要實現公司的任何目標，都需要某種階層、管理與分

---

* 註：2013 年底，線上鞋店薩波斯（Zappos）開始嘗試全體共治（Holacracy），
　這種管理制度屏棄層級與明確定義的管理角色，青睞「分散權威」。全體共治這
　個做法並沒有受到普遍歡迎。2015 年 3 月，執行長謝家華（Tony Hsieh）宣布所
　有員工都必須全力接受新制度後，有 18%的員工[6]選擇領分手費走人。2020 年 1
　月，石英財經網（Quartz）宣布：「薩波斯已悄悄退出[7]全體共治。」

工，換句話說，某種程度的官僚體系有其必要。正如社會學的鼻祖之一馬克斯・韋伯（Max Weber）在一百年前曾說：「無論有多少人抱怨[4]『繁文縟節』，但如果認為連續的行政工作可以在任何領域進行，而無需仰仗辦公人員，那純粹就只是幻想……集體管理的需求讓（官僚體系）完全不可或缺。」只是當企業變成尼娃所遇到的那種官僚體系時，問題就來了：組織充滿繁文縟節，以至於很難完成實際工作。

尼娃的經歷聽起來很極端，但可能並不罕見。2017年，管理學者蓋瑞・哈默爾（Gary Hamel）和米凱爾・薩尼尼（Michele Zanini）對《哈佛商業評論》讀者進行一項關於官僚體系的調查[5]，結果發現官僚體系普遍存在。

哈默爾與薩尼尼根據受訪者對二十個問題的回答，制定一個「官僚體系質量指數」（BMI），範圍從二十到一百。高於六十的分數被認為至少受到中等程度的官僚體系拖累，而低於四十的分數則表明「相對缺乏官僚體系」。不到1%的受訪者得分低於四十，而這些相對缺乏官僚體系的受訪者當中，有四分之三來自員工人數不到一百人的企業。

大型企業的情況截然不同，這一點應該沒有人會感到驚訝。那些擁有五千名以上員工的企業，平均BMI為七十五。來自大型企業的八成受訪者表示，官僚體系嚴重拖累自己的工作進度，例如，在這些企業，一筆未列入預算的

開支，平均需要二十天才能獲得核准。

　　整體來說，企業似乎沒有給予員工太多自主權。在所有受訪者中，只有11％的受訪者表示，自己在設定工作重點和選擇工作方法等事情上，擁有「很大」或「完全」的自由。只有10％的人表示，自己有權在未事先獲得組織高層核准的情況下，花費一千美元。

　　經濟學家賴瑞・桑默斯（Larry Summers）警告：「胡亂分配[8]權力、阻礙事情發展」的危險之處，這是對過度官僚的簡明描述。隨著時間推移，政府似乎變得更加擅長胡亂分配權力，以至於可能成為政治學家法蘭西斯・福山（Francis Fukuyama）所說的否決政治[9]。記錄美國聯邦政府所有永久法規的《聯邦法規彙編》（*The Code of Federal Regulations*），在1950年至2019年間收錄法規的速度，比美國經濟成長快40％[10]。州和地方法規也有所增加，並導致許多專案進展緩慢。橫跨麻州查爾斯河、連接波士頓和劍橋的安德森紀念橋（Anderson Memorial Bridge）於1915年峻工，建造過程只花費不到一年的時間。然而一個世紀後，只是對該橋進行相對較小的結構修繕工程[11]，卻耗時超過五年，這要歸因於桑默斯所說的：「一大群監理者和否決者，每個人都有權力阻止或拖延。」

　　繁文縟節已經成為文化中的陳腔濫調，換句話說，人們現在普遍認為，無論是公共或私人的大型組織，均受到

官僚體系荼毒，就如同我們預期超級大壞蛋喜歡聆聽古典音樂，或出身貧寒的年輕人，會受到自己心愛的富家女的父母冷淡對待。人們對大企業中令人窒息的官僚體系的預期，已經深入骨髓，以至於在2019年的電影《賽道狂人》（*Ford v Ferrari*）中，電影製片人和觀眾都理所當然的認為，福特是這場衝突中的弱者。

但讓我們回到現實。電影描述的事件發生在1960年代中期，當時福特是世界第二大企業。* 1963年，福特差點以一千六百萬美元（即福特當年獲利的3%[13]）買下法拉利[12]。所以這家美國企業沒有資金不足的問題，它也不缺乏有經驗而且知道怎麼取勝的車手和汽車製造者。1960年代初期，法拉利確實在利曼賽道上占據主宰地位。但福特賽車隊也聘請到卡洛・謝爾比（Carroll Shelby）和同樣才華橫溢的英國車手兼工程師肯・邁爾斯（Ken Miles），前者是美國傳奇汽車設計師和賽車手，曾拿下利曼二十四小時耐力賽1959年的冠軍。

這部電影設定的背景是，福特憑藉雄厚的財力和頂尖的人才參加利曼二十四小時耐力賽。然而，電影的基本前

---

* 注：福特是美國第二大企業，而美國是迄今為止全球最大的經濟體，在第二次世界大戰期間，美國經濟成長超過50%，而大多數其他大國的生產能力都因戰爭而遭到破壞。因此，我敢斷言，在1960年代中期，世界各大企業之中，只有通用汽車公司（General Motors）的規模超過福特。

提是，官僚體系讓這個美國巨人不太可能獲勝，這一點如
此明顯，以至於不需要多加著墨，因為它擺脫不了自己的
束縛，讓這些世界級的創新者無法做自己的工作。電影中
大部分的衝突不是來自福特與法拉利，而是福特內部的自
相矛盾。

　　一位對賽車一無所知的高階主管插手並質疑車隊的決
定。謝爾比為了獲得自主權（因為「光靠委員會贏不了比
賽」），他必須拿自己的公司作賭注；他承諾，如果自己與
邁爾斯無法在利曼熱身賽中奪冠，他會把謝爾比車隊交給
福特。他還必須進行高風險的說服行動：他讓亨利・福特
二世（Henry Ford II）親自坐上賽車，讓他經歷一次令人興
奮又驚心動魄的賽車體驗，讓執行長喜極而泣，最終願意
消除那些妨礙車隊在賽道上取得出色成績的繁文縟節。影
片的快樂結局是，福特內部的好人終於戰勝同樣在福特內
部的壞人。車隊在利曼的勝利則似乎成為順帶一提的小事。

　　我忍不住想再講一則電影中沒有提到的故事，這個故
事與福特、法拉利和官僚體系有關：根據恩佐・法拉利
（Enzo Ferrari）私人祕書[14]的說法，1963年福特收購法拉利
失敗，原因在於合約中的一項條款，這項條款要求法拉利
必須事先獲得新老闆的核准，才能增加賽車隊的預算。當
時車隊的預算約為25萬美元，這相當於福特1963年獲利的
0.05％，不到福特營收的0.003％。當法拉利得知他將受到

這種吹毛求疵的監督時，他憤怒的破口大罵，離開談判桌，再也沒有回來。

我們無止境的欲望

為什麼過多的官僚體系如此普遍？這真是令人沮喪。官僚主義會拖累士氣和生產力、浪費大量的時間和精力，大家都不喜歡。官僚主義與許多企業所信奉的信任、授權和自主原則背道而馳，但為什麼它仍然如此普遍？難道這是大規模產業間諜活動的結果？是競爭對手和敵對政府的特工滲透到眾多企業，並採取《簡單破壞戰地手冊》中所描述的措施？不是，但現代企業的運作有時就像是遭到破壞一樣，這值得我們停下來思考。我們正處於二十一世紀的第三個十年，卻仍在應對工業時代最古老的一個弊病，法國小說家奧諾雷・德・巴爾扎克在1830年代就已經抱怨過這個弊病，當時他把官僚體系稱為「由侏儒操作的巨型機器」[15]。為什麼我們還在不停打造這麼多這種機器？

在惠普，沒有人會拿出一張白紙，設計一個支出審核流程，把重要專案的決策權分散給分布在好幾個國家的二十個人。沒有任何組織會想要這樣做。但在這裡，組織是錯誤的分析單位，正確的分析單位是組織內的個人。我們不應該把這些個人視為智慧的智人，因為智人知道高生產

力和強健的獲利將對自己有益；我們應該把這些人視為超
社會性人，他們內心深處知道，高地位將對自己有利。

地位是許多社會性動物的生活核心。例如，雞確實有
啄食順序。如果你把一群雞集中起來，其中最大、最健康的
雞，無論是公雞或母雞，都會立刻開始展示自己的威風[16]，
互相打量。牠們會趾高氣揚、昂首闊步、互相對峙、叫個
不停，直到其中一方退縮為止。如果雙方互不相讓，就會
開始啄打，場面可能非常兇猛、血腥，甚至致命。

當這種爭鬥平息後，雞群就會根據支配地位形成明確
的階層。處於啄食順序頂端的雞將獲得最好的築巢和棲息
地，並最先享受食物和沙浴。階層頂端的公雞也將獲得最
多的交配機會；當最強的公雞在場時，啄食順序較低的公
雞通常不會嘗試交配，甚至不會啼叫。

簡而言之，高地位會帶來高適存性（high fitness），這
就是為什麼許多社會性動物（如鳥類和哺乳動物）存在明
確且得來不易的地位階層。我們人類是這種模式的例外
嗎？讓我們稍微反過來思考這個問題：**為什麼你會認為地
球上唯一的超社會性物種不會關心社會地位？**進化讓我們
關心地位的原因，與雞、象鼻海豹、大猩猩與黑猩猩關心
地位的原因完全相同。

地位對於超社會性人的重要性不言可喻。正如記者威
爾‧司鐸（Will Storr）在他的著作《地位遊戲》（*The Status*

Game）中寫道：「我們……受到許多欲望驅使[17]。我們想要追求權力、性、財富。我們想要讓社會變得更好。但人類的這些巨大欲望也確實與地位遊戲有著極深的牽扯。」心理學家暨研究終極問題的先驅大衛・巴斯（David Buss）發現，更高的地位與一個人擁有更好的伴侶、更健康的孩子、更健康長壽的生活有關。人類喜歡權力，但對大多數人來說，我們對權力的渴望在一段時間後就會逐漸減弱。對金錢的喜好也是如此：我們非常喜歡金錢，但在一項針對上班族的調查中，有七成的人選擇地位更高而不是薪水更高的工作[18]。相較下，我們對更高地位的渴望似乎永無止境。社會學家塞西莉亞・里奇威（Cecilia Ridgeway）在一系列實驗中發現：「對更高地位的偏好永遠不會改變[19]。」

里奇威認為，我們之所以如此不遺餘力的追求地位，是因為我們知道地位維持不易：「既然（地位）是別人給予的尊重[20]，那麼至少在理論上，它隨時可以被剝奪。」我們極力避免這種情況。對於我們這樣的社會性動物來說，失去地位是極度糟糕的消息。這不只是因為失去地位會減少我們獲得重要資源與交配的機會，更重要的是：地位低下會為個人帶來壓力，讓人生病。

知名的英國公務員白廳（Whitehall）研究[21]，清楚呈現出人類地位與健康之間的關係。這項研究的第一篇報告發表於1978年。即使在控制年齡、體重、身高、血壓、吸菸

習慣、休閒時間、生活習慣與其他因素後，職位較低的人
罹患慢性心臟病的比例依舊明顯高於職位較高的同事。無
論男女，情況都是如此，而且健康狀況的差異也很大。階
層最低的中年勞工死亡率，是階層最高勞工的四倍之多。
當研究人員改變狒狒的社會地位時，他們發現狒狒的健康
狀況與地位變化密切相關。就像流行病學家麥可・馬穆
（Michael Marmot）所做的總結：「決定狒狒罹患（心臟疾
病）程度的是新的地位[22]，而不是（狒狒）開始時的地位，
而且差異極大。」

　　地位下降時，人類和狒狒這樣的社會性哺乳動物會感
受到威脅，他們的身體會像面對真實威脅一樣做出生理反
應。他們的身體會增加發炎反應以加速傷口癒合，減少病
毒反應以節省能量。這些反應雖然適合應付短時間的攻
擊，但從長遠來看卻有害。這些生理現象背後有其深遠的
原因。根據醫學教授史蒂夫・科爾（Steve Cole）的說法：
「有數個研究結果指出，低社會地位的客觀指標[23]與促炎基
因表現增加和（或）抗病毒基因表現減少有關。在競爭激
烈的環境中被打倒，自然會改變你對明天的期望，而這似
乎會直接影響你的細胞為明天做準備的方式。」

　　地位喪失，特別是急劇和突然的地位喪失，也與更高
的自殺率有關。而且由於地位是相對的，即使我們的情況
沒有任何變化，但只要其他人的地位有所提升，我們也會

感受到失去地位的痛苦。正如社會學家賈森・曼寧（Jason Manning）所說：「自殺不只是因為[24]失敗，更是因為落後。」威爾・司鐸說：「對於我們的大腦來說，地位是像氧氣或水一樣真實[25]的資源。一旦失去，我們就會崩潰。」

　　因為地位對我們來說如此真實與重要，因此我們人類善於分辨誰有地位，誰沒有地位。我們不斷進行「社會比較」。雖然其中有些比較是有意識和深思熟慮的結果，但大多數時候是在意識的另一端，瞬間做出的下意識判斷。例如，在一項研究中，讓受試者快速看過同事們在工作場所實際互動的照片後，他們就能夠「極為準確」[26]的評估出誰的地位更高。

　　當我們弄清楚自己在地位階梯上的位置之後，就會自動採取相應的行動，多數時候，這些是不加思索的下意識行動。例如，在兩人對話時，地位較低的一方常會無意識的調整自己的低頻音調，讓它更貼近地位較高的一方。知名脫口秀主持人賴瑞・金（Larry King）採訪好萊塢傳奇人物伊麗莎白・泰勒（Elizabeth Taylor）時，他的低音變得[27]更接近她的聲音。然而，當他採訪一般不被認為屬於美國傑出政治家之列的副總統丹・奎爾（Dan Quayle）時，聲音發生變化的反倒是奎爾。

兩條登頂之路

　　我們超社會性人就像許多社會性動物一樣，非常重視地位，願意為地位而戰，甚至不惜一切代價想要保住它。但我們玩的地位遊戲特別複雜。在我們的進化近親中，體型上的支配優勢在決定地位階層方面發揮重要作用。暴力始終是其中一個選項，而反對的聲音，即使是肢體語言，或甚至來自**其他物種**的旁觀者，也不被容許。當人類學家克里斯多福‧博姆（Christopher Boehm）把研究重點從人類轉向黑猩猩時，他得到一些慘痛的教訓：

> 即使得到很好的建議，我還是必須經歷慘痛的教訓才明白[28]，孱弱的人類身體不適合與這種身體強壯、經常爭鬥的物種生活在一起。有一天，出於實驗的心情，我無意中讓研究團體中的雄性領袖留下我在政治上與他競爭的印象。我痛苦的發現，地位高的雄性黑猩猩對自己的統治地位非常在意，珍視自己的特權，並迅速壓制潛在的競爭對手。

　　像黑猩猩一樣，我們人類對排名和支配地位也非常敏感，極度討厭被人毆打得鼻青臉腫。因此，我們擁有良好的雷達來偵測威懾力[29]，也就是某人對目標造成身體傷害和其他損失的能力。幾年前我去參加一場會議時，在休息期

間四處閒逛，突然感覺自己的大腦試圖告訴我某件事。這不完全是恐懼，而是一種根深蒂固的「嘿，你可能要小心你的腳步」的警報。正當我試圖弄清楚發生什麼事時，我抬頭看到拳擊手麥克・泰森（Mike Tyson）。當時泰森沒有表現出任何攻擊性或威脅。他只是站在那裡，手裡拿著一杯咖啡，但他是我所見過最具威懾力的人。*我很確定，在我直視他之前，我用眼角的餘光瞥見他；那一瞬即逝的一瞥就足以觸發警報。就像黑猩猩一樣，我們將支配地位歸於那些能強迫我們滿足他們要求的人。泰森展現出的威懾力，使得我在遇到他時，覺得他是支配者。企業裡有明確的支配階層（即使裡面沒有充斥前拳擊手），因為我們的老闆可以透過某種版本的「不照做，就走人」來脅迫我們。

　　我也見過馬友友幾次。他顯然是另一個地位很高的人，但他和泰森不同。友友（他喜歡別人這樣稱呼他）是一個很好的例子，說明在人類社會中有兩條通往崇高地位的途徑。除了支配地位之外，還有聲望。

　　聲望比支配地位更微妙，在我們的進化史上出現的時間也更短。它的終極目標是什麼？聲望有什麼功能？一個

---

*　注：泰森被形容為「或許是最兇猛的職業拳擊手[30]」。在他職業生涯的前十九場比賽裡，都是以擊倒的方式獲勝；其中十二場比賽在第一回合就結束。他二十歲就奪得第一個重量級冠軍。1992年，他因強姦罪被判入獄服刑近三年。1997年，在一場重量級冠軍爭奪戰中，他咬掉對手伊凡德・何利菲德（Evander Holyfield）的一部分耳朵。

令人信服的理論是，聲望的出現是因為它有助於加速文化
進化。

正如我們在第三章中看到的，人類在向他人學習方面
有著獨特的優勢，而其中很重要的一點就是要弄清楚該向
誰學習。如果我向最優秀的銷售人員學習，我就能更好的
完成交易。但誰是最優秀的？當我還是新手時，我無法單
憑一己之力判斷誰的銷售技巧和策略最好。但作為超社會
性物種的成員，我天生就能敏銳察覺，在談論銷售時，誰
占據發言權，或大家會聽從誰的意見，或者在舉辦銷售會
議的飯店酒吧，誰是眾星拱月的對象。那位就是最優秀的
銷售人員，所以我想向他學習。簡而言之，我讓群體告訴
我誰最有聲望，然後模仿那個人，學習他們的技能。

在實驗中，三、四歲的孩子表現出的正好就是這種傾
向，他們傾向於模仿被別人關注的對象。人類透過觀察誰
受到關注來給予聲望；然後，我們向這些人學習，文化進化
就會加速（我們將在下一章中更深入探討學習和文化進
化）。友友的非凡才華，意味著他從小就受到很多人關注。
我們這些不屬於音樂界的人，在某個時刻開始聽聞或讀到
音樂界正在關注的這位傑出新秀，於是，我們也開始關注
他。友友的聲望也就與日俱增。

然而，即使是透過聲望獲得地位的人，我們也能預
期，他們願意利用支配地位來保持或奪回地位。正如心理

學家丹·麥克亞當斯（Dan McAdams）所說：「人類期望透過蠻力和恐嚇來奪取[31]社會地位，最強、最大、最勇敢的人能凌駕於普通人之上，這是種非常古老、直覺、深植人心的期望。它的年輕競爭對手，也就是『聲望』，永遠無法擠下支配地位在人類大腦中的地位。」

官僚體系的終極危險

　　一旦我們考慮到人類對追求地位這種普遍存在的「古老、極其直覺、深植人心」的動力，以及對失去地位的恐懼，官僚體系就變得更容易理解。事實上，如果一個組織最終**沒有**成為複雜的官僚體系，反而讓人難以理解。當我們這些沉迷於地位的超社會性人，在工作場所日復一日的互動時，官僚體系正是我們應該期望看到的景象。對於任何希望企業營運充滿效率的人來說，過多的官僚體系都是缺陷，但對於希望在組織內獲取地位的超社會性人來說，官僚體系卻是一種特徵。這些人會創造工作，讓自己能參與其中。隨著時間的推移，他們會希望參與更多活動。他們會努力對許多決策發表意見，並在可能的情況下，讓自己擁有否決權。

　　地位階層愈明確，我們就愈會為爭取高地位而戰，官僚體系也就會愈加嚴重。我們會創造出像珍妮佛·尼娃在惠普遇到的，需要二十個人簽名的審核流程，以及如同電

影《賽道狂人》所描繪的權力鬥爭。我們將不斷嘗試獲得
組織地位的象徵：更高的預算和更多的下屬。同時，我們
會告訴自己與其他人，我們所做的一切都是為了企業和獲
利。我們會信以為真，因為我們有非常盡職的新聞祕書。

　　軍中流傳著一個故事，也許是杜撰的，講述人類對更
高地位及地位象徵的追求，會多麼迅速的失去控制。故事
是這樣的：第二次世界大戰結束得比預期更快，數以萬計的
美國士兵被送回軍事基地，等待完成退伍手續。負責內布
拉斯加州林肯空軍基地的上校認為，讓新來的士兵保持忙
碌很重要，因此他召見一名少校，對他說，按照已退役四
星將軍比爾・克里奇[32]（Bill Creech）的說法：

> 「我要你帶著這五十個人，讓他們保持忙碌。閒著的
> 雙手是魔鬼的工廠，他們現在就是坐著無所事事。我
> 不在乎你用什麼方法，只要讓他們忙碌就行。兩週後
> 向我匯報，到時我們應該會收到退伍的指示。」少
> 校迅速有力的行完軍禮後，就去把那五十個人集合
> 起來。但一週後他就回來了。上校說：「我記得我告
> 訴過你兩週後再來。」少校回答：「我需要更多的人
> 手。」

所有這些地位遊戲最終都會促成一個共同的組織結

果：高度官僚化的工作場所，在這個工作場所要完成工作，絕非易事。管理學者露絲妮・惠辛（Ruthanne Huiising）[33] 2010 年曾做過一個研究，調查官僚化如何影響一家企業完成工作的能力。惠辛記錄人們對一張牆壁大小的流程圖的反應，該流程圖顯示受訪者所屬企業的顧客服務流程。結果是一團糟。流程圖顯示，「原本只需一兩次交接就能完成的任務，卻需要三四次……為決策過程精心蒐集的資料被擱置一旁……捨近求遠、溝通協調不力，在圖上都顯而易見。」有位員工在看到這張圖後，生動的描述說：「大家只看到表面……看不到底部，看不到石頭堆在哪裡，看不到樹枝卡在哪裡，也看不到屍體在哪裡腐爛，這些都是造成水流翻騰的原因……他們真的不知道，如果把這些石頭、樹枝和腐屍都清理掉，水流的速度會有多快、多清澈。」該公司執行長也脫口說出：「這真是比我想得還要糟糕。」

　　資深投資人查理・蒙格（Charlie Munger）曾說：「給我看激勵機制[34]，我就會給你結果。」當我們意識到，對超社會性人來說，一些最強烈的激勵措施往往具有社會性時，這句指引就會變得更加有意義。當企業創造獲利的動力，與人類透過官僚體系創造地位的動力發生衝突時，哪一方會獲勝相當明顯。即使當官僚體系變得複雜到會阻礙工作完成，而且只剩下虛有其表的存在時，這種情況也不

會改變。德國陸軍軍官克勞斯・馮・施陶芬堡（Claus von Stauffenberg）因1944年帶頭刺殺希特勒（Adolf Hitler）且差點成功而聞名於世。但他的名字之所以在某些圈子中流傳，也是因為他對人類行為的一個精闢見解。馮・施陶芬堡認為[35]：「任何由四十人以上組成的官僚體系，都可以在沒有投入、也沒有產出的情況下，每週忙碌六天，每天忙碌十個小時。」

如果你覺得這個批評過於苛刻和憤世嫉俗，讓我們看一下2000年代初微軟發生的事情。

Windows、Office、泥沼

微軟的發展歷程，猶如是一家工業時代公司典型發展歷程的壓縮版本。它從誕生到締造令人矚目的成長，再到僵化和日漸邊緣化，所經歷的時間不是一個世紀，而是短短幾十年。

微軟成立於1975年，迅速找到為個人電腦開發作業系統這個「錢」景可期的利基市場。它的第一個熱賣產品是MS-DOS，隨後是Windows。微軟於1986年公開上市，並於1990年推出Microsoft Office辦公室套裝軟體，包括Excel、PowerPoint與Word軟體。

隨著個人電腦在企業、學校和家庭中普及，Windows和

Office的組合受到歡迎，為微軟賺進豐厚獲利。微軟在個人電腦產業占據主導地位，但同時，一些觀察家認為，微軟濫用這個地位進行反競爭行為，以至於美國司法部於1994年對微軟提起反壟斷訴訟。隔年，執行長比爾・蓋茲對另一個重大科技發展寫下自己的看法：全球資訊網的誕生。他寫道[36]：「網路是改變遊戲規則的巨大海嘯。它既是難以置信的機會，也是難以置信的挑戰。」這份「海嘯」備忘錄促使微軟迅速採取行動；1996年，微軟開始在 Windows 95 作業系統中內建自己的 Internet Explorer 網路瀏覽器。*

微軟在這十年的剩餘時間裡，一直在與政府的指控進行法律攻防戰，同時全力擁抱網路，並繼續快速成長。到2000年來臨之際，微軟成為全球最有價值的上市公司，市值接近6,200億美元[37]。但十二年後，它的市值不到這個數字的一半。

微軟的衰退發生得很快。與其他大型科技企業一樣，2000年3月網路泡沫破滅後，微軟股價暴跌。但不幸的是，在接下來的幾年裡，公司也未能恢復元氣。微軟似乎失去創新能力，既無法跟上重塑高科技產業的趨勢，也沒有讓投資人留下深刻印象。微軟在網路、行動裝置和雲端運算科技方面，遠遠落後其他競爭對手。儘管 Windows 和

---

* 注：司法部不贊成微軟這種做法。

Office繼續帶來穩定的營收和獲利，但微軟的其他作為卻鮮少引起市場興趣。年復一年的步履蹣跚，讓微軟成為許多觀察家眼中的鬧劇和投資人眼中的悲劇。自2001年初到2012年底，微軟的股價就像是一具屍體的心電圖一般，毫無波動。在數位產業迎來巨大創新、全球經濟創下有史以來成長最快紀錄的十二年結束時，市場得出的結論是，儘管微軟投入的研發支出遠超過800億美元[38]，但在考慮通貨膨脹之後，公司的價值仍不如千禧年之初。

多虧一些出色的報導，我們才得以對這些年來微軟內部發生的事情有詳細的了解。2012年《浮華世界》（Vanity Fair）雜誌的一篇文章中[39]，記者庫爾特・艾興瓦爾德（Kurt Eichenwald）描繪了微軟所深陷的困境。他發現：「最初由才華洋溢的年輕前瞻領袖所帶領的精簡競爭機器，如今已變得臃腫不堪、充斥官僚作風，公司內部文化無意中獎勵那些扼殺創新想法的管理者，因為這些想法可能威脅公司既有的秩序。」根據他的記載，早在任何外部威脅出現之前，微軟就已經埋下衰落的種子，而且是由公司員工親手埋下的。

微軟內部充斥我們在前一章討論過的那些功能失調問題：過度自信的高階主管聽從內部新聞祕書的意見，而不是用證據來檢驗自己的信念，並因此做出糟糕的決定。例如，2003年，一名參與MSN Messenger即時通訊產品開發

的初級程式設計師注意到，他還在上大學的朋友都在使用一款名為AIM的競爭產品。更重要的是，即使在沒有使用軟體時，他們也會把AIM擺在電腦桌面上顯著的位置。為什麼？因為AIM允許使用者發布簡訊，讓自己的網路好友知道自己的行蹤、正在做什麼或想什麼。

當然，幾年後，由於Facebook、Twitter、Instagram與其他社群媒體加持，這些簡訊發展成為一種新的、全球性的自我表達模式。但早在2003年，這位年輕的微軟程式設計師就清楚意識到，以個人更新和訊息為中心的應用程式將會大受歡迎。正如艾興瓦爾德所說，

開發人員得出的結論是[40]，年輕人不會從AIM切換到不具備簡訊功能的MSN Messenger。他把這個問題告訴自己的老闆（一位中年男子）。老闆認為開發人員的擔憂很愚蠢，年輕人真的會在乎寫幾個字嗎？……「他根本不懂，」開發人員說：「因為他不知道或不相信年輕人如何使用通訊軟體，所以我們沒有採取任何行動。」

在本世紀初的微軟公司，新聞祕書戰勝證據的例子比比皆是，但阻礙微軟發展的不是一系列糟糕的決定，而是長期陷入令人窒息的官僚體系。

　　就像艾興瓦爾德所說，2000年，當微軟股價平穩上漲的自動手扶梯停止運行時，取而代之的是一個馮・施陶芬堡一眼就能看出的情況：

「人們意識到[41]自己不會變得富有，」一位前高層主管表示：「他們變成試圖往上爬的人，而不是試圖為公司做出重大貢獻的人。」
於是，這就揭開微軟官僚化的序幕……。
更多員工尋求管理職位，導致更多的主管，更多的主管導致更多的會議，更多的會議導致更多的備忘錄，更多的繁文縟節導致更少的創新。

　　年復一年，官僚體系日積月累，最明顯和最有害的一個影響就是增加完成任何事情所需的時間與精力。永無止境的追求更高地位，導致混亂的權力分配，阻礙事情進展。

產品經理馬克・特科爾[42]（Marc Turkel）對我說，他在2010年左右監督一個涉及多個小組的計畫。新專案啟動時，一棟將占據一整個街區的十二層樓建築也正破土動工。特科爾的辦公室窗外可以看到建築工地。
為完成專案，特科爾開始與不同的主管談判，然後是

這些主管的上司，接著是上司的上司。「需要打通的
關節多到讓人瞠目結舌，」他說：「如果沒有浪費這
些時間，這件事最多只需要花六週的時間。」

終於有一天，特科爾在主持另一場無休止的會議時，
向窗外望去。隔壁大樓已經完工，但特科爾負責的專
案仍未完成。

「我指著那棟大樓說，『專案開始的時候，那棟大樓
還不存在，』」特科爾告訴我：「這真是令人難以置
信。」

2011年，微軟引進一種名為分級排名（stack ranking）
的績效考核制度，讓情況雪上加霜[43]。這個制度要求管理者
為團隊成員排名，並將排名最低的人標為「低於平均」或
更差。此舉立即的效果是，讓地位競爭變得更加普遍和激
烈。無論員工有多成功或有多高的聲望，都被迫與同事競
爭。分級排名明確創造出人類的啄食順序。排名最高的人
獲得加薪和升遷；末段班的人經常被解雇。由此產生的競
爭雖然不是真的流血，但在其他方面卻與雞舍中看到的鬥
爭無異。更糟的是，這樣的競爭永無止盡，因為每年都要
重新排名兩次。

艾興瓦爾德發現：「我採訪過的每一位現任和前任[44]微
軟員工，無一例外，都把分級排名視為微軟內部最具破壞

性的流程。」分級排名制度導致內訌、馬基維利主義和派系鬥爭，唯一沒有帶來的是更好的業績。微軟前工程師布萊恩‧科迪（Brian Cody）[45]表示：「幾乎在每次（績效）考核中我都被告知，政治遊戲對我的職涯發展至關重要。它總是更加強調『讓我們在政治遊戲上下功夫』，而不是改善我的實際表現。」政治遊戲的特徵不是公平競爭。就像另一位工程師抱怨說：「負責軟體功能的人[46]會公開破壞其他人的努力。我學到最有價值的一件事情就是，表面上要表現得彬彬有禮，同時向同事隱瞞足夠多的資訊，以確保他們不會在排名上超越我。」

　　分級排名制度產生的功能失調不斷增加。每半年一次的排名考核會議經常拖延好幾天，期間各主管會重新整理上面寫著員工姓名的便利貼，彼此威逼利誘的進行交易。有位軟體設計師回憶說：「人們圍繞著考核而不是產品來規劃自己的日常[47]和年度計畫。你真的必須全心投入六個月一次的績效考核，而不是做對企業有利的事情。」員工還必須集中精力確保公司主管都知道自己在做什麼，讓自己在考核中獲得一致好評。就像比爾‧科迪（Bill Cody）說：「每次我要向其他團隊提出問題時[48]，我不會直接去問知道答案的開發人員，而是先聯繫該開發人員的主管，讓他知道我在做什麼。只有這樣其他主管才會注意到你，才能在考核中獲得好評。」

穩定的不滿狀態

有位曾在微軟工作的主管告訴艾興瓦爾德：「我想打造一支團結合作、專心致力於開發出色軟體的團隊[49]。但在微軟你做不到這一點。」這個令人沮喪的結論，凸顯過度官僚體系最大的弊端：逃不過的束縛。這令人消沉，因為你無法超越或繞過官僚體系，相反的，你必須在其中艱難的前行。如果你想花錢，就必須獲得所有核准。如果你想推出產品，你就必須參加所有產品審查會議。如果你希望其他主管給你的員工較高的排名，你就必須與他們談判，諸如此類。

僵化的官僚體系雖然讓大多數成員苦不堪言，但卻穩定持久。這是一種非常違反直覺的情況。大多數人都會認為，穩定的局面，也就是平衡的局面，必須是大多數參與者，或至少是最有權勢的參與者感到滿意的狀態。另一種常識性的觀點是，平衡狀態必須有利於整個群體，即使這會讓一些參與者的處境變得更糟。

但這兩種直覺都是錯的，2020年衛生紙嚴重缺貨就向我們證明了這一點。那年年初，隨著新冠疫情蔓延，全球經濟急凍，民眾紛紛在家中囤積物資。有很多民眾很想確保自己有足夠的衛生紙。畢竟，它是重要的家庭用品，而不會堵塞馬桶或刺激敏感皮膚的替代品很少見。因此，在這個不確定的時期，大家做出理性的決定，在封鎖之初購買比平常更多的衛生紙。

　　問題來了。當我們回到商店，發現因為每個人都購買比平時更多的衛生紙，導致所有衛生紙架空空如也時，我們很多人（包括我自己）都在心裡默念：「我真的不希望家裡的衛生紙用完，所以下次再看到架上有衛生紙，我最好多買一些。」我們也確實這麼做了。

　　有一段時間，我們成為一個瘋狂購買和囤積衛生紙的國家。就連那些不太擔心新冠病毒的人也不得不大肆購買和囤積。為什麼？單純就是因為有太多人在瘋狂搶購，以至於貨架大部分時間都是空的。這意味著，一旦僥倖看到貨架不空時，你就必須大肆購買足夠的東西，以應付你預期接下來貨架長時間空無一物的日子。人們很快意識到，疫情爆發前購買衛生紙的方式，也就是當衛生紙快用完時，再去商店補貨，如今已不再適用。至 2020 年 3 月，商店一開門，民眾就會如洪水般[50]湧向衛生紙專區。

　　大多數人都不喜歡這樣購物，大多數商店也不喜歡這種現象：長時間缺貨會讓顧客不滿意。唯一真正喜歡這種情況的，只有早期出現的衛生紙投機客，他們開著貨車和休旅車從一家超市到另一家超市，買光所有衛生紙，然後在網上高價出售。不過這種投機行為沒有持續多久，因為亞馬遜和其他網站很快就打擊這種行為[51]。

　　儘管如此，衛生紙依舊缺貨。沃爾瑪（Walmart）執行長 4 月在《今日秀》（Today）上[52]呼籲美國人改變新養成的

掃貨囤積習慣。（他們沒有。）11月，沃爾瑪報告指出，在第二波封鎖期間，再次出現「某些地方的衛生紙供應量低於正常水準」[53] 狀況。我們不是沒有學到教訓。我們**確實**學到了。我們學到，如果想在新冠疫情期間確保家中衛生紙無虞，我們就必須掃貨囤積。

對任何人來說，掃貨囤積都不是一件有趣的事，但這仍然是正確的舉動，正確的意義在於，它擊敗其他所有選擇。因此，這是一種穩定的情況，經濟學家把它稱為「納許均衡」。經濟學家和賽局理論先驅約翰‧納許（John Nash）提出解釋這種情況的理論，不涉及任何好壞、喜愛或厭惡的看法。他的邏輯簡潔明瞭，不帶情感：如果賽局中沒有一方可以透過單方面改變策略而受益，就會形成納許均衡。在新冠疫情期間，在購買衛生紙的「賽局」中，很多人選擇掃貨囤積的策略。若改變這個策略，換句話說，試圖以另一種方式購買衛生紙，不會讓購物者受益，反而會讓他們的處境變得更糟。因此，他們不再改變策略，而是堅定的掃貨囤積。

就像疫情期間購買衛生紙一樣，過多的官僚體系也是如此：個人的策略轉向得不到好處。在分級排名時代，關心自己職業生涯的微軟工程師，必須讓很多主管來評鑑自己的工作，才能讓自己在下一輪評估時擁有良好的聲譽。她甚至可能必須拒絕幫助同事，以便讓自己看起來比他們

更出色，尤其是當其他同事也這麼對待她時。她沒有有效的方法可以透過「不受控制或自作主張」來獲取成功，也不可能避開繁瑣的流程、慣例與層層的官僚體系而成長茁壯。她和所有同事都處於納許均衡，即使他們不想這樣。

　　微軟陷入官僚體系和僵化的過程證據充足。對於這樣一家大型企業來說，這種變化的速度可能也異常迅速。但我不認為微軟的故事有什麼特殊之處。相反的，我認為微軟遵循的是標準的工業時代發展軌跡，先是崛起，然後被一種特定的內部勢力接管。這種接管沒有計畫、缺乏協調，也沒有明確的敵意。接管者不是希望組織失敗的人，而是想要獲得更高的地位，成功實現人類終極目標的人。換句話說，這是一種由超社會性人所執行的策略。

釋放組織

　　與許多其他組織一樣，微軟面臨的問題在於，組織內獲得高地位的主要途徑與企業目標日益脫節。造成這種情況的原因不在於外部力量，而是來自企業內部迷戀地位的超社會性人。

　　與許多商業極客一樣，史泰波執行長派翠克・科里森意識到，個人目標與組織目標是多麼容易出現分歧。我問他，如果他在公司附近散步，觀察到什麼樣的行為會讓他

對公司的未來感到悲觀，他回答：「任何人們會歸類為反社會而不是親社會的行為。我認為這兩者之間的比例實際上非常重要。關於『新創企業』，我們可以有一百萬種定義。我認為有些五十人的組織感覺不像新創企業，有些五千人的組織反而像是新創企業。我認為區別在於，人們在多大程度上採取親社會的行動，並真正努力實現組織的既定目標。」

科里森的最後一句話，幾乎一語道盡我們的第二條極客基本規則。回憶一下，極客的終極基本規則是，**形塑群體成員的超社會性，讓群體文化盡快朝預期的方向進化。**正如我們在前一章所看到的，對於科學這一個偉大的極客行為準則來說，具體的基本規則是，**進行基於證據的辯論，以便讓群體做出更好的決策、預測和估計。**對於本章的主題，所有權意識這個偉大的極客行為準則來說，具體的基本規則則是，**減少官僚體系，消弭以不符合企業目標與價值觀的方式獲取地位的機會。**

這是一個與鼓勵溝通合作截然不同的基本規則。極客意識到，這些行為對於我們超社會性人來說是如此自然，因此不需要特別鼓勵。我們聯合起來創建團體，倡導變革（「這表明，我們需要更嚴格管控支出」），然後從中受益（「所有超過1000美元的支出請求，都必須獲得辦公室核准」）。當我們看到另一個團體正在爭取更高的地位時

（「他們剛剛被邀請參加產品審查會議」），我們也會加入（「我們需要參與產品審查」）。我們會以正式和明確的方式（「這是新的組織結構圖，我的盟友在最上面」），以及非正式和隱晦的方式（「下次，你能在推出之前提醒我們嗎？」），做到這一點。如果有一個像分級排名這樣的制度，設定明確的啄食順序，我們會變本加厲。微軟衰落的過程中不缺乏合作；人們在各地互相幫助，打敗這個制度。只是這種合作對企業沒有任何幫助。

這些活動的最終結果是，官僚體系不斷壯大，導致企業目標與它實際活動之間的鴻溝不斷擴大。用巴爾扎克的話說，是在做正確的事與能做正確事的人之間拉起一道帷幕，這道帷幕變得如此沉重，最終拖垮整個組織。

商業極客採取激進的步驟來預防這種崩潰：他們停止大量的協調、協作和溝通。與工業時代晚期的主流策略相比，這兩者之間存在顯著差異。當我在 1990 年代中期開始我的學術生涯時，企業流程再造（business process reengineering）風靡一時。這種績效提升方法的基礎是，定義涵蓋數個職能的關鍵業務流程（例如，客戶下單訂購一百個小產品，這涉及查詢倉庫庫存，讓財務部門查核信用，告知應收帳款部門開立收據等），然後具體詳盡的說明，確保流程順暢運行所需的所有協調工作。企業流程再造與其他強調跨職能流程和明確定義協調與協作的方法，非常受歡

迎。高階主管們很喜歡這樣的想法：擁有一家緊密同步的
企業，像交響樂團一樣運作，每個人都看著同一張樂譜演
奏。1995年，一群執行長在哈佛商學院校園裡的一場座談
中，描述同步業務流程[54]的優點：

全錄（Xerox）執行長保羅・阿萊爾（Paul Allaire）：
「畢竟，如果流程在掌控之中，你就知道組織如何
運作。不必猜測，因為差異很小，並有明確定義的
作業限制。不必進行大量檢查就能獲得高品質的產
出……。
百事可樂北美執行長暨總裁克雷格・魏瑟普（Craig
Weatherup）：我百分之一千同意你的觀點。流程方法
解放束縛。它幫助我們建立可靠性與成功的一致性，
而我們的員工喜歡成功。因此，長期下來，他們已經
完全接受。
史克美占製藥（Smithkline Beecham）執行長揚・萊許
利（Jan Leschly）：「人們很難理解流程可靠、可重
複和受控意味什麼……我們需要花費數年時間，才
能真正讓史克美占所有五萬名員工，都理解流程標準
化和改進的意義。

亞馬遜及其領導人持有完全不同的觀點，並樂於將它

公諸於世。自2010年以來，貝佐斯在致股東信的結尾都寫著「今天仍然是第一天」。2016年的信件開頭解釋[55]這句話的意思：

> 「傑夫，第二天是什麼樣子？」
>
> 這是我在最近一次全體員工會議上被問到的問題。
>
> 幾十年來，我一直在提醒大家，今天仍然是第一天。我在亞馬遜一棟名為「第一天」的大樓工作，當我搬離這棟建築時，我把名字也帶走了。我花了點時間思考這個主題。
>
> 「第二天是停滯，接著是無關緊要，然後是令人痛苦不堪的衰退，隨之而來的是死亡。這就是為什麼它總是第一天。」
>
> 可以肯定的是，這種衰退會以極緩慢的速度發生。成熟企業可能會在第二天繁盛數十年，但最終的結果始終會到來⋯⋯。
>
> 隨著規模擴大與複雜程度的增加，企業往往會開始依賴代理管理。代理管理有許多種形式和規模，既危險又隱蔽，非常符合第二天企業的特徵。
>
> 一個常見的例子是以流程作為替代品。好的流程為你服務，因此你才能為顧客服務，但只要一不小心，流程就可能喧賓奪主。在大型組織中，這種情況很容易

發生。流程成為你想要的結果的替代品。你不再關注結果，只是確保流程正確進行。呃……流程不該是主角。始終值得一問的是：是我們擁有流程，還是流程擁有我們？在第二天企業中，你可能會發現是後者。

那麼，如果流程不是亞馬遜的核心，什麼才是？是所有權意識這項重要的極客行為準則，也就是對一致認同的目標承擔明確且唯一的責任。

亞馬遜強調的「單線領導」，正是這種行為準則的範例之一。正如前亞馬遜員工柯林‧布萊爾（Colin Bryar）和比爾‧卡爾（Bill Carr）在他們談論關於企業文化與實務的書：《亞馬遜逆向工作法》（*Working Backwards*）中所做的解釋，單線領導是「亞馬遜的一項創新……在這種領導方式下，一個人不受相互競爭的責任束縛[56]，而是全權負責一項重大行動，領導一支高度自治的獨立團隊來實現它的目標。」

單線領導源於「兩個披薩團隊」*，這是亞馬遜早期為培養所有權意識文化所做的嘗試（兩個披薩團隊的名稱更響

---

* 編注：為了避免龐大、笨重的組織拖垮團隊，貝佐斯提出一個想法：「兩個披薩團隊」。當加班要訂披薩時，兩個披薩就能餵飽所有團隊成員，貝佐斯認為不論會議、還是工作團隊組成，都不該超過兩個披薩能餵飽的人數。

亮）。這些團隊規模很小（理想情況下，人數不超過兩個大披薩所能養活的人數），負責一個明確的目標，例如在德國銷售更多的鞋子，並享有最大程度的自主權。建立兩個披薩團隊的唯一目標，就是**最大限度減少**與其他亞馬遜人之間的協調和溝通，以及團隊與其他業務單位之間的依賴關係。兩個披薩團隊不是從重要的業務工作需要大量的協調、參與以及許多團體的支持這樣的假設出發，而是基於一個相反的假設：工作愈重要，就愈應該減少它的依賴性，負責這項工作的團隊就愈應該全權負責，完全自主。

科技分析師班奈迪克‧伊凡斯（Benedict Evans）描述亞馬遜的小型自主團隊，如何讓官僚體系無處扎根：

亞馬遜是由數百個[57]分散、孤立的小型團隊組成，這些團隊建立在標準化的共有內部系統之上。如果亞馬遜決定在德國生產（譬如說）鞋子，它就會雇用六名背景各不相同的人，也許其中沒人與鞋子或電子商務有任何關係，但公司會為他們提供這些平台，他們能看到其他所有內部團隊的指標，當然，其他人（包括傑夫）也能看到他們的指標……。

小團隊的明顯優勢是可以在團隊內快速行動，而它們的結構優勢可以成倍增加，至少在亞馬遜（理論上也是如此）。你可以在不增加新內部結構或直屬部屬的

情況下,增加新的產品線,也可以在沒有會議、或沒有規畫專案流程的情況下,在物流和電商平台上加入新產品線。(理論上)你不需要飛到西雅圖安排一堆會議,讓人們為在義大利推出的化妝品提供支援,也不需要說服任何人在他們的流程上添加一些東西。

換句話說,這樣的領導方式就不會為員工創造出追求地位的機會,因為這樣的追求可能與企業目標背道而馳。

隨著兩個披薩團隊在亞馬遜內部推廣,亞馬遜發現,那些在早期就努力減少依賴組織其他部門的團隊,長期下來最為成功。當一些團隊的規模顯然需要超過兩個披薩的限制時,「單線領導」一詞就變得很常見,但核心概念依然沒變:團隊內部有強烈的自主權意識,而且不同團隊之間幾乎沒有溝通、協調或相互依賴。在亞馬遜,工業時代企業鍾愛的依賴關係,逐漸與商業界中最令人憎惡的詞彙之一(官僚體系)連結在一起。正如布萊爾和卡爾在《亞馬遜逆向工作法》中寫道:「我們發現,把這種跨職能專案[58]視為某種稅收很有幫助。」

極客對協調的反感似乎很極端,他們甚至不希望團隊之間彼此交流,或者與企業高層交談。他們認為跨團隊溝通可能有害,因為這往往會演變為檯面下的官僚體系。在永無止盡追求地位的過程中,我們這些超社會性人會在工

作中投入更多討論，期望被諮詢、被告知，希望在新想法
和專案「交流」時被包含在內，也希望在其中留下自己的
印記。

　　商業極客真的不喜歡這種交流活動。因此，雖然不鼓
勵團隊之間保守祕密或不合作，但也不鼓勵協調工作或尋
求核准。塞巴斯蒂安・特龍（Sebastian Thrun）集頂尖電腦
科學極客、高階主管與創業家於一身，對於商業極客的作
法，他提供我一個與追求地位有關的解釋：

> 你提出一個好主意，在管理鏈上進行溝通，這時每個
> 主管都想要改變它，因為他們希望把發想創意的功勞
> 攬在身上。在你還沒有回過神之前，原本在基層非常
> 簡單的事情，到了高層就變得非常複雜，等到這個好
> 主意再次回到原創者手中時，他們經常得面臨原本根
> 本不存在的複雜性，而這一切只是因為主管想要證明
> 自己存在的意義。

　　貝佐斯對此深表同意。柯林・布萊爾回憶說：「我在亞
馬遜任職期間，曾多次聽到貝佐斯說，如果我們希望亞馬
遜成為建設者的樂土，我們就需要消除溝通，而不是鼓勵
溝通[59]。」

如何領導蜂群

偉大的所有權意識行為準則提供高度的自主權，但明顯存在兩大弱點。第一，它可能被濫用。有心人可以利用無需事先核准和其他檢查的機會進行詐欺、貪汙，或以其他方式中飽私囊。第二個潛在弱點是混亂。無法保證一群孤立的團隊會以推進企業目標的方式共同行動。事實上，幾乎可以肯定它們不會這樣做。就像馬克斯・韋伯提醒我們的，幾乎任何組織都需要一定程度的官僚體系以實現其目標。所以，厭惡官僚體系的極客該如何才能確保他們的團隊朝正確的方向前進？這確實是兩大嚴峻挑戰。我們先來看看詐欺。

如果有足夠多的人能不經事先核准就自由採取行動，幾乎肯定會出現一些不良行為。例如，在Netflix，員工對搭乘商務艙旅行的喜愛超出公司的想像。一名員工在被發現並解雇之前，甚至已經享受價值十萬美元的豪華假期。商業極客主要以兩種武器來反擊這些行為。第一是對預期行為的持續提醒。這些提醒是建立和維護行為準則的重要組成部分，尤其當這些提醒來自有聲望的領導者時。例如，Netflix的一名主管抽查發現，員工以公費報銷與工作無關的餐費，隨即便解雇該名員工。正如艾琳・梅爾所寫：「在下一次季度業務考核領導會議上[60]，Netflix當時的人才長站在台上，向三百五十名與會者講述這個故事，詳細描述員工的濫權行為，但未點名（員工）姓名或部門。

她要與會者與自己的團隊分享這個情況，讓每個人都了解濫用制度的嚴重性……如果沒有這種程度的透明度，就無法擺脫費用審核。」在第七章中，我們將更深入探討如何制定與維護行為準則。行為準則需要持續不斷的努力維護，高層和有聲望人士的言行對此舉足輕重。

　　極客對付不良行為的第二大武器，是我們之前已經見識過的：證據。極客們對蒐集證據的狂熱在此派上用場，原因很簡單，如果人們知道自己的不良行為可能被發現，他們就不太可能做出不良行為。例如，收銀機不可能阻止收銀員偷錢；每次打開收銀機時，鈔票和硬幣就在那裡。收銀機之所以可以減少偷竊行為，不是因為它讓偷竊無法發生，而是因為它讓偷竊行為更容易在事後被發現。收銀機保留收銀員輪班期間的銷售紀錄。如果輪班開始時的收銀機現金加上總銷售額，不等於輪班結束時的收銀機現金，就會進行調查。*收銀員意識到這一點後，他們偷竊的可能性就會降低，以至於收銀機很快就被稱為「廉潔收銀機」。Netflix 和許多企業現在例行進行的自動差旅和費用審計是一種現代技術，作用與收銀機相同；這些措施提高可觀察

---

*　注：在第一台收銀機問世後，一些別出心裁的收銀員為了規避收銀機的紀錄功能，乾脆不使用收銀機，而是將收到的顧客現金擺到自己的口袋。收銀機製造商為解決這個問題，在收銀機上安裝現在大家都很熟悉的鈴鐺聲，每次結帳都會發出鈴鐺聲響。如果顧客帶著購買商品離開結帳櫃檯之前，鈴聲沒有響起，店主就會知道有問題。

性與監控性，進而減少不良行為。

那麼，關於第二大弱點：混亂呢？自主的團隊在很多方面聽起來都很棒，但如何才能確保團隊的工作與公司的策略和目標保持一致？企業經過重新設計和嚴密協調，只做領導人想要的事情，這是一個非常清晰誘人的願景。然而，怎麼樣指望一群不協調的團隊做同樣的事情，卻不是那麼清楚。

為了確保自主團隊與企業總體目標協調一致，極客企業依賴強大但受到嚴格約束的官僚體系。官僚體系的職責是，監督企業將高層願景和策略，順利轉化為團隊層級目標和相關指標，也就是我們在上一章所看到的OKR。這個協調過程具體說明每個團隊的目標是什麼，以及該如何衡量目標，但沒有告訴團隊達成指標與實現目標的最佳方法是什麼，或團隊應該與誰合作。這要由團隊自己決定。

例如，雲端軟體企業Salesforce主要圍繞著名為V2MOM（即願景、價值觀、方法、障礙與措施的縮寫）的管理流程[61]來協調官僚體系。這個管理流程的誕生源自於公司創辦人馬克・貝尼奧夫（Marc Benioff）在前一份工作中所遇到的挫折。正如他在《我如何在雲端創業》（*Behind the Cloud*）書中所說，

我在甲骨文工作時，我一直為公司在草創階段時沒

有書面營運計畫或正式的溝通流程所苦……我渴望……能明確定義我們的願景以及我們想要實現的目標。當我開始管理自己的部門時，我缺乏工具向下屬說明我們的願景，也沒有一個簡單的溝通流程。隨著我的團隊不斷擴增，問題也愈來愈多。

1999年，Salesforce剛起步，貝尼奧夫迅速制定第一版書面計畫，向公司上下提出清晰的願景。他拿起一個信封，在背面寫下願景、價值觀、方法、障礙以及措施這五個詞，並在每個詞的下方寫上重點。公司的聯合創辦人帕克・哈里斯（Parker Harris）保留著這個信封，在2004年6月Salesforce上市的前一天晚上，把信封送給貝尼奧夫。[62]

自那時候起，就像貝尼奧夫所述，

我們已將V2MOM的範圍[63]擴大到整個企業的個人和團隊：每年，每個部門和每位員工都要起草自己的V2MOM。因此，這個實戰演練……做法已從上到下貫穿整個組織。

為了提高透明度，我們把每一個V2MOM都張貼在公司的社群網路上……。

任何人都可以查看任何員工的V2MOM，了解每個人計劃如何為企業的未來做出貢獻。我們甚至開發一款

應用程式，讓每位員工都能追蹤自己V2MOM中每個項目的進度。

Salesforce的年度V2MOM流程從貝尼奧夫的文件開始，這份文件為整個企業確立目標和指標，然後向下層層傳遞到整個組織。V2MOM並非一成不變，而是會根據不斷變化的情況隨時更新。在Salesforce工作的朋友告訴我，這些真的是十分重要且廣泛使用的文件。例如，在與某人會面前，一般的做法是先查看對方的V2MOM，如此就能清楚掌握對方的關注事項。

極客企業有各式各樣的OKR和V2MOM，但它們都支持一種基本相同的方法來完成工作，同時避免僵化：給予團隊極大自主權，透過協調流程建立目標並監控實現目標的進度，然後放手讓團隊高度自主的工作。協調流程不是一件快速或容易的事，但許多商業極客認為值得為此付出努力。例如，貝尼奧夫表示：「Salesforce.com最大的祕密[64]就是，我們如何在快速發展的同時，達到高水準的組織協調和溝通……都是因為有V2MOM流程。」

另一方面，許多工業時代的企業似乎無法讓員工的方向與組織的目標和策略保持一致。2001年，管理學者羅伯特・卡普蘭（Robert Kaplan）和大衛・諾頓（David Norton）發現：「如今只有7%的員工[65]完全了解企業的商業策略，

以及企業期許自己在幫助企業實現目標中，發揮什麼樣的作用。」進入二十一世紀後，情況沒有多大改善。蓋洛普（Gallup）2015年的《美國經理人現狀》（*State of the American Manager*）[66] 報告發現：「只有12％的員工強烈同意，自己的主管幫助自己設定工作優先順序，只有13％的員工強烈同意，自己的主管幫助自己設定績效目標。」整體來說，蓋洛普的調查結果顯示，只有大約一半的受訪員工清楚知道企業對自己的工作期望。

　　企業如果能建立所有權意識行為準則，賦予員工和團隊高度自主權，同時保持整個組織的協調一致，就能取得令人印象深刻的成就。這些企業可以扭轉劣勢，把胡亂分配導致進度受阻的權力，轉變成合理分配以完成事情的權力。它們可以同時用敏捷、創新和執行力，取代官僚體系和否決政治。

　　在這裡有一點很重要，那就是商業極客強烈相信團隊可以有完整的所有權，但他們不相信市場機會可以獨占。

　　詹姆斯・曼宜卡（James Manyika）是麥肯錫顧問公司資深顧問暨研究員，並於2022年成為Google第一位負責科技與社會事務的高級副總裁，他向我強調這一點。曼宜卡曾是麥肯錫全球研究所（McKinsey Global Institute）董事長，該研究所是麥肯錫的內部智庫。2018年，麥肯錫全球研究所發布一份關於全球明星企業的研究報告，許多企業

總部就位於我們的北加州圈內。研究發現，正如曼宜卡所說，超級明星企業最突出的一點是，

> 他們不會試著優化一切。他們可以接受一點彈性和一些多餘的工作。例如，他們會同時嘗試好幾種不同的方法。他們可能會說：「我們要同時進行十種實驗，當然，其中或許只會有一種成功，不過沒關係。我們正在追求巨大的機會，而這十個團隊都在用不同的方式展開他們的工作。」你會發現，那些我稱之為舊世界的企業主管會說：「這樣做太浪費了。你怎麼會讓十個團隊用十種不同的方法追求同一個目標呢？這樣太浪費錢了。」超級明星企業的回答是：「這十個團隊都值得花錢，因為市場規模這麼大，誰知道能打開市場的創新方法會來自哪裡？」

所有權這一個偉大的極客行為準則往往與傳統的企業效率觀念相衝突。極客傾向於分配工作，而不是將重要的工作責任集中起來，因為分配工作有利於找到市場突破口。只要不對不在「勝利」團隊的人施加懲罰，這樣的方式就行得通。換句話說，要讓分散式所有權成功，就必須允許定期的失敗。在第七章，我們將了解商業極客如何放棄一昧追求成功，而願意接受一點失敗。

在上一章中，我們看到科學這項偉大的極客行為準則的作用，不是試圖擺脫超社會性人的過度自信，而是透過引導使它發揮作用。科學讓我們成為自負的證據製造者，然後讓我們的證據接受群體的審查和辯論，這個過程極有效的消除偏見和揭示真相。類似情況也發生在所有權意識這個偉大的極客行為準則中。所有權意識沒有試圖擺脫超社會性人與生俱來追求地位的傾向，而是把我們對地位的追求，引導成能讓顧客或投資人滿意的活動，而且透過消除其他活動來實現這一點。如果沒有龐大的官僚機器，就不可能透過操作它來獲得成功。在一個希望盡可能減少各種小圈圈的企業中，想方設法擠進更多的小圈圈、對更多請求或決策擁有否決權或核准權、控制其他人所需的資源（如工程人才或資料庫）、參加會議以交流新行動，都不是明智的策略。

更好的策略是實現你的目標，並實現關鍵指標。在具有強烈所有權意識行為準則的文化中，做到這些事情會為你在工作環境中贏得聲望和地位。因為這種環境對我們超社會性人來說非常重要（別忘了，很多人在公司度過的時間與睡眠的時間一樣多），我們對工作地位有著非常強烈的渴望。極客企業藉由剪除妨礙實現這些目標的各種地位，讓這股動力與組織目標協調一致。

這既是非常巧妙也是相當困難的手段。要在大多數企

業實施所有權意識行為準則，就必須面對龐大的技術和組織障礙。讓我們從技術障礙開始，看看商業極客是怎麼樣對付這兩種障礙。

新機器的靈魂

亞馬遜並非一直都擁有所有權意識和自主權文化。事實上，在亞馬遜成立初期，它就發現自己正走向貝佐斯後來警告的那種流程繁瑣的第二天企業。亞馬遜自1994年成立以來，迅速發展壯大，形成一套複雜且無處不在的官僚體系。所有亞馬遜人都知道、也不喜歡這套官僚體系，但它似乎不可或缺，因為它協調企業的創新工作。

官僚體系的存在是為了管理「新提案行動」（NPI）流程，這項流程全都與跨職能依賴有關。每年四次，任何有新專案構想的團隊，都會把這些構想寫成一份簡短的提案，具體說明團隊需要企業其他部門提供什麼支援。如果提案通過兩次初審，就會提交給新提案行動的最終決策者。然後，提案團隊就等著收信，收到的信有三種可能：[67]

信件1：恭喜，您的專案已獲得核准！負責協助您完成此專案的其他團隊也已準備就緒。

信件 2：壞消息，您的專案沒有被選中，不過好消息
是，所有已核准的新提案行動專案都不需要您的團隊
參與。

信件 3：您原本可能指望這些專案能實現您的團隊目
標，但很遺憾，您的專案均未獲得核准。然而，有其
他團隊已被核准的新提案行動專案需要您提供資源。
您必須優先為這些專案提供充足的人手，之後才能為
您的任何其他內部專案配置人員。祝您好運。

　　第二封信揭露官僚體系的深刻真相：當它們不打擾你
時，這其實是個好消息。第三封信則凸顯一個殘酷事實：官
僚體系往往不會放過你，它們可以什麼都不付出，卻要求
很多回報。由於新提案行動的存在，亞馬遜人可能會定期
收到不受歡迎的消息：因為必須對別人的專案做出貢獻，
他們變得不太可能實現自己的目標。布萊爾指出：「新提案
行動流程不受歡迎[68]。如果你向任何經歷過新提案行動的亞
馬遜人提及新提案行動，你可能會得到一個苦笑，也許還
會聽到一、兩個恐怖故事……（它）打擊士氣。」

　　新提案行動流程和隨之而來的官僚體系，被認為對公
司至關重要，但對大多數參與其中的人來說卻很痛苦。這
是鼓勵不良行為的強大組合。我可以想像，圍繞新提案行

動的地位遊戲和組織內鬥有多麼激烈。

　　新提案行動流程的功能失調和令人失望的情況，導致亞馬遜產生一百八十度的轉變，從嘗試定義和管理依賴關係，轉為設法徹底消除依賴關係。這是一種文化轉變，從管理層擁有大量控制的文化，轉變成管理層鼓勵高度所有權意識的文化。它催生兩個披薩團隊、單線領導與許多其他組織創新。但在這種轉變真正開始之前，亞馬遜需要用前所未有的方式，重新編寫幾乎所有軟體。

　　根據技術主管維爾納・沃格爾斯（Werner Vogels）的描述，至本世紀初，支援亞馬遜網站和營運的程式碼已經得依靠「膠帶和WD-40[69]工程」黏在一起才沒有散掉。在2001年前的短短五年間，亞馬遜的規模成長超過二十倍，資料庫和應用程式卻難以跟上發展的腳步，負責管理維護它們的開發人員和工程師也是如此。

　　亞馬遜的資訊科技亟需升級，這將是一個十分棘手的巨大專案。畢竟，在更換類似大腦和神經系統的東西時，企業仍需要繼續營運。但貝佐斯想要做的不只是讓公司資訊系統現代化，他還想讓系統像當時設想的兩個披薩團隊一樣，可以分離和模組化。

　　如果沒有這種模組化，業務創新團隊在需要進行任何程式碼或資料庫更改時，都必須請求IT部門支援。這代表團隊要提交請求，而IT部門要排定這些請求的優先順序。

換句話說，這意味著重新創造某種版本的「新提案行動」官僚體系。無論新系統最初設計為何，如果以人性和過往的組織歷史作為指引，長此以往，它只會變得更加複雜和僵化。

於是，貝佐斯開始進行與眾不同的事情。根據前亞馬遜工程師史帝夫・耶格（Steve Yegge）的說法，這位執行長「讓一般的控制狂看起來都像是喝醉酒的嬉皮[70]」，貝佐斯指示公司，建立一個能夠將控制權下放給企業內各個團隊的軟體架構，讓各個團隊不必向任何人請求許可或支援（也不會讓整家公司瓦解），就能自由的存取資料和軟體。耶格寫道，這個「令人瞠目結舌[71]、非比尋常的指示，讓貝佐斯先前的所有指示都顯得微不足道」。

雖然花了幾年時間，但亞馬遜終究實現這個目標。它重建自己的系統，實現超高模組化（用技術術語來說，它採用服務導向的架構）。團隊能自行使用與組合這些模組，而無需向任何人請求存取權限或許可。亞馬遜從這個工作中獲得巨大知識，開發出很多創新，更因此推出一個新業務：亞馬遜網路服務（Amazon Web Services），專門向其他企業出售模組化技術基礎設施（進而幫忙創建雲端運算產業）。亞馬遜也永久關閉新提案行動官僚體系，取而代之的是讓團隊活動與公司目標協調一致的流程。亞馬遜最終確定兩個年度協調流程，稱為OP1和OP2。它們很詳盡，但

又非常狹隘：兩者的目標僅是為各團隊設定OKR，而不是告訴團隊該怎麼工作或需要與誰互動。對此，維爾納・沃格爾斯（最終成為亞馬遜技術長）說：「（新的、模組化的）亞馬遜開發環境[72]，要求工程師和系統設計師成為非常獨立的創意思考者……你需要有強烈的所有權意識。」

微軟如何刷新未來

　　前面我們看到微軟如何陷入過度官僚主義。現在，讓我們以充滿希望的方式結束本章，看看微軟如何在薩帝亞・納德拉（Satya Nadella）的領導下如何走出僵化。

　　2014年2月，納德拉出任微軟第三任執行長時，微軟正處於奄奄一息的狀態。微軟的主要產品線，個人電腦作業系統和生產力應用程式的重要性逐漸衰退，而在網路應用、行動裝置與雲端運算等熱門領域則遠遠落後。微軟的員工對此一清二楚，心情十分低落。納德拉在他2017年出版的《刷新未來》（Hit Refresh）中寫道：

　　我們的年度員工調查[73]顯示，大多數員工認為我們的方向不對，並質疑我們的創新能力。（焦點小組訪談顯示大家）都很疲憊。他們很挫折。儘管他們有宏大的計畫和絕佳的想法，但他們厭倦失敗和落後。他們

> 懷抱遠大夢想來到微軟，但感覺自己每天似乎只是忙
> 於應對高層、執行令人精疲力竭的流程、在會議上爭
> 吵。他們相信，只有局外人才能撥亂反正。傳聞中有
> 可能接任執行長的內部候選人名單上，沒有一個名字
> 能引起他們的共鳴，包括我的名字

納德拉在他的首次演講中告訴同事，微軟需要重新找回自己的靈魂。在當天早上發送給全體員工的電子郵件中，納德拉寫道：「我們每個人都需要……領導與幫忙推動文化變革……在工作中找到意義[74]。」對於受命力挽狂瀾的新任企業領導人來說，這些話看起來沒什麼特別之處，相當中規中矩。但微軟在納德拉領導下的表現卻絕非中規中矩。在他接任執行長後的八年半時間裡，微軟市值增加6.5倍以上，年成長率超過25％。相較於此，納德拉上任之前的八年半裡，公司市值每年成長不到2％。

納德拉領導下的微軟採取多項明智的策略行動，包括大力投資行動和雲端運算、擁抱開源軟體、終止對諾基亞的災難性收購，以及為非Windows平台開發軟體。但請切記，「企業文化會把策略當早餐吃掉」。如果納德拉不能成功的讓自家企業擺脫本章前面描述的官僚體系、僵化和內訌，新策略就沒有成功的機會。它們會被扼殺，就如同微軟在停滯不前的漫長歲月裡的許多好主意一樣。

那麼，納德拉究竟**做**什麼來重振微軟？他擁抱四大極客行為準則：科學、所有權意識、速度和開放，讓微軟回歸初衷。在關注轉向所有權意識之前，讓我們先簡單了解其他三個準則。

我們在上一章看到，證據和衡量是科學的核心，極客企業經常透過可量化的OKR來追蹤自己的進展。納德拉告訴我：「我們也幾乎把整個微軟轉為使用OKR系統。我之所以認同OKR系統，是因為擁有能讓大家達成共識的目標是非常有益的事。我認為，擁有能夠讓你自上而下、由下而上、不斷校準的整體管理系統非常重要。」

科學行為準則不只是蒐集證據，也包括對證據進行辯論。在《刷新未來》中，納德拉在談到微軟的最高階領導團隊（SLT）（公司最高階的一小群主管）時寫道：「辯論和爭辯不可或缺[75]。改進彼此的想法至關重要。我希望大家暢所欲言，例如：『哦，這是我所做的市場區隔研究』、『這是與那個構想矛盾的定價方法』。」

在下一章討論速度這個偉大的極客行為準則時，我們將目睹，使用「敏捷」方法開發軟體和進行各種大型專案，不只能提高品質，還能減少延遲與令人不快的意外，效果十分驚人，納德拉在職業生涯早期負責微軟搜尋引擎Bing時，就親眼見證過這一點。他寫道：「我發現關鍵是敏捷、敏捷、敏捷[76]。我們需要發展速度、靈活度和組織的技

術能力，才能獲得正確的消費者體驗，不是一次，而是每天。我們需要設定並反覆實現短期目標，以更現代、更快的節奏發布軟體。」他向我強調：「迭代的速度很重要。因此，在任何專案審查當中，我們必須要做的一項基本工作就是不只關注輸入和輸出，還要關注輸入到輸出的迭代速度。」

正如我們將在第七章中所見，第四個極客行為準則：開放，基本上是自我防衛的對立面。自我防衛的思維和行為往往源自於零和遊戲的觀念，認為一方獲利必然伴隨著另一方的損失，也就是說，把你的勝利視為我的失敗。納德拉告訴我，當他接手微軟時，「為了成為贏家，我必須非常清楚的指出誰是輸家」的觀念在公司中非常普遍。納德拉在《刷新未來》中描述：「我們的文化一直很僵固[77]。每個員工都必須向所有人證明自己無所不知，而且比房間裡的其他人更聰明。負責任（按時交付並達到目標）勝過一切。」負責任的實現目標固然很重要，但當它的重要性「壓倒一切」時，人們就會採取防禦態度，並從零和的角度思考自己的工作環境。

自我防衛具有腐蝕性。它侵蝕團隊創新、承擔風險與良好合作的能力。當納德拉邀請心理學家麥可‧傑維斯（Michael Gervais）參加最高階領導團隊例會時，他發現，即使是微軟最高層的人員也變得異常戒備。傑維斯一開場

就詢問在座的人是否希望獲得「非凡的個人體驗」[78]。當然，每個人都說是。傑維斯隨後要求一名自願者站起來，但等了很久都沒有人站起來，直到財務長艾米・胡德（Amy Hood）勇敢的起身。納德拉回憶說：「傑維斯博士很好奇[79]：為什麼沒有人跳出來呢？這不是一個高績效團隊嗎？大家剛才不是都說自己想做一些非凡的事情嗎？……答案很明顯，卻又難以言喻。害怕被嘲笑、害怕失敗、害怕看起來不像房間裡最聰明的人……我們已經習慣聽到其他人說『這是個愚蠢的問題』。」

傑維斯有一個簡單但高明的技巧，可以打破這種深層的自我防衛：就是讓人們開始談論自己，也就是我們所說的，**敞開心扉**。納德拉寫道，在會議中：

我們分享個人的熱情和理念[80]。我們被要求反思自己在家庭生活和工作中的身分。我們如何把工作角色與生活中的角色連結在一起？人們談論靈性、他們的天主教根源、他們對儒家教義的研究，他們分享身為父母的為難處，以及他們致力於製造人們喜愛用於工作和娛樂的產品。聽著聽著，我突然意識到，這是我在微軟工作這麼多年來第一次聽到同事談論自己，而不是談論業務問題。我環顧四周，甚至看到一些人眼眶含淚。

需要清楚說明的是，開放的目的不是要把每次會議都變成治療會議，而是要讓人們了解自己未必一直掌控一切或處於勝利的局面，也讓人們知道，自己並非總是得塑造一個絕對正確和無敵的形象。納德拉描述的最高階領導團隊會議對於微軟的轉型非常重要，因為它至少讓公司的高層領導人開始考慮減少自我防衛行為。這種做法很有可能會擴散開來，因為它源自企業中最受敬重的高層人士。就像我們在本章前面所看到的，我們超社會性人有意、無意的關注聲望。如果我們周圍最有聲望的人開始採取不同的行為，我們很可能會模仿這種新行為，即使我們未必意識到自己正在這樣做。有些變化，像是更加開放或更加防衛，確實是從組織高層開始：來自組織中最有聲望的人。

本章講述的是所有權意識這個偉大的極客行為準則，以及隨之而來的協調工作。納德拉描述的最高階領導團隊會議，不只開始消除微軟內部普遍存在的自我防衛心態，並藉由提醒團隊「他們致力於製造民眾喜愛用於工作和娛樂的產品」來增加團隊的協調性。換句話說，它讓微軟的高層領導人將自己視為同一個部落的成員。

這很重要，因為我們超社會性人是部落性極強的物種。我們必須成為團隊的一部分，因為當我們是一個個體時，我們顯得非常無助。正如我們在第三章所看到的，我們在進化史的大部分時間裡，都需要成為一個群體的一部

分，這樣才能活下去，並學習生存所需的基礎技術。因此，我們天生傾向於與群體產生連結，接受它的世界觀、價值觀、行為準則等等，並努力成為信譽良好的成員。

但人類部落主義的直接含意不只有「我們」，還總是有「他們」。*我們天生傾向於把世界分為內部群體與外部群體，這種傾向根深蒂固，而且非常容易被觸動。就像羅伯特·泰弗士所說：

> 這種內外團體分隔的形成過程，可悲的簡單[82]。你不需要煽動遜尼派或天主教的基本教義情感，就能讓人們產生正確的感覺；只需要讓一些人穿藍色襯衫，另一些人穿紅色襯衫，半小時內，你就能根據襯衫顏色誘發內部群體和外部群體的感覺。

當納德拉成為執行長時，微軟的情況就證明泰弗士的

---

* 注：心理學家勒達·科斯米德斯（Leda Cosmides）和人類學家約翰·托比（John Tooby）強調，人類部落主義不容否認的後果是，我們有發動戰爭的傾向。他們以一段抒情且充滿力量的文字解釋說：「戰爭比人類還要古老[81]，它存在於世界的每個角落，涵蓋所有人類分支。戰爭貫穿人類歷史，緊密交織成因果的壁毯。它的足跡遍及各個時代，不分先後。沒有證據表明它起源於一個地方，然後透過接觸蔓延至其他地方。戰爭反映在人類社會生活的最基本特徵中。在編寫土著歷史時，作者總是認為戰爭幾乎與所有其他類型的事件都不同，非常值得記錄。人類文學的基石，《伊利亞德》（*Iliad*）、《薄伽梵歌》（*Bhagavad Gita*）、《塔納赫》（*Tanakh*）、《古蘭經》（*Quran*）、《平家物語》（*Tale of the Heike*），無論是口頭還是書面，神聖還是世俗，都反映戰爭是普遍存在的社會特徵。」

觀點有多麼正確。公司內派系林立，各群體之間明爭暗鬥，爭奪資源、人員、升遷、產品或客群的「所有權」以及其他任何值得爭奪的事物。整個2010年代，微軟內部持續不斷的衝突成為公司發展的巨大阻礙。納德拉知道，自己必須盡快解決這個問題，讓公司成為單一的部落，也就是他所說的：「一個微軟。」

邁向「一個微軟」的重要行動之一，是消除現有的獲利中心（Windows作業系統、Office辦公室軟體等），改以單一的公司損益表取而代之。這樣A產品小組就不會把B產品小組的快速成長視為迫在眉睫的威脅，需要加以打壓甚至破壞。納德拉向我解釋：「我們成為一個功能性組織，除了微軟整體的損益表之外，沒有其他任何損益表。我們為每個人設定成本目標，這讓組織不受約束，迎向未來。我們基本上是把損益風險轉移到公司層級。」

納德拉為協調組織一致性所採取的第二個重大行動是，取消各個群體對程式碼、資料和資料中心等重要資產的所有權。正如我們先前的討論，這類資產的所有者往往會利用自己的守門人身分，來提高自己的地位。作為授予存取權限的交換，守門人會要求被諮詢或「加入小圈圈」等等。納德拉致力於消除這種守門人做法：

在微軟內部，沒有人可以獨占程式碼或資料。因此，

從某種意義上來說，我們擁有一個任何人都可以使用的企業資源，不過顯然要遵守相關規章制度。儘管如此，任何團隊都可以站起來說：「嘿，我有一個想法。我要建立類似GitHub Copilot（基於人類自然語言指令產生電腦程式碼的人工智慧工具）的大型人工智慧模式。我想要所有的程式碼和所有資料。沒問題，你絕對可以得到你想要的一切，因為沒有任何團隊可以獨占這些資料。」

在《刷新未來》一書中，納德拉描述自己出任執行長之前的一個關鍵時刻：

消息宣布前兩天，在一場緊張的準備會議中[83]，（納德拉的幕僚長）吉兒‧崔西‧尼可斯（Jill Tracie Nichols）與我就如何鼓勵這群意志消沉的員工展開激烈辯論。在某些方面，我對員工這種缺乏責任感和相互指責的態度感到惱火。吉兒打斷我的話說：「你搞錯了，他們其實渴望有所作為，但事情總是阻礙他們。」

納德拉看到，真正的組織變革障礙在於人們所面臨的障礙，而不是人們本身，這成為納德拉世界觀的核心。

2022年，我請教納德拉一個問題，這問題與經常聽到的與組織變革相關的挫折感有關：執行長和一線員工想要變革，但中階管理層卻不想，於是他們緊緊抓住現狀不放，阻撓擺脫現狀的嘗試。納德拉的答案讓我印象深刻，不只反映出他作為領導人的特質，也說明他為什麼能如此成功。納德拉首先強調，幾乎與所有執行長一樣，他也曾是一名中階管理層：

> 人們常說「凍結的中階管理層」。我反對這種描述，因為我職業生涯的大部分時間都處於中階的位置。我認為中階管理層的工作最困難，因為你得同時承受來自上層和下層的壓力。所有的限制都由中層來管理。因此，我想說的是，高階主管絕不應該為了自己的利益而犧牲中階管理層，因為沒有他們，就沒有公司……大多數時候，中階管理層不是不想做正確的事，而是因為他們的限制太多。作為最高領導人，如果你交付團隊五件事，還要求都要視為首要任務，你形同失職，因為你只是在壓榨員工。難怪他們一看到變革就會說，我還是躲起來吧。對我來說，最重要的管理技巧之一，不是看到凍結的中階管理層，而是真正賦予中階管理層權力，讓他們能夠幫助組織前進。

　　納德拉意識到，與官僚體系和僵化現象的鬥爭，不是
與某些壞蛋的鬥爭，而是與配置不當的環境的鬥爭，這種
環境讓我們這些超社會性人，以與組織目標不完全一致的
方式獲得地位。像納德拉這樣的極客領袖，努力創造截然
不同的環境。要做到這一點，就必須屏棄許多已被視為理
所當然的工業時代觀念，例如溝通、合作和跨職能協調的
重要性，轉而努力建立自主、協調一致的組織，讓員工擺
脫束縛，擁有自主權意識。

摘要

儘管官僚體系讓人挫折並損害績效，但企業就是會自然演變得過度官僚。這是種不受歡迎的納許均衡。

終極的解釋是，密集的官僚體系是我們這些迷戀地位的超社會性人追求地位的結果。我們創造工作，讓自己能參與其中。我們努力爭取讓自己在許多決策上被徵求意見，並在可能的情況下，讓自己擁有否決權。對於希望企業營運充滿效率的人來說，過多的官僚體系是種缺陷，但對於在組織中尋求機會獲取地位的超社會性人來說，這卻是一種特徵。

為對抗官僚體系與僵化，商業極客採取激進的步驟：停止大量的協調、協作和溝通。取而代之的是建立**所有權意識**行為準則，也就是對商定目標建立起明確且唯一的責任。

極客對協調的反感看似過於極端，他們甚至經常不希望團隊之間彼此交流或與企業高層交談。他們認為跨團隊溝通可能有害，因為這往往會演變為檯面下的官僚體系。

為確保自主團隊與企業總體目標一致，極客企業依賴強大、但受到嚴格約束的官僚體系。這個官僚體系的職責是監督企業高層將願景和策略，順利轉化為團隊層級的OKR。

對於所有權意識行為準則而言，終極的極客基本規則是：**減少官僚體系，消弭以不符合企業目標與價值觀的方式獲取地位的機會。**

向組織提問

這十個問題可用於評估組織遵循所有權意識這項偉大的極客行為準則的程度。請使用1到7之間的數字回答每個問題，其中1表示「非常不同意」，7表示「非常同意」。

題　　目	分數
1、這家企業有很多繁文縟節。*	
2、我們偏重行動而非計畫和協調。	
3、在這家企業取得成功的最佳途徑，是幫忙實現既定目標。	
4、在對我工作最重要的領域，我可以自由自主行事。	
5、我必須與企業裡的許多團隊協調我的工作。*	
6、官僚體系阻礙我們快速行動以抓住機遇。*	
7、我花費大量時間參加跨職能會議和其他協調活動。*	
8、我因為主動出擊而獲得獎勵。	
9、我必須花費大量時間申請工作所需的資源。*	
10、我很清楚自己的工作是否與企業的整體策略和目標相協調。	

* 注：加星號之問題的分數需要倒過來計算。請用8減去你所寫下的分數。例如，你的回答為6分，實際分數應為2分。（8減6）

第六章

速度

從說謊到學習

是啊，你回去吧，傑克，再來一次，輪子不停轉
啊轉。

——史提利 · 丹合唱團（Steely Dan）

福斯汽車（Volkswagen）最近了解，開發現代汽車最困難的地方不在於機械部件。

2015 年，福斯決定為電動車創建一個全新的平台[1]，而不是改造原本供內燃引擎車使用的平台。當然，軟體將在這個「模組化電力傳動」平台中扮演重要的角色。2016 年 10 月，福斯在巴黎車展上展示一款電動概念車，並宣布推出全新電動車品牌 ID.，寓意「智慧設計、身分認同和前瞻科技」[2]。

2019 年 9 月，福斯在法蘭克福車展上推出最終版本 ID.3。這款車一炮而紅，車展結束時，已有超過三萬三千人[3]支付預購金。工廠將於 11 月開始生產，第一批車預計於 2020 年中開始交付。

在路上，但不在空中

然而，在該車原定開發進度完成大約九成時，卻傳出發生嚴重問題的消息。2019 年 12 月，德國《經理人雜誌》（*Manager Magazin*）報導披露[4]，至少首批生產的二萬輛 ID.3，無法進行軟體無線更新（OTA，遠端無線更新），這是新創電動車製造商特斯拉於 2012 年率先於[5]旗下純電動車中導入的技術。這批最初生產的福斯純電動車將被停放在租用的停車場，直到可以透過「有線」方式安裝更新軟體，以

便日後支援無線更新。

2020年2月下旬，《經理人雜誌》報導福斯瘋狂動員[6]約一萬人，全力解決ID.3的軟體問題。每週一都有數百名工程師和技術人員從姊妹企業保時捷（Porsche）和奧迪（Audi）飛來，然後在週五返回。測試駕駛每天都會回報大量的新錯誤。傳言指出，交車期限可能會延遲一年，但福斯汽車總裁赫伯特・迪斯（Herbert Diess）身邊的親近人士認為這些消息「完全是無稽之談」[7]。然而，福斯6月宣布，第一批ID.3要到9月[8]才會交車，而且這些車輛仍然不支援完整的軟體無線更新功能。同月，福斯汽車董事會撤除迪斯的福斯執行長職務[9]，但他仍然擔任整個汽車集團的執行長。

2021年2月，距離福斯被爆出軟體無線更新功能遇到麻煩已經超過一年，網上傳出一些照片，照片中一長排ID.3[10]停放在一個看起來像是臨時搭建的建築物，每輛車都透過線路連接到筆記型電腦，據推測是為了更新軟體。這個時機點對於福斯來說很不妙，因為就在同一個月，抖音上發布的一段影片中，展示一個巨大的停車場停滿特斯拉，這些車輛在夜間利用無線技術更新軟體。記者佛瑞德・蘭伯特（Fred Lambert）描述，當特斯拉的軟體自動無線更新時，空無一人的車子同時大規模閃爍著車燈，場面相當壯觀：「看起來彷彿像是外星人正在登陸。」

2021年9月，福斯終於宣布：「即日起[11]，所有ID.車款將透過行動資料傳輸，定期接收軟體更新……公司規劃，大約每隔十二週向顧客提供免費軟體更新。」然而，至少對於一些ID.3車主來說，這個宣布被證明為時過早。2022年7月22日，在本應具備軟體無線下載功能的ID.3預定交付日兩年多後，《商報》（Handelsblatt）網站報導：「經過幾個月的延誤[12]，過去兩年內交車的ID.3現在正在更新軟體。為此，歐洲有超過十五萬輛電動車必須在保養廠待上一整天。」這篇文章中提到的一個承諾，聽在一些顧客耳中可能言之無物：「未來車輛的軟體更新能以無線方式安裝，無需前往保養廠。」就在《商報》文章刊登的同一天，迪斯宣布辭去[13]福斯集團執行長一職。正如彭博社記者斯特凡・尼古拉（Stefan Nicola）所說：「軟體問題讓一家汽車製造商執行長丟掉飯碗，這充分說明汽車產業的現狀[14]與未來的發展方向。」

與此同時，特斯拉[15]在2019年向Model 3車型發送十七次軟體無線更新，2020年發送二十二次，2021年發送十九次。其中一些是修正小錯誤，但大約一半是大幅變更[16]，像是改善導航與駕駛輔助技術、新的胎壓偵測系統、車輛整體動力提升5%，以及更多電子遊戲。

為什麼進度總是延宕？

福斯在 ID.3 方面的經歷絕非特例。許多組織在準時、根據預算完成重要專案方面，確實遭遇困難，無論這些專案涉及軟體、硬體或兩者，也無論它們是公共項目或私人專案。事實上，有時候重大專案根本沒有任何成果。近三十年來，諮詢公司斯坦迪集團（Standish Group）一直在蒐集大型軟體專案結果的資料，這些專案的失敗率一直穩定維持在[17]大約20％，「有困難」的專案比例目前幾乎占一半。就像《紐約時報》在2021年11月所說：「過去十年，在美國要按照預算和進度完成一個數十億美元的重大基礎設施專案，幾乎不可能[18]。」*

如同官僚體系，關於延宕的問題在於，為什麼延宕如此多？為什麼延宕如此長期存在又難以消除？客戶對延宕深惡痛絕，還有人因此被炒魷魚，但為什麼這種情況還是如此普遍？

這個問題沒有單一的答案。延宕的專案就像托爾斯泰

---

* 注：日本的文殊核反應爐證明，問題不局限於美國。文殊核反應爐於 1986 年開始建造，1994 年如期實現第一次持續的連鎖反應，並於 1995 年投入使用。但隨後發生的一系列事故和暴露出的問題，讓它停擺十五年，直到 2010 年才再度重啟運轉，但不久之後，一台三噸重的機器掉入核反應爐容器中。2013 年，讓文殊商業運轉的所有準備工作均已停止，工廠於 2016 年底永久關閉。在三十年的壽命中，僅發電一小時，總費用達 300 億美元。假設一切按計畫進行，該設施完全除役還需要花費 120 億美元，耗時三十年。

（Tolstoy）筆下的不幸家庭：每個家庭都有自己的問題。但也有一些一致的主題，其中之一就是我們之前提及的：過度自信。我們的新聞祕書告訴我們，我們在所有方面都遠遠高於平均水準，包括我們按時完成工作的能力。而我們會聽信新聞祕書的意見。正如我們在第四章看到的，康納曼在職業和私人生活方面，都對過度自信這個主題非常熟悉。他寫道：「對專案結果過於樂觀的預測[19]隨處可見。」他與經常合作的夥伴特沃斯基認為，這種現象如此普遍，以至於它值得擁有一個專屬的標籤，他們稱之為「規劃謬誤」。*

官僚體系和延宕之間也存在明顯的關係。無止盡的會議、審核迴圈與審查，都不利於準時完成工作。

2010年，當手機製造商諾基亞（Nokia）陷入困境但尚未徹底出局時，芬蘭《赫爾辛基新聞報》（*Helsingin Sanomat*）記者米科－佩卡・海基寧（Mikko-Pekka Heikkinen）採訪超過十二名諾基亞前員工[20]。他們一直談到，拖延事情進展的權力愈來愈分散，事情的進展變得形同牛步。正如海基寧所說：

> 一名前主管提供一個生動的例子⋯⋯

---

* 注：至於我是否按時完成這本書的手稿？答案是沒有。

一位負責手機整合數位相機的設計師，正在研究如何透過改變演算法提高圖像品質，這需要幾週的時間才能完成。他向直屬上司報告這件事，然後上司把這個問題輸入需求分析矩陣。

一週後，在需求分析後續追蹤會議上提到這個問題，並要求提供進一步的資訊……。

再過一週。

下一次需求分析後續追蹤會議查看答案，並決定提交請求，以排定優先順序。

一週後，優先順序會議審查需求後，決定將需求退回團隊……以了解……風險規模。

團隊在一、兩天內完成風險分析。

又過了一週。

優先順序會議決定核准最初的請求，但前提是找到合適的「主要產品」來實施這個請求——

一個月後，有一款產品團隊回覆說，如果這個改良不會導致專案無法如期完成，我們願意採行。

回到團隊。

又過了一週，優先順序會議將相機請求列為第二優先級。

會議決定，其他更重要的工作都完成之後，就能開始更改演算法。

上述那些更重要的事情花費兩個月的時間才全部完成。

等到演算法團隊應該開始工作時,卻發現主導產品進度已經大幅超前,時間已經截止。

因此,必須找到另一個主要產品。

如此周而復始,直到競爭對手因整合相機改進的圖像品質而獲得媒體好評。

有人對此感到震驚,想知道為什麼諾基亞沒有提出類似的改善。

這位前產品開發主管喝了一口咖啡,回憶起自己的感受:

「這讓人忍不住想大喊:『看在老天爺的份上,你就不能他媽的做點什麼,別再推諉責任了!』諸如此類的事情不斷上演,甚至還有更糟糕的。」

換句話說,諾基亞的產品開發流程官僚、僵化,而且緩慢得令人痛苦。

正如我們在上一章所見,官僚體系同樣扼殺微軟在本世紀第一個十年完成工作的能力。Windows Vista的推出,讓微軟的僵化程度表露無遺。Vista是微軟核心產品個人電腦作業系統的升級版,但後來卻一敗塗地。2001年5月,微軟啟動[21]代號為「Longhorn」的專案,預計開發過程為

十八個月，並訂於2003年底推出產品。但到了2005年4月，微軟的Longhorn專案仍然在進行，當時蘋果已經推出自己的Mac OS X Tiger作業系統，而微軟規劃中的許多創新都被蘋果搶先一步發表。在扔掉大量已撰寫的程式碼，並重新設計軟體開發流程後，微軟宣布Vista將於2006年底推出，趕上當年的假期季。但微軟再次食言，2007年1月微軟才終於推出Vista。大多數使用者都認為Vista不值得等待。當時的電腦權威雜誌《個人電腦世界》（PCWorld）把Vista評為2007年最令人失望的科技產品，並問道：「歷時五年的開發，這就是微軟拿出來最好的成品？[22]」

在思考大型專案為什麼會延宕時，我們不該天真的認為這些專案打從一開始就是這樣設計。提案人和組織都知道，這些專案不會準時或按預算完成。2013年，威利‧布朗（Willie Brown）從近半個世紀的民選公職生涯退休後（先是擔任加州眾議員，後來成為眾議院議長，接著擔任舊金山市長），他在一篇報紙專欄中有幾段話，坦率的描述[23]市中心公車站的情況：

> 跨灣轉運站（Transbay Terminal）超出預算約3億美元的消息，任何人都不應該感到震驚。
> 我們一直都知道，最初的估算遠低於實際成本。就像我們從來都不知道中央地鐵、海灣大橋或其他任何大

型建設專案的實際成本一樣。所以，不必再糾結這件
事。

在公共建設專案領域，第一個預算實際上只是保證
金。如果民眾從一開始就知道真正的成本，就沒有任
何提案會獲得核准。

我們的想法是開始行動。開始挖一個洞，把它挖得很
大，除了拿錢出來填坑之外，別無它法。

　　布朗描述的方法可能不合乎道德，但確實有效。如果
人們不同意15億美元的專案，就告訴他們這項專案只需花
費12億美元（跨灣轉運站的最初預算[24]）。換句話說，盡一
切努力「開始挖洞」。填補這些洞可能需要花費額外的時間
和金錢。跨灣轉運站一期工程於2018年8月竣工，比預訂
期限晚一年。布朗對這個階段成本超支3億美元的估計過於
樂觀；最終成本為24億美元，是最初預算的兩倍。（轉運站
啟用六週後，工人發現結構有缺陷[25]，導致轉運站對大部分
公車停止開放一年。）

　　然而，即使把所有這些因素都納入考慮，延宕為什麼
如此普遍且如此嚴重，仍然令人費解。當一項工作是否如
期完成非常重要時，例如，當競爭者已步步進逼，或一旦
延遲，你就真的會被開除，為什麼準時完成工作，或及早
發現有問題的跡象仍然如此困難？

90%仍然還差得遠

　　關於這個問題，我們從管理研究人員大衛・福特（David Ford）和約翰・史特曼（John Sterman）那裡得到一個耐人尋味的答案，這個答案幫助我們更進一步了解，當我們這些超社會性人聚在一起時，會如何做出適得其反的行為。他們很好奇，為什麼有這麼多大型專案遲遲不能完成[26]，於是決定著手研究這個現象。在蒐集證據的過程中，他們發現一個奇怪的模式。

　　福特和史特曼與一家不具名的特殊應用積體電路（ASIC）、也就是客製化電腦晶片製造商合作。研究人員挑選兩個專案，代號分別是派森（Python）和響尾蛇（Rattlesnake），並按照原定計畫時間表追蹤這兩個專案的實際進度。這兩個專案最初都預估大約要四十週的時間完成，而在二十週時，兩個專案的進度都出現落後。專案的進度放緩，但還在可以接受的範圍。等到原本預定的完成日期時，派森完成約75％，響尾蛇則是完成近80％。

　　然後麻煩就來了。派森專案沒有像早期一樣快速前進，隨著進度一延再延，進度變得更加緩慢。最終，派森在第六十九週慢吞吞的越過終點線，比原訂期限超出77％。

　　與此同時，響尾蛇專案的成員或許希望自己是派森專案的成員，因為響尾蛇專案不僅進度緩慢，還開始倒退。在跨入第五十週前不久發現的嚴重問題，意味著響尾蛇專

案幾乎得從頭開始。雖然它很快就迎頭趕上，並在十週後再次接近終點線，但隨後又出現另一個預料之外的嚴重問題，響尾蛇的進度又回到10％左右。最終響尾蛇專案在八十一週過後完成，比預定時間多出一倍以上。

福特與史特曼在檢視各行各業專案的期間，不斷目睹同樣的現象：總是在快完成時出現意外、專案進度高度不確定、嚴重超出截止日期。針對這種嚴峻形勢，他們訪談的一位主管[27]總結道：「開發產品的平均時間是預估時間的225％，標準差為85％，我們可以告訴你大概需要多久，就是加減一個專案的時間。」

派森、響尾蛇和福斯 ID.3 專案都患有90％症候群。1980年代初期，軟體研究員羅伯特・勞倫斯・巴伯（Robert Laurence Baber）為這種症候群下了一個定義：「對已完成工作預估的比例[28]會依照原計畫（增加），直到達到80％至90％的程度，然後，這些預估會增加得非常緩慢，直到工作真正完成。」從晶片設計到軟體，從消費電子產品到建築，這種模式在各個領域屢見不鮮。派森和響尾蛇在速度下降之前可能還沒有完成90％，但它們仍然是這種大型專案失敗模式的典型代表。

在福特和史特曼對90％症候群進行實地研究期間，他們從一家大型國防承包商專案團隊的每週例會上，對這種症候群的成因有了深刻的認識。但他們的發現不是來自會

議上的一言一行，而是來自該團隊的非正式名稱：騙子俱
樂部。福特和史特曼描述會議的基本規則：

> 每個人都隱瞞自己負責的子系統進度落後的資訊。騙
> 子俱樂部的成員希望其他人能先被迫承認問題，進而
> 讓整體進度往後延，這樣自己就不必承擔進度延宕的
> 責任。騙子俱樂部的每個人都知道，大家都在隱瞞自
> 己需要更多時間來完成工作這件事，大家也知道，最
> 會隱瞞問題的人，可以逃避專案未能達到目標的責
> 任。

　　難道研究人員只是碰巧遇到一家特別不正常或不道德
的企業？90％症候群的普遍性表明事情並非如此。騙子俱
樂普遍存在，它們定期在世界各地的組織中聚會。換句話
說，騙子俱樂部的泛濫就像官僚體系一樣，在適當的條件
下，這是一種納許均衡，即一種穩定的狀態。就像我們在
前一章中所看到的，納許均衡是賽局理論最重要的概念之
一。因此，我們可以使用賽局理論來理解為什麼騙子俱樂
部會如此普及，以及該如何瓦解它。

未知賽局

　　讓我們把騙子俱樂部重新定義為世界各地專案團隊在每週例會上玩的一種遊戲。我們把這個遊戲稱為「你有準時嗎？」這個遊戲的關鍵特徵之一是，在專案的大部分時間裡，**可觀察性**很低；從外部很難知道某個團隊成員是否落後。在未來的某個時刻，**可觀察性**會變得比較好，例如，晶片在測試過程中會過熱、汽車不支援軟體無線更新或其他，但直到這個決定性時刻來臨之前，可觀察性通常都很低。

　　在每次會議中，遊戲的參與者都可以針對「你有準時嗎？」這個最重要的問題回答「是」或「否」。如果一切順利且按計畫進行，他們當然會回答「是」。但隨著時間推移，愈來愈多參與者不再按時完成計畫，因為他們過度自信、屈從於規劃謬誤、發生不愉快的意外狀況，或其他千百種原因。專案團隊很少能夠提前完成最初的計畫；他們更有可能落後。

　　讓我把注意力完全集中在「你有準時嗎？」遊戲進度落後的參賽者。每週他們都會在兩種策略之間選擇：欺騙（說「是，我們準時」）或誠實（說「不，我們落後」）。這些策略帶來的回報是什麼？如果他們誠實告知，得到的回報就是他們的名譽受損，被老闆訓斥，責備他們讓整個專案進度受到影響，他們將面臨更嚴格的監督和額外的工作，前途暗淡無光。如果你覺得這聽起來太過嚴厲或憤世

嫉俗，我猜你可能沒有在工業時代的企業裡參與過很多大型專案。

在「你有準時嗎？」遊戲中欺騙會有什麼後果？這取決於你的專案負責人是否知道你的團隊進度落後。若是如此，付出的代價就是上面列出的所有壞事，再**加上**騙子的名聲。這實在不妙。但請記住，這個遊戲的可觀察性很低。專案負責人不太可能知道誰的進度落後（如果知道，何必還要去問？）。因此，對進度落後但選擇欺騙的參與者來說，最常見的回報是與準時且誠實的參賽者一樣：躲過進一步的審查，保持完好無損的名聲回去工作。

因此，在「你有準時嗎？」的遊戲中，進度落後的參賽者所面臨的選擇是：誠實告知，然後很有可能得到非常負面的回報；如果選擇欺騙，也有機會得到同樣負面的回報。換一種說法，他們面臨的選擇是，確定得到非常負面的回報，以及有機會避免得到非常負面的回報。這是非常簡單的策略選擇。他們選擇欺騙，並希望能毫髮無傷的回去工作。

請注意，參與者在「你有準時嗎？」遊戲中所做的選擇，不是取決於他們能否掌握其他參與者的進度。無論你對專案其餘部分的進展了解有多少，「說你有準時」都是正確的行動。參與者不需要很高的可觀察性，就能採取行動。一旦他們意識到其他人面臨的回報與自己相同，騙子

俱樂部就會自發形成，不需要任何明確的協調。

「你有準時嗎？」遊戲是囚徒困境的一種變體，而囚徒困境是賽局理論最重要的概念之一。這是一個困境，因為欺騙對個人有利，但對整個組織有害。這對誠實的參與者來說也同樣不利，因為承認進度落後形同犯下策略錯誤。然而，在「你有準時嗎？」遊戲中，進度落後者之間的欺騙是穩定的納許均衡。90％症候群症和各種專案延宕的情況如此普遍，這向我們表明，此處所描述的簡單遊戲是一個很好的模型，可用於描述現實世界中試圖完成大型複雜專案時所發生的情況。

但在現實世界中，難道沒有一些可以對抗騙子俱樂部的方法，而這些方法不屬於我們簡單的「你有準時嗎？」遊戲的一部分？例如，有吹哨者知道某個團隊延宕，並揭露它的欺騙行為。還有一些專案負責人，本身或許就是許多騙子俱樂部的資深會員，清楚知道這個遊戲的玩法。難道他們沒有從豐富的經驗中學到如何應對這一切欺騙行為嗎？最後，傳統的道德觀念呢？畢竟說謊是不對的。我們大多數人在家裡、學校、教堂和道德課上，都被反覆灌輸這個簡單的觀念。那麼為什麼騙子俱樂部的成員總是不斷撒謊？他們只是人品差嗎？

不，他們只是一般人。正如第四章所說，每個人都有一位新聞祕書，一個心理模組，它會竭盡所能以最有利的

方式描繪我們的行為，為我們的行為找理由。要了解新聞
祕書的運作方式，只需要想想在進度落後時，我們對自己
說的話：

> 是的，我們有點落後，但我知道我們可以把時間補回
> 來。
>
> 我們被其他任務分散注意力。一旦我們能更加專注於
> 這個專案，我們就會快速取得進展。
>
> 我們必須更加努力，但我對團隊有信心。
>
> 我們剛剛找到最新的解決方案，肯定會讓我們重回正
> 軌。
>
> 我們不可能比走廊**那頭**的那幾個混蛋更落後。我才不
> 要背這個黑鍋，讓他們能逃過一劫。
>
> 我們不可能比走廊**這頭**的那幾個混蛋更落後。我才不
> 要背這個黑鍋，讓他們能逃過一劫。

專案團隊成員真的相信自己說的這些話，即使根據冷
冰冰的事實，他們不應該相信。新聞祕書模組對這些事實
提供合理推諉，讓騙子俱樂部成員在「你有準時嗎？」遊
戲中輪到自己發言時，可以輕鬆自然的說：「我們如期完
成。」換句話說，自欺欺人（新聞祕書的主要工作）讓欺
騙變得更容易。請記住，我們的理智非常擅長為自己提供

充分理由；我們不費吹灰之力就能為自己的想法和行動找到正當理由，無論這些理由是否能被主日學校老師、拉比、牧師或道德學教授所接受。

事實上，我相信許多騙子俱樂部的成員**是**主日學的老師，定期前去清真寺、猶太教堂和教堂的虔誠信徒，或是認真扮演榜樣角色的父母等等。他們都是有道德的人，但他們並不會對自己在專案團隊週會上的行為感到羞恥和自我厭惡。囚徒困境的回報，結合孜孜不倦提供合理推諉的新聞祕書模組，讓個人道德在「你有準時嗎？」遊戲中幾乎不被考慮。

如果我們不能依靠道德來解散騙子俱樂部，那吹哨者呢？大多數參與者都清楚，「你有準時嗎？」遊戲中存在許多欺騙行為，所以或許不難找到確切證據，證明那些在走廊這頭或那頭的人進度遠遠落後，即使他們一直堅稱自己沒有。既然如此，為什麼我們沒有看到更多人揭發同事的欺騙行為，炸毀騙子俱樂部？

因為吹哨人獲得的回報，往往與付出的代價和承擔的風險不成比例。在「你有準時嗎？」遊戲中舉報，最明顯的獎勵就是看到另一組團隊因延宕而受到批評。除此之外還有其他獎勵嗎？例如，專案負責人的感激之情或更快的升遷？或許。又或者，專案負責人會在心裡默默的為你貼上告密者的標籤，認為你不值得信賴，不能告訴你敏感資

訊。更重要的是，關於你告密的流言蜚語可能會不脛而走，你會得到愛打小報告、不合群的名聲。這是一個巨大的風險，因為你的聲譽在工作中（及其他地方）都非常重要。

這些考量嚇阻了很多舉報行為。幾年前，我在深夜接到一位意志極其堅強的朋友打來的電話。我從來沒有聽過她如此心煩意亂。她告訴我，她正在參加員工旅遊，剛剛在房間裡遭到一位資深同事侵犯。我鼓勵她立刻報警，但她拒絕了。她一想到那個場景就感覺十分痛苦：向穿著制服的警察陳述事發經過，同事在一旁觀看，巡邏車的紅藍燈在背景中不斷閃爍。她預期，一旦自己這樣做，立刻就會成為人們在工作場所走廊上八卦的對象，她不希望這樣（這件事發生在＃MeToo運動改變職場性騷擾指控的看法與處理方式之前）。後來，她為了阻止該名男子繼續傷害其他女性，還是決定挺身而出。這是相當勇敢的舉動。（她的公司展開調查，對施暴者進行紀律處分，不久後該名男子便離職。我的朋友沒有對他提出刑事訴訟。）

我們與同事的互動最好被視為一系列重複的遊戲，而不是一次性的交鋒。這些互動會一而再、再而三的發生。每個騙子俱樂部的每次會議，都會進行新一輪的「你有準時嗎？」遊戲。在重複遊戲中，在「未來預期的影響下」，行為會有所不同。玩家不僅要考慮當前這一回合的

後果，還要考慮未來所有回合的後果。就像我們在下一章中會看見，背負不合群的名聲在很多方面都有害無利。因此，我們不應該預期在「你有準時嗎？」遊戲中會出現很多吹哨者。

在騙子俱樂部中，抵禦欺騙的最後一道潛在防線，是執掌每週進度會議的專案負責人。這些人都是經驗豐富的老手；他們肯定知道騙子俱樂部的運作方式，以及騙子俱樂部有多常見。他們在職業生涯的不同階段，肯定都**曾是**這些俱樂部的成員。但缺乏可觀察性，就無法確切掌握專案的哪些部分進度延宕，只知道整體進度落後，對專案負責人來說沒有什麼用處。

當專案負責人主持騙子俱樂部，卻又不知道到底誰是騙子時，負責人往往只能虛張聲勢，進行毫無意義的威脅，就像有位汽車產業資深人士向福特和史特曼所說：

> （一位）執行工程師[29]過去經常召開我稱之為「戰鬥會議」的會議……他的態度是，我們應該告訴每個人，他們全部（落後進度），他們都失敗了，他們必須更快做出改變，（而且）如果我們現在不立刻做出改變，我們就會讓整個部門關門大吉。

福特和斯特曼嘲諷的指出：「當然，這樣做的後果[30]是

創造更強烈的隱瞞動機。」

　　我覺得這種無目的的吼叫和無法執行的威脅策略有點可悲，但我必須承認，我也曾這樣做過。有一次，我在哈佛大學教授 MBA 課程時，開始上課後，我正在黑板上寫字，聽到教室後面的門打開又關閉。我寫完字立刻轉身，想要確認遲到的學生是誰，但不管是誰，他已經找好位置坐下融入學生當中。我不假思索的脫口而出：「自己自首吧：剛才遲到的是誰？」這就好像是我自創一個非常愚蠢版的「你有準時嗎？」遊戲。

　　我顯然以為，我的支配地位、聲望和道德權威的某種結合，能讓遲到的學生主動承認；或是學校所開設一學期的道德課程，會為他們提供做正確事情所需的基礎；又或者是吹哨者會站出來說話。但結果什麼也沒有。我得到的只是茫然的眼神和無辜的微笑。遲到的學生很清楚，我不知道他是誰，也無從查證，也確信教室裡沒有人會告密。

　　當我意識到這一點時，我就知道自己已經輸了。我已經不記得自己轉回去繼續在黑板上書寫前說了什麼，可能是為了挽回面子而可悲的嘗試，譬如：「這事還**沒**完！」我內心無私的那一面，希望學生能夠在經常使用賽局理論的職業生涯裡大放異彩，但我的報復心卻不這麼希望。

瓦解騙子俱樂部宣言

　　長期延宕和騙子俱樂部都是十分難解決的問題。但這類難題對於極客來說，就猶如充滿吸引力的貓薄荷。因此，2001年2月的一個週末，十七位資深程式設計師因為共同懷抱一個野心勃勃的目標，而聚集在猶他州的滑雪度假村。他們不只想解決90%症候群，更希望徹底改變撰寫軟體的方式。

　　他們成功了。正如記者卡洛琳・米姆斯・尼斯（Caroline Mimbs Nyce）表示，「這個為期三天的小型會議[31]不只影響軟體的想像、創造與交付方式，或許還可能改變世界的運作方式。」那個週末引發的這場運動，稱為敏捷軟體開發，改變高科技產業中許多、甚至可以說是大部分企業的軟體開發方式。

　　這場運動也讓我們建立第三個偉大的極客行為準則：速度。但這裡的速度指的不是移動速度：它不是指人員和專案朝終點線前進的速度，它指的是**迭代**的速度：一個團隊能以多快的速度創造有意義且可衡量的成果，並將成果呈現給顧客，獲得他們的回饋意見。

　　在猶他州的會議之前，大多數軟體開發專案都很少進行迭代或接收回饋，而是在實際開發軟體之前，花費大量的時間開會、策劃與撰寫文件；在實際開發過程中，經常會遇到大量不愉快的意外和延遲；事後還有許多不滿和互

相指責。我們在工業時代開發軟體的方式會讓《簡單破壞戰地手冊》的作者感到自豪。

數十年來,大型軟體開發工作通常遵循瀑布式開發法(waterfall approach),之所以如此稱呼,是因為它的步驟流程讓人聯想到瀑布飛濺而下的一連串水池。*瀑布式開發法聽起來很合理。第一步是明確定義軟體需要做什麼,也就是軟體的功能需求。這些需求都詳細寫在一份提供給程式設計師的綜合文件中(軟體界不乏某些需求需要多少個厚厚的文件夾才能裝下的故事)。軟體開發團隊根據這些需求設計編寫軟體,然後提交測試。測試和錯誤修復完成後,軟體就準備交給顧客,進入生產階段並「上線」。

反正理論上就是這樣,但現實幾乎總是更加混亂。隨著需求發生變化,開發時間和成本也需要重新協商。90%症候群出現,這代表程式設計時間比原本規劃的要長上許多。當最終完成的軟體交給顧客時,客戶經常發現,軟體沒有滿足自己的要求。美國國防部在1980和1990年代,一直強制要求其軟體開發採用瀑布式開發法。後來,國防部提出一個絕妙的想法,想看看這種方法的效果如何。結果在一個專案樣本中,國防部發現,75%的專案失敗[32]或從

---

* 編注:該模型將系統發展的過程大致區分為四個階段:分析、設計、實作、測試,並明確定義每一階段中的工作。當完成一個階段的工作之後,才會進入下一個階段的工作。

未使用過。[*]

　　聚集在猶他州的程式設計師對瀑布式開發法都擁有豐富的經驗，也不希望再從事這樣的專案。他們也是真正的極客：特立獨行，毫不在乎企業禮儀。正如參與者之一吉姆・海塔爾（Jim Hightower）所說：「很難找到規模比這還要大的無政府主義者組織聚會[34]。」由於他們要解決的問題如此巨大，加上這個群體中不乏性格暴躁和自負的人，所以一些與會者沒有指望能取得太大的成果。這次聚會的發起人鮑伯・馬丁（Bob Martin）[35]回憶說：「當時你會想：『你知道，這就是把一群人聚集在一個房間裡，大家會閒聊幾句，但什麼也不會發生。』」

　　不過，馬丁接著說：「事情的發展出人意料。這群人自行安排、組織，並寫下這份宣言。目睹這一切的發生，真的讓人覺得很不可思議。」這份在白板上形成的宣言[36]，否定了瀑布式開發法的線性與僵化，並對極客喜歡的工作方式提供清晰的願景：

　　　我們藉由親自並協助他人開發軟體，致力於發掘更優

---

[*]　注：把瀑布式開發法的缺陷完全歸咎於它的發明者有欠公允。電腦科學家溫斯頓・羅伊斯（Winston Royce）在 1970 年發表的論文中，首次描述瀑布式開發法[33]，並強調在不尋求回饋意見與整合這些意見的情況下，按部就班的進行是個壞主意，「既冒險又容易失敗」。他甚至預測，這樣做會導致某種類似 90% 症候群的情況。

良的軟體開發方法。透過這樣的努力,我們建立以下
價值觀:

個人與互動重於流程與工具

可用的軟體重於詳盡的文件

與客戶協作重於合約談判

回應變化重於遵循計畫

也就是說,雖然右側項目有其價值,但我們更重視左
側項目。

經過反覆討論之後,他們敲定這個宣言的名稱:《敏捷
軟體開發宣言》。與會者沃德・坎寧安(Ward Cunningham)
於2001年將宣言發布到網路上。[*]這份宣言對軟體極客產生
的影響,與八年後《Netflix文化集》對商業極客產生的影
響幾乎如出一轍:這個宣言迅速在軟體極客之間流傳,並
激勵他們付諸行動。

除了宣言之外,這群人還公布十二項原則,其中一些
原則反映我們已經看到的兩個偉大的極客行為準則:科學
和所有權意識。例如第七條原則,「可用的軟體是衡量進展
的主要指標」,它的作用與鐵律在科學中的作用相同,都

---

* 注:坎寧安是架構維基百科的維基軟體開發者。在他為自己創建的軟體取名時,
　他想起檀香山機場的維基維基穿梭巴士(Wiki Wiki Shuttle)。維基軟體讓任何
　人都能快速編輯網頁。「維基」在夏威夷語中是「快速」的意思。

是具體指出前進的方式。在科學行為準則中，進展是經由對證據的辯論實現。在敏捷軟體開發中，進展是透過展示可用的程式碼來實現。

其他兩個原則與所有權意識息息相關：「以積極的個人為核心來建構專案。給予他們所需的環境和支援，並信任他們可以完成工作」，和「最佳的架構、需求與設計皆來自於能自我組織的團隊。」就在亞馬遜徹底重建自己的軟體、以支持貝佐斯對高度自主團隊的願景時，敏捷聯盟的極客同時在倡導這樣的團隊也是打造優質軟體的正確組合，這或許不是巧合。

不過，在宣言的所有原則中，出現頻率最高的主題是速度（即快速迭代和快速回饋）。以下是十二項原則中的五個（重點以粗體呈現）：

- 我們的首要任務，是透過**及早並持續交付**有價值的軟體，來滿足客戶需求。
- 即便是處於開發後期，**也竭誠歡迎改變需求**。敏捷流程**利用變化**，為客戶帶來競爭優勢。
- **頻繁交付可用的軟體**，頻率從幾週到幾個月不等，**以較短的時間間隔為佳**。
- 業務人員與開發人員在整個專案期間，必須**天天一起工作**。

- **團隊定期自省**如何更有效率，並據此調整自己的
  行為。

　　宣言發布後的二十年裡，人們普遍形成一種共識，即
相較於瀑布式開發法及其他更古老、需要大量規劃的軟體
開發方式，敏捷軟體開發明顯更勝一籌。2015年，佩德
羅・塞拉多（Pedro Serrador）和傑佛瑞・平托（Jeffrey Pin-
to）針對多個產業中超過一千個大型專案進行調查[37]，結果
發現：「採用敏捷方法可以改善時間、預算和範圍目標，而
且能有效提高利害關係人的滿意度。」《敏捷軟體開發宣
言》的共同作者阿利斯泰爾・科克伯恩（Alistair Cockburn）
堅信：「即使做得不好，敏捷法也優於[38]所有替代方案，或
至少優於主要的舊式替代方案（瀑布式開發法）。」斯坦迪
集團[39]蒐集的統計資料也支持此一說法。該集團2020年的
報告指出，在五萬個軟體專案中，採用敏捷開發方法的專
案成功率為42%；相較之下，採用瀑布式開發法的專案成功
率僅13%。失敗率同樣不成比例：瀑布式開發法專案的失
敗率為28%，敏捷法專案則僅11%。*
　　敏捷方法效果更好的主要原因之一，是它改變管理大

---

* 注：介於成功與失敗之間的第三類專案結果是「有困難」；敏捷方法專案有困難
的比例是47%，瀑布方法專案為59%。

型專案的遊戲規則。如我們所見，騙子俱樂部是這些專案的特色，成員每週都會玩「你有準時嗎？」的遊戲，在這個遊戲中欺騙是常態，因為可觀察性低，而且合理推諉性高。

敏捷方法可以扭轉這種局面。要了解它是如何辦到的，讓我們先來看看可觀察性。為了確保所有人清楚了解自己是否遵守「頻繁交付可用軟體」的原則，敏捷專案經常以視覺化的方式展示進度，例如使用工作流程看板。工作流程看板通常是貼有卡片的白板，每張卡片代表專案中的一個工作單元，通常稱為「故事」。看板被分成幾個欄位，顯示各階段的進度，例如：待辦事項、進行中、測試和已完成。隨著故事的進展，它的卡片會從一欄移動到一欄。

敏捷教練馬克斯・雷科普夫（Max Rehkopf）說：「看板只有兩條規則[40]：限制進行中的工作，以及將工作視覺化。」視覺化至關重要，因為它提供持續的可觀察性：當看板上可以看到所有的故事卡時，每個人的工作進度就變得一目了然。雷科普夫的另一條規則，即限制進行中的工作，這也依賴看板提供的可觀察性。如果正在進行中的工作堆積如山，例如，如果有很多卡片被放到測試欄，但卻沒有很多卡片離開這一欄，每個人很快就會清楚看到這個問題。如此一來，90％症候群中令人討厭的意外情況就會

變得不太可能發生，而看板也會指示團隊，需要在什麼時候與什麼地方採取行動，讓專案重回正軌。

不過最重要的是，團隊不能移動自己的故事卡。每個故事都有一個團隊外的客戶，只有客戶才能決定故事什麼時候移到最重要的「完成」欄。「頻繁交付可用的軟體」這項原則減少了合理推諉，原因有二。第一個是「可用的」部分。這不是由開發軟體的團隊決定，而是由將使用軟體並簽署核准的下游團隊決定。因此在客戶尚未接受的情況下，團隊無法向自己、同事、專案經理或其他人，合理推諉自己正在開發很好的軟體。

敏捷方法減少合理推諉的第二個原因是「頻繁」這個詞。最初的宣言主張以幾週到幾個月的週期，向客戶提供可用的軟體，但現代商業極客的行動速度更快。如今，敏捷的「衝刺」（sprints，可以把它理解為將所有故事卡從開始一路移至終點的時間）通常持續一到四個星期。這種快速的迭代節奏，限制團隊能處於抵賴狀態的時間。對於團隊來說，如果每隔幾週就必須交付一次成果（否則就會成為眾人矚目的焦點），他們很難比原定進度延宕數個月。

福斯在ID.3軟體所遭遇的突發事件意外強烈，這顯示在整個開發過程中，可觀察性不夠高，合理推諉性太高。這個專案成為90％症候群的典型例子，根本原因在於無法看到實際取得的進展。

　　福斯集團並非只有ID.3有問題，它的軟體問題還導致保時捷和奧迪新車款[42]的推出計畫分別推遲[41]至少兩年，並危及賓利（Bentley）在2030年前實現全電動化的承諾。《明鏡線上》（Der Spiegel）2022年5月對這些問題所做的報導中[43]，提及福斯集團的監事會正在考慮重組旗下的卡里亞德（Cariad）軟體子公司，因為「流程應該簡化，決策應該加快」。根據《明鏡線上》報導，奧迪委託顧問公司麥肯錫進行的一項研究發現：「參與流程的各方發現彼此很難溝通。這會影響進度。」

　　情況確實如此。溝通不順和進度受阻是組織沒有遵循敏捷宣言原則的跡象，還有可能會不斷經歷不愉快的突發事件和90％症候群。敏捷開發的創辦人不僅堅持交付可用的軟體，也十分注重溝通、互動，以及持續接收和回應回饋。看看宣言中提到的用語：「客戶協作」、「回應變化」、「竭誠歡迎改變需求，即便已處於開發後期」、「業務人員與開發人員在整個專案期間，必須天天一起工作」、「利用變化」、「團隊定期自省如何提高效率，並據此調整自己的行為」。令人驚訝的是，這份簡短的宣言中，竟然有如此多篇幅都在闡述如何在敏捷開發工作中，尋找和整合新資訊。為了了解個中原因，讓我們來看一個團隊練習，在這個練習當中，幼稚園學生的表現經常優於MBA學生。

軟點心帶來的硬教訓

2000年代初期，彼得·斯基爾曼（Peter Skillman）在設計顧問公司IDEO工作時，曾為小團隊設計一個簡單的練習[44]：在十八分鐘內，使用二十根義大利麵條、一公尺長的紙膠帶與一公尺的繩子和一個棉花糖，在桌面上盡可能搭建起一座最高的塔。唯一的限制是，塔在完成後必須能保持靜止三秒鐘，而且塔頂必須是棉花糖。

顧問湯姆·烏傑斯（Tom Wujec）接受斯基爾曼的棉花糖挑戰，並把這項挑戰推廣給許多不同的團體。在2010年的TED演講中[45]，他總結自己的發現：塔的平均高度約為五十一公分。執行長的表現略高於平均水準，律師的表現則明顯較差。其中，塔高最矮的群體是商學院學生。幼稚園孩童的表現至少比商學院學生好二‧五倍，也比執行長好一點。事實上，專業建築師和工程師是唯一表現優於幼稚園孩童，而且沒有接受任何外部協助的群體。而這些孩童製作的結構看起來也最有趣。

為什麼幼稚園孩童的表現大幅優於商學院的未來商業菁英？因為孩子們「不會在地位交易上浪費時間」[46]。斯基爾曼解釋：「他們不會討論誰該擔任義大利麵公司的執行長，他們只是跳進去做。他們不會坐在那裡討論問題。」瑪麗亞·蒙特梭利可能不會對這樣的結果感到訝異，她知道孩子天生擁有好奇心，渴望動手嘗試新事物，只要給他

們機會，就會展現驚人的學習速度。

烏傑斯強調保持童心、大膽嘗試的好處。在他的描述中，成人應對棉花糖挑戰的標準方法聽起來很像瀑布式開發法。這種方法的結果也正如我們所預期的那樣令人失望，甚至出現90％症候群（在計畫後期出現預料之外的問題）：

> 大多數人首先會[47]熟悉任務。他們會談論任務，試圖想像任務最後會是什麼模樣……然後他們會花一些時間規劃、組織、繪製草圖和擺放義大利麵。他們大部分的時間都花在將這些麵條組裝成不斷擴大的結構。最後，就在快沒有時間的時候，有人取出棉花糖，小心翼翼的把棉花糖放在頂部，然後心中喊出「嗒噠！」一聲，退後幾步，準備欣賞自己的作品。但大多數時候，真正發生的情況是「嗒噠」會變成「哎呀」，因為棉花糖的重量導致整個結構彎曲並倒塌。

與此形成鮮明對比的是，幼兒自然而然採用敏捷開發方法。烏傑斯描述：「幼稚園孩童的不同之處在於，他們從棉花糖開始建立雛形，一個接一個的雛型，始終把棉花糖放在最上面，這樣他們在建造雛形的過程中就有多次修復

的機會……每個版本都會讓孩童立刻得知，哪些行得通，
哪些行不通。」

艾瑞克·萊斯（Eric Ries）在2011年出版的暢銷書《精
實創業》（*The Lean Startup*）中主張，創業家應該像幼稚園
小朋友製作棉花糖塔一樣：創業者應該快速製作出產品，
把產品交給客戶，獲得客戶的回饋，了解哪些可行、哪些
不可行，然後納入這些意見，快速製作下一個版本。這種
方法顯然會遭到反對，因為許多客戶要的是精雕細琢的成
品，而不是漏洞百出的原型；客戶也不喜歡會隨時間推移
而不斷改動的產品，而是偏好產品保持不變。

萊斯承認這些反對意見。在談到自己嘗試精實創業方
法的第一家企業時，他寫道：

我們沒有一件事做對[48]：我們沒有花好幾年的時間來
讓自己的技術更好，而是打造一個最小可行性產品
（minimum viable product），這是一款會導致你的電腦
穩定性崩潰的問題產品。然後，我們在產品根本還沒
有準備妥當之前就把它交給客戶，接著收費。在爭取
到最初的客戶後，我們會不斷改變產品，按照傳統標
準來看，我們的速度太快了，我們每天都會推出幾十
個新版本。

　　這種做法似乎保證我們不可能讓客戶滿意。那麼，為什麼精實創業方法如此成功？「最小可行性產品」的概念在新創企業已經如此普及，以至於它已經成為一個縮寫詞：MVP（Minium Viable Product）。世界各地的創業家都在談論自己的MVP應該是什麼。精實創業方法的成功，部分取決於找到能夠容忍缺陷和快速變化的早期客戶。但大部分的成功源於回饋和快速迭代的價值。萊斯和精實創業運動中的無數人已經發現，只要你做到兩件事，客戶就會繼續支持並與你合作：提供一個即使有瑕疵、但仍能滿足實際需求的產品，並隨著時間的推移不斷改善產品。相較於著重規劃的方法，敏捷軟體開發方法與幼稚園兒童建造棉花糖塔的方法能更好的實現這些目標。

　　「儘早推出、快速改進」這種打造產品與企業的方法，在商業極客中變得根深蒂固，以至於投資人兼LinkedIn共同創辦人里德‧霍夫曼已經將此變成他個人的座右銘[49]：「如果第一個版本沒有讓你感到尷尬，就代表你的產品推出得太晚。」創業家暨程式設計師山姆‧科科斯（Sam Corcos）就關鍵的下一步，向新創企業創辦人提供建議：如何快速減少後續版本帶來的尷尬。他說，關鍵是像科學家而不是像河馬一樣思考。不要一昧的規劃和打造你認為客戶會喜歡的產品功能（這是河馬會做的事），而是如同他向我說的：「先決定你想要打造的東西，而不是你想要增加的

功能，並確保在你獲得回饋之前，不要進行下一次改善。」
換句話說，把你的產品路線圖視為一系列實驗，確保自己
知道每次實驗（學習）的目標是什麼。

　　快速、大量迭代的開發方法還有另一個好處，但我們
必須透過終極視角去探討在採用現代科學的證據和辯論方
法之前，超社會性人類是如何精通如此多複雜的事物，否
則就很難看見這個好處。要了解這個優勢是什麼，讓我們
再次回到在棉花糖挑戰中表現出色的幼稚園孩童身上。幼
稚園孩童比大多數成年人做得更好的原因是，孩童會自然
而然的利用我們超社會性人的超能力，即試驗各種方法、
觀察哪些方法有效，然後模仿最成功的方式。換句話說，
孩童能更快的實踐文化進化。

碳粉影印機

　　拜大量研究之賜，我們對文化進化如何發生，以及如
何盡快實現文化進化有深入的了解。這些研究有個核心見
解是，文化進化核心的大部分學習不是來自於正式的課堂教
學，而是來自於不太正式的教學、學習與模仿。我們透過觀
察、傾聽和模仿他人，學習如何安全的準備食物、主持緊湊
的會議、醫治病人、完成銷售、尋找食物、與難相處的同事
打交道、建造一座高高的棉花糖塔、迅速開發有效的軟體等

等。

　　我們應該效仿誰呢？研究顯示，我們主要根據三個線索來回答這個關鍵問題。第一是「年齡」。我們傾向於模仿年長的人，因為他們有更多的時間累積有用的知識。此外，一個人能存活很長的時間，就說明他一定學會把重要的事情做好，而且沒有犯下太多代價高昂的錯誤。幾乎在我們所知的所有前工業社會中，老年人的意見都會被傾聽和效仿，直到他們的認知能力明顯衰退。

　　我們用來尋找學習榜樣的第二個重要線索，是上一章提到的「聲望」。我們透過觀察其他人關注的焦點來找出模仿的對象。今天每一位年輕的大提琴演奏家都知道，馬友友是值得學習的榜樣，因為他聲名顯赫。聲望對於學習者來說就像是磁鐵；它能吸引所有人靠近。

　　第三個、也是最後一個線索，與聲望相關，是「技能」，也就是在學習者想要掌握的任務中，明顯卓越的表現。我小時候曾經夢想加入大聯盟棒球隊，當時是辛辛那提紅人隊的強盛時期，他們經常來芝加哥痛宰我家鄉的小熊隊。紅人隊的二壘手是常年的全明星球員、未來的名人堂成員喬·摩根（Joe Morgan），他有一個不尋常的習慣，就是在等待球投出時，會上下擺動一隻手臂。他說自己這樣做是為了正確揮棒[50]，但我真的不在乎。他是喬·摩根，這對我來說就已經足夠。我模仿他的動作。這動作對

我沒有任何好處，但這沒有阻止我。[*]

　　大量證據顯示，我們的模仿學習基本上是持續不斷的，模仿會發生在各種範圍，從有意識、有計畫、刻意，到完全無意識和自發的。記者湯姆・沃爾夫（Tom Wolfe）在講述美國太空計畫飛行員和太空人歷史的《真材實料》（*The Right Stuff*）一書中，解釋為什麼所有美國商業航空公司飛行員的聲音聽起來都一樣。他們在不知不覺中開始模仿戰後所有飛行員當中，技術最嫻熟和最有聲望的飛行員的口音。

　　　經常乘坐美國航空公司航班的人[51]，很快就會熟悉飛機機長的聲音……當客機陷入雷雨雲中，瞬間上下飄動數千英尺時，他會提醒你檢查座椅的安全帶，因為「呃，各位，我們可能會有一些顛簸」……誰不認識這個聲音！……這種特殊的聲音聽起來可能有點南方或西南部的口音，但其實這來自阿帕拉契山脈，來自西維吉尼亞州山區……1940年代末、1950年代初，這種低沉的聲音從高處飄然落下……真是令人驚歎……先是軍事飛行員，然後很快的，航空公司飛行員，還有來自緬因州、麻州、達科塔州和俄勒岡

---

[*]　注：隊友的嘲笑最終讓我打退堂鼓。

州以及其他地方的飛行員，開始用西維吉尼亞州拖長的語氣說話，或者盡可能接近那種腔調。這個口音屬於所有飛行員中最具代表性和最受尊敬的典範：查克·葉格（Chuck Yeager）。

心理學家肯·克雷格（Ken Craig）所做的研究，驚人的顯示人類的潛意識學習有多麼強大，影響有多麼深遠。克雷格對志願參與者進行電擊[52]，部分志願者面前有一名表現得十分堅毅的人，你猜得沒錯，他其實是實驗團隊的一員。這個硬漢評價電擊的疼痛程度總是只有研究參與者認為的四分之三。

參與者迅速模仿這個硬漢，學會減少痛楚。與未曾接觸過這位硬漢的人相比，這些參與者對後續電擊疼痛的評價只有原先的一半。他們的身體反應也支持他們的說法。他們在遭受電擊時保持更穩定和更低的心率，而且身體表現受到威脅的跡象更少。當我們天生的模仿能力能夠快速、毫不費力的減少我們對痛楚的感受時，我們知道，這肯定是我們思維硬體中極為強大的一部分。

當我們模仿我們的榜樣並發展文化時，通常會發生兩件事。第一，毫無疑問，我們不能完美複製。（你能做出如同美食頻道（Food Network）廚師一樣美味的料理？或跟隨你的滑雪教練，一圈又一圈完美的滑下山坡？）我們模仿

行為的第二個特點更奇怪：我們會過度模仿。我們會完全複製，甚至包括明顯不重要或不相關的步驟。希望像查克・葉格一樣飛行的飛行員，不只試圖模仿他的空中動作，還試圖模仿他的口音。黑猩猩和其他靈長類動物不會過度模仿，為什麼我們會？

對人類這種奇怪行為的解釋是，因為我們的文化工具和技術（即使是看似簡單的工具和技術）都很複雜，所以根本不清楚製造它們所涉及的任何步驟是否多餘。因此，安全的做法就是盡可能完整的模仿。進化賦予我們超社會性人一個「完整複製」的心理模組，讓我們能世世代代完整傳承文化。

如何改進（幾乎）一切事物

但如果人類世世代代都試圖完整複製我們的榜樣，創新和改進又怎麼會發生？「完整複製」似乎會讓文化停滯，而不是讓文化進化。而且要說有什麼不妥，那就是人類似乎是為了世代傳承文化退化而生，因為大多數人都無法完整複製我們的榜樣；我們不如他們。那麼為什麼整體來看，人類的文化是在進化，而不是退化？

因為有佼佼者。有些模仿者比他們的榜樣更好；有些學生比他們的老師更優秀。他們就像是西蒙・拜爾斯（Sim-

one Biles）＊或莫札特（Mozart）。更重要的是，在足夠大的
群體中，至少會有幾個人傾向**不要**完全照抄。他們會借鑒
別人的例子並加以改進。就像瓊妮・密契爾（Joni Mitchell）
或畢卡索（Pablo Picasso）一樣匠心獨具。

　　正因為有這些佼佼者，文化進化才能如此快速[53]。例
如，在一個特定群體中，模仿者的平均水準只有其模仿對
象的四分之三，但在每一輪模仿中，都有一個人比模仿對
象好一點點，假設好5％。在下一輪中，這個佼佼者成為新
榜樣，而這個模式會重複：平均值是新榜樣的四分之三，
而有一個模仿者又比原本的模仿對象好5％。如此重覆到第
七輪，整個群體的平均表現就已微幅超越最初的模仿對
象。到了第二十二輪時，群體的平均表現已經足足比最初
的模仿對象好兩倍。

　　文化進化的另一個重要面向是，我們超社會性人能夠
一次向多個榜樣學習。我們能同時觀察並與好幾個人互
動，感受每個人做得好的地方。輪到我們採取行動時，我
們會創建出類似我們所見過最佳模仿對象的加權平均值。
在人類學家約瑟・亨里奇和心理學家麥可・穆圖克里什納
（Michael Muthukrishna）的實驗中，參與者使用不熟悉的軟

＊　編注：美國女子競技體操選手，曾連續獲得三次世界競技體操錦標賽與美國盃競
　　技體操賽女子體操全能金牌，以及三次全美賽自由體操金牌、兩次世錦賽平衡木
　　金牌。她也是2015年美國年度最佳女運動員。

體，完成重新創造目標圖像的艱巨任務。他們的成果之後
成為下一輪參與者的模仿對象。一些參與者只看到前一輪
的一個模仿對象，而另一些參與者則看到五個模仿對象。
僅僅十輪之後，擁有五個模仿對象可以參考的群體當中，
技能最差的人的表現，就已經比只能向單一模仿對象學習
的群體中技能最佳的人更好。*

　　在我工作的麻省理工學院校園內，每年都會真實上演
一個群體因為文化進化而迅速集體變聰明的過程。它發生
在一堂名為「如何製作（幾乎）任何東西」的課程，這門
課由媒體實驗室教授尼爾・葛申菲爾德（Neil Gershenfeld）
於1998年開設。

　　「如何製作（幾乎）任何東西」名副其實。在一個學期
內，學生們會學習使用電腦輔助設計軟體。他們使用雷射
切割機、3D掃瞄器和印表機。他們為銑床生成刀具路徑。
每個人自行組裝可在家中使用的小型銑床，然後在本學期
剩下的時間裡使用它。他們製作印刷電路板，在電路板上
填充元件，讓電路板發揮作用。他們為嵌入式裝置撰寫程
式、將裝置連上網路，並添加大量LED。他們製作影片和

---

* 　注：如果我們回到數字的例子，我們可以看到人類模仿時，混合和配對的能力對
　　於提高績效有多大的幫助。假設混合和配對將表現最好的人的績效從5％提高到
　　7％，在這種情況下，不必等到二十二輪之後，只需要十六輪，整個群體的績效
　　就會是原始模仿對象的兩倍。如果將績效提升10％，那麼只要在第十一輪後，該
　　群體的平均能力便將是原本的兩倍。

其他多媒體內容展示自己的作品，把這些內容嵌入網頁，並放到課程網站上。

　　如果這聽起來不可能，我完全同意。幾年前，我嘗試參加這門課程，但完全跟不上。*不過大多數學生都能做到，儘管他們在開始學習這門課程時，通常沒有相關的知識或經驗。

　　他們如何完成這一切？首先，這些學生就像幼稚園孩童搭建棉花糖塔一樣：直接動手做。葛申菲爾德的「講課」是一連串迅速簡短的解釋和示範；換句話說，就是一堆示範。學生很快就開始利用這些示範。他們每週都要製作一些東西，並在課堂上展示自己的作品，分享製作過程。這門課沒有紙筆作業，也沒有考試，只有在可觀察性高、合理推諉性低的條件下製作東西的經驗（因為每個人都知道，任何人都有可能在課堂上被點名展示自己的作品）。

　　在學生學習製作東西時，他們有很多榜樣可以參考。當然還有葛申菲爾德，他在每堂課上都會與學生交談並提供建議。此外，還有一批專門的助教和實驗室管理員，提供輔導和幫助。這些都是很棒的資源，但「如何製作（幾乎）任何東西」真正的亮點在於，它讓以往每一屆的學生

---

* 　注：關於我必須退出「如何製作（幾乎）任何東西」課程，我的新聞祕書確實給出許多保存自尊心的解釋。我就不多說了。

都成為當前群體的現成榜樣。為了實現這個目標，課程要求每個人每週記錄下自己的工作（包括文字、圖片、音訊和影片、程式碼、CAD 檔案等），並把這些紀錄上傳到那個學期的課程網站。

所有網站都會存檔，可以透過課程主頁搜尋。「如何製作（幾乎）任何東西」的學生很快就知道，他們對每週專案有想法之後，明智的第一步就是搜尋檔案，看看是否有人過去做過類似的事情。他們幾乎總是能透過這種方式找到幾個榜樣，並在開始一週工作時自由融入其中的最佳元素。

課程的快節奏、每週反覆循環與豐富的模型，產生大量學習與快速的文化進化。麻省理工學院的教育經常被描述為從消防水帶喝水，*這在「如何製作（幾乎）任何東西」中最為真實。但這個課程的設計目標是為學生提供他們所需的一切，只要他們準備好、願意並且能夠擁抱「速度」這個偉大的極客行為準則，並運用人類向榜樣學習的超能力，就不會被淹死。正如葛申菲爾德對我所說：「我認為這門課就像直銷一樣，已經學會的人必須教導即將學習的人。」

有關終極研究揭示人類取得驚人快速進步的能力，亨

---

*　注：相信我，這是一個準確的描述。

里奇總結說：「是我們世代傳承的集體智慧[54]，而不是個體與生俱來的發明才能或創造力，解釋人類這個物種的奇特技術與巨大的生態成就。」將我們標籤為智人沒有錯，但這忽略更重要的一件事：我們其實是超社會性人。

在路上並進入太空

現代商業極客迷戀速度，因為他們看到速度如何帶來更快速的學習和更少的騙子俱樂部。因此，他們堅決反對放慢速度。Facebook最初的內部座右銘是「快速行動，打破常規」[55]。然而，到了2010年代中期，科技產業內外的許多人都認為這是錯誤的觀點，它造成不良後果，其影響範圍遠遠超出矽谷。極客社群意識到，他們需要更新行動口號，最終敲定的口號是「快速行動，修復問題」。前四個字沒有改變的這件事表明，對極客來說，速度，也就是快速迭代、快節奏、敏捷這件事不容妥協。他們遵循最小可行性產品原則、快速交付週期，以及敏捷開發的所有分支和變體：衝刺、SCRUM＊、工作流程看板、開發營運（DevOps）等等。他們對這些細節爭論得面紅耳赤，但我還沒有聽到任何商業極客

＊ 編注：SCRUM 是用於開發、交付和維持錯綜複雜產品的敏捷框架。最初著重於軟體開發，之後已被應用於其他領域，包括研究、銷售、行銷和其他先進技術領域。

主張，我們應該回到時程冗長、可觀察性低、合理推諉性高的瀑布式開發法和專案時代。

敏捷宣言與打造軟體有關，但它的原則也適用於硬體。即使是建設大都市地鐵系統這樣的大型專案，也可以採用迭代的快節奏方式管理。關鍵是讓專案模組化，把專案分解成能創造價值、能客觀評估、每個人都能看見，而且能拼湊成最終產品的小塊模組。

管理學者班特・傅萊傑格（Bent Flyvbjerg）研究過子彈列車網路、海底隧道和奧運會等大型專案，他得出的結論與目前正在顛覆一個又一個產業的商業極客相同。傅萊傑格說：「我對大型專案進行超過三十年的研究和諮詢[56]，我發現有兩個因素對組織的成敗發揮關鍵作用：可複製的模組化設計和迭代的速度。」

建設地鐵路線必須面對所有困擾大型專案的問題，而且建設速度緩慢更是惡名昭彰。哥本哈根城市環狀線[57]的建設耗時十年，倫敦的維多利亞線費時近二十年，紐約的第二大道線於1929年獲得核准開工，到了2017年才部分通車[58]。*但在土木工程師曼紐爾・梅利斯（Manuel Melis）的帶領下，透過模組化的車站設計、施工與隧道鑽探等方式

---

*　注：永遠未完工的第二大道線，數十年來成為紐約人無數個笑話中的素材。2017年播出的電視劇《廣告狂人》（*Mad Men*）中的一集〈洪水〉，以1968年為背景。劇中的一位主角擔心自己看中的公寓位置太靠東邊。她的房地產經紀人向她保證：「等到第二大道地鐵完工後，這間公寓的價值將會是現在的四倍。」

建造，馬德里在短短八年內就為地鐵系統增加七十六個車站和超過一百三十公里長的軌道。梅利斯領導下的馬德里地鐵系統，沒有把每個車站打造成地鐵旅行的獨特景點，而是對所有車站採用相同的設計與施工方法。因此，每個車站都成為後來所有車站的典範，進而加速文化進化（在這種情況下，意味著如何學習建造地鐵站和隧道）。梅利斯還讓多達六台的大型地下鑽孔機同時工作，為隧道施工人員提供多種模型。這是史無前例的方法，而傅萊傑格解釋了這種方法為何成效卓著：

> 隧道模組[59]被一再複製，促進積極學習……意想不到的好處是，隧道挖掘團隊開始相互競爭，進一步加快速度。挖掘團隊晚上會在馬德里的小吃店碰面，比較每日的進度，確保自己的團隊處於領先地位，同時也交流彼此的經驗。藉由讓許多機器與團隊同時作業，梅利斯可以有系統的研究哪些機器與團隊表現最好，下一次再雇用他們。這帶動更積極的學習。

傅萊傑格對馬德里地鐵成功建造的描述顯示，提出並回答有關我們這個奇特物種的終極問題，也就是探討我們行為模式背後的深層動機，是有益的。這種方法為我們理解學習曲線這樣的重要現象提供一個全新途徑。當我們能

夠觀察一代又一代的模仿對象，並吸收它們的最佳特徵時，學習就會發生。除了可能下意識的混搭那些最好的範例之外，我們當中有一些人甚至會試圖改進我們看到的典範。因此，設置專案來產生大量典範（經由模組化）和大量版本（經由快速迭代），是學習最大化和改進的好方法。

特斯拉和SpaceX這兩家由伊隆・馬斯克擔任執行長的企業，都是極客速度行為準則的領導者，它們的成就令人印象深刻。正如我們在本章開頭所見，自2012年以來，特斯拉一直以極快的速度，在夜間為停泊在家中車位和車庫的特斯拉提供無線軟體更新服務。近年來，特斯拉Model 3每年更新近二十次，其中一些更新是對汽車功能的重大升級或增強。其中最知名的一次更新出現在2018年春季的幾天裡，這次更新顯示特斯拉能以多快的速度迭代與回應意見。

5月21日，《消費者報告》公布Model 3的道路測試結果，得出的結論是，無法把這款車納入該雜誌備受矚目的「推薦」名單。測試過程中遇到最嚴重的問題是煞車距離太長。《消費者報告》寫道：「特斯拉從時速97公里煞車至完全停止的距離[60]為46公尺，比我們測試過的任何當代車種都要長，比福特F-150全尺寸皮卡的煞車距離還要多出約2公尺。」特斯拉對這些結果提出異議，馬斯克於5月21日在推特上寫道[61]：「非常奇怪。Model 3的設計具有超好的

煞車距離，其他評論家也都證實這一點。如果車輛真的存在差異，我們將找出原因並加以解決。這可能只是韌體調整的問題，這種情況可以透過無線軟體更新來解決。」四天後，所有的 Model 3 都已完成更新。《消費者報告》重新測試這款車，並於 5 月 30 日修改線上評論，表示：「我們現在推薦 Model 3。」[62]《消費者報告》的汽車測試主管傑克・費雪（Jake Fisher）表示：「能在如此短的時間內看到產品更新[63]真的非常驚人。我們從未見過任何製造商能在一週內做到這一點。」

SpaceX 也從競爭中脫穎而出。它是世界上唯一一家生產可重複使用商用火箭的火箭製造商，目前離開地球前往太空的所有有效酬載中[*]，約三分之二由 SpaceX 運載[64]。SpaceX 市占率如此之高的主要原因之一是它的成本非常低。NASA 於 2018 年公布的一份報告[65]發現，相較於法國亞利安航太公司（Arianespace）研發和發射的亞利安五號火箭，SpaceX 的獵鷹九號火箭將一公斤有效酬載送入低軌道的成本要低 80%。[**]

SpaceX 在開發最新、最大的火箭星艦（Starship）時，

---

[*] 編注：酬載是飛機或運載火箭攜帶的物體。有時，酬載也指飛機或運載火箭能夠承載的重量。

[**] 注：與 2011 年第二次致命飛行事故後退役的美國太空梭相比，SpaceX 將一公斤重的物品送上近地軌道的成本低 95%，將貨物和機組人員送上國際太空站的成本低 75%。

也始終堅持速度這項極客行為準則。星艦的使命是將人類送上月球及更遠的地方。一路上，它還將把大量的通訊衛星以及其他有效酬載送上地球軌道。但SpaceX在開發星艦時，沒有制定全面的總體計畫，然後堅持執行，而是像棉花糖挑戰中的幼稚園孩童一樣：開始建造，獲得回饋，然後反覆修改。

按照最初的計畫，星艦的主體採用碳纖維複合材料製成，這種複合材料擁有極佳的強度重量比＊。在2018年9月的簡報中[66]，馬斯克展示一個閃閃發亮的巨大金屬圓柱模具（稱為心軸）照片。碳纖維纏繞在心軸上，就像蜘蛛將絲纏繞在獵物身上一樣，隨後浸泡於環氧樹脂中加熱，最後將成品零件從心軸分離。馬斯克在簡報中展示其中一個零件的圖片：一個直徑76公分、由碳纖維製成的黑色薄壁空心圓柱體。

然而僅僅四個月後，SpaceX就宣布星艦將改用不銹鋼製成[67]，而不是碳纖維。SpaceX從碳纖維的實驗中了解到，雖然這種材料具備一些理想的特性，但製造每個零件都需要花費很長時間，而且其中超過三分之一的零件必須報廢。因此碳纖維船體的想法被放棄。SpaceX並沒有將這個改變視為開發流程存在缺陷的證據，而是將其視為開發

＊　編注：是材料的強度（斷開時單位面積所受的力）除以其密度。

流程按照預期運行的證明：SpaceX正在快速迭代並吸取經驗教訓，即使這些教訓代價高昂。正如「太空愛好者」弗洛里安・科迪納（Florian Kodina）2020年5月在「每日太空人」（Everyday Astronaut）網站上寫道：

> 星艦的一切[68]目前都還在討論之中。我的意思是，我們確實看到他們依據火箭需求來建造工廠，而不是先建立工廠再製造產品……。
>
> 我們將看到更多的硬體故障，也會有挫折，我們可能還會看到爆炸！但……失敗不僅沒關係，有時甚至在預料之中。這種方法能以更低的成本和更快的速度，透過建造原型來學習。伊隆一次又一次的說：「失敗是一種選擇，如果沒有失敗，就代表你的創新還不夠。」

科迪納對未來硬體故障和爆炸的預測是正確的[69]。編號為SN8的第八艘星艦成功發射，但在嘗試著陸時墜毀並燒毀（沒有人員傷亡；所有SN任務都是無人駕駛）。SN9也遭遇類似的命運，以大約三十度角著陸並爆炸。SN10完成硬著陸，但在大約八分鐘後爆炸。SN11在濃霧中飛行，飛行不到六分鐘，火箭的碎片開始掉落在著陸點上，但觀察員無法看見到底發生什麼事；分析顯示，可能是引擎中的甲烷

洩漏，導致爆炸。因為設計上有重大改進，SN12至14號還沒送上發射台就直接被放棄建造，但SN15最終成功完成軟著陸（雖然著陸時引發小火，但在二十分鐘內就被撲滅）。SpaceX認為自己已經從這些實驗中學到所需的知識，並宣布下一次試飛將是一次不載人的環繞地球軌道飛行，技術涵蓋星艦的所有主要組成元素：飛船本身、大型助推火箭，並由三十九台新開發的猛禽引擎來推動。

2021年春天，NASA對星艦與其他計畫的進展印象深刻，因此授予SpaceX一份價值29億美元的合約[70]，內容是將太空人送上月球。但在這個領域，SpaceX還將面臨來自NASA本身的一些競爭。自2011年以來，NASA一直致力於研發自己的大型火箭，名為太空發射系統（SLS）。與SpaceX相比，NASA在開發太空發射系統的過程中更重視前期規畫，而較少進行迭代與實驗。例如，與太空發射系統相關的火箭都沒有進行過試飛，第一次飛行就是無人駕駛繞月球飛行，並使用與這個系統有關的所有主要元件：推進器和核心級（core stage）用來提供擺脫地球引力所需的動力，以及將太空人和貨物推進月球的上層級（upper stages）。

這趟首次飛行原定於2016年進行[71]。儘管如航太記者大衛・布朗（David W. Brown）所說：「沒有什麼特別的工程障礙[72]需要克服」，但計畫還是被推遲二十六次[73]，最終

才於2022年11月發射。這是一次昂貴的飛行。2022年3月，NASA監察長保羅‧馬丁（Paul Martin）[74]在國會作證。他估計，前四次阿提米絲計畫（Artemis）發射（包括太空發射系統火箭與獵戶座太空船），每次的營運成本將超過40億美元。這個數字只是每次發射任務的成本，不包括開發這些設備所花費的數百億美元。如果將這些開發成本分攤到前十次阿提米絲任務，那麼每次任務的成本將接近80億美元[75]。與此同時，撰寫太空新創企業時事通訊的火箭工程師伊恩‧沃爾巴赫（Ian Vorbach）估計，早期SpaceX的星艦發射花費僅為1億5000萬至2億5000萬美元[76]。

馬斯克對NASA和SpaceX之間的巨大差異做出絕佳總結：「我的一句座右銘是：**『如果時間表很鬆散，那就錯了[77]。如果很緊湊，那就對了。』**基本上，我只是按照計畫不斷循環改進，並根據持續的回饋調整時間表，不斷自問『這樣能加快速度嗎？』」商業極客最基本的工作之一，就是加快他們所涉足產業的脈動速度，即迭代和創新的腳步。

讓我們將看到和學到與速度有關的知識，濃縮成一條終極基本規則。像之前一樣，我們先從規則的一般形式開始：**形塑群體成員的超社會性，讓群體的文化進化盡快朝期望的方向發展**。對於速度這項偉大的極客行為準則來說，這條終極基本規則變成：**加速學習和進展，減少計畫，增加**

迭代行為；圍繞短週期組織專案，讓參與者在其中展示自己的工作，接觸同行和典範，向客戶交付成果，並獲得回饋。

以短週期的方式建立專案還有一個巨大的好處：它們能迷惑對手，為你帶來競爭優勢。要知道這種優勢有多大，讓我們以一個特立獨行、迷戀速度的軍事思想家的故事來結束這一章。

極客兵法

約翰・博伊德（John Boyd）發現很難讓其他戰鬥機飛行員聽取自己的意見，於是博伊德把這群飛行員一一從天上擊落。

博伊德在某些軍事圈子中享有近乎神話般的地位。他幾乎憑一己之力，把空戰從一種鮮為人知的實務，轉化為一門結合能量管理與機動性的藝術科學。然後，他擴展自己的視野，思考整個人類戰爭史，並從中提取教訓，而這些寶貴的教訓已經成為美國與許多其他國家軍事學說的核心。博伊德被譽為「自二千四百年前寫下《孫子兵法》的孫子之後，最有影響力的軍事思想家[78]」。

1955年，當博伊德抵達位於內華達州沙漠的內利斯空軍基地（Nellis Air Force Base），進入戰鬥機武器學校（FWS）就讀時，他已經是公認出色的飛行員。然而，他從

未在戰鬥中擊落過敵機。他在韓戰中執行過二十九次飛行
任務[79]，但只是作為僚機；他甚至從未在真正的空中纏鬥中
開過火。因此，他對於空對空作戰的想法，一開始在內利
斯沒有得到太多重視。戰鬥機飛行員最看重的是戰爭中擊
落敵機的戰績，但博伊德沒有任何戰績。因此，儘管他在
戰鬥機武器學校的學生生涯表現出色，畢業後立即獲得教
官職位，但他仍然覺得自己沒有得到應有的重視。博伊德
不只認為自己是頂尖飛行員，具有貓一般的敏捷、老鷹般
的視力、鋼鐵般的意志等等，他還覺得自己已經掌握到空
戰的基本原則。

　　由於他對這些原則充滿信心，所以他向內利斯的其他
飛行員提出一個長期賭注：兩名戰鬥機飛行員飛到預先安
排好的位置，爬升到三萬英尺，然後博伊德的挑戰者將在
他身後就位（這是戰鬥機飛行員心目中的理想位置）。如果
博伊德無法在四十秒內扭轉劣勢，並成功模擬擊落對方，
他就必須支付對手四十美元。他從來沒有付過錢，因為他
從來沒有輸過，無論對方是戰鬥機武器學校的學生或教
官，還是1950年代中後期造訪內利斯的任何海軍、海軍陸
戰隊或外國飛行員。他的名聲不脛而走，被稱為「四十秒
博伊德」和「教皇約翰」。大家開始聆聽他的意見。

　　博伊德談到空中纏鬥中的勝利者，**不是**能在天空飛得
更快、擁有更強大飛機的飛行員，而是能夠更快速迭代的

飛行員。就像 1970 年代與博伊德一起設計 F-16 戰鬥機（該機型至今仍在世界各地使用）的飛機設計師哈里・希勒克（Harry Hillaker）所說，博伊德的空戰方法[80]奠基於「『快速瞬變』，也就是快速改變速度、高度和方向……『快速瞬變』的概念推動這項理論：為了贏得勝利或取得上風，你必須在時間上超越對手。」而要做到這一點，就得巧妙利用飛機的能力：能量（來自引擎或俯衝）和飛機的機動性。

　　博伊德是傑出的演說家，他能夠深入闡述自己的想法，滔滔不絕的教訓與他意見相左的人，但他知道自己不能只是談論如何贏得纏鬥，還必須把自己的想法量化。因此，他與空軍數學家湯姆・克里斯蒂（Tom Christie）合作，利用新近出現的電腦工具，發展出能量機動理論（energy-maneuverability）。這個理論的影響非常深遠，就像博伊德傳記作者羅伯特・科拉姆（Robert Coram）所說：「博伊德還只是一名初級軍官時[81]，便改變全球各種空軍的飛行與戰鬥方式……能量機動理論問世之後，航空業更發生翻天覆地的改變。能量機動理論代表新舊時代之間的明確分界，如同從哥白尼宇宙觀轉向牛頓宇宙觀這般的劃時代巨變。」

　　在接下來的職業生涯中，博伊德持續探究一個基本問題：為什麼空戰中的某一方能勝過另一方。他將研究範圍擴大到空戰之外，研究整個戰爭史，然後得出一個很簡單

的結論：機動性是制勝的關鍵。他制定的軍事學說強調「在時間上超越對手」的重要性，也就是能夠更快發現和抓住機會。具備這種能力的飛機或坦克排可以讓對手失去平衡，無所適從。博伊德強調，一旦你在時間上超越對手，你的行動就會顯得隨機且不可預測，因為你正在對他們尚未察覺或理解的情況做出反應。博伊德認為：「我們應該以比對手更快的節奏[82]或時間行動……這類活動將讓我們的行動變得不明確（不可預測），進而在敵方造成混亂和失序。」

博伊德沒有把自己的想法寫在書中，而是應美國軍方和聯邦政府的要求，編寫一份名為「衝突模式」（Patterns of Conflict）的六小時簡報檔。懷俄明州的年輕國會議員迪克・錢尼（Dick Cheney）聽過後印象深刻，多次邀請博伊德到他的辦公室做客。1990年8月伊拉克入侵科威特時，錢尼已經是美國國防部長。當錢尼審查「沙漠風暴行動」（美國領導的驅逐伊拉克行動）的最初作戰方案時，他發現這項計畫沒有融入機動戰術。相反的，這是一個標準的消耗戰方案，也就是與敵人正面交鋒，帶給敵人重大損失，迫使他們投降。

儘管美軍在面對伊拉克軍隊時採取消耗戰的獲勝機率很大，但錢尼確信，採用機動戰術會有更好的效果，能以更迅速、損失更小的方式結束衝突。因此，他請退休的博

伊德出山，參與制定作戰方案，結果制定出一個截然不同
的計畫，這項快速大膽的行動計畫，能夠迷惑敵人。

　　新版作戰方案效果出奇得好。在戰爭「正式」開始前
三天，一小隊美國海軍陸戰隊隊員冒險深入敵方領土，發
動猛烈攻擊。伊軍誤以為這次襲擊是主攻，緊急增援。但
當援軍抵達時，很多伊拉克軍隊選擇投降，因為他們相信
自己面對的是一支優勢部隊。大約十五個伊拉克師向兩個
海軍陸戰師投降。修訂後的沙漠風暴作戰方案[83]，成功「讓
敵人作繭自縛」（用博伊德的話說）。接下來的戰爭不是一
場消耗戰，而是一場潰敗。伊拉克軍隊在主攻開始後短短
四天內就被驅逐出科威特，只有不到一百名美軍士兵在行
動中陣亡[84]。戰後，海軍陸戰隊司令查爾斯・克魯拉克
（Charles Krulak）寫道：「在美國和聯軍的強大攻勢下，伊
拉克軍隊在道德與智力上雙雙崩潰[85]。博伊德是這場勝利的
締造者，就像他在沙漠中指揮戰鬥機聯隊或機動師一樣。」

　　第一次波灣戰爭結束後，博伊德在1991年向國會作證
時[86]，總結自己的機動理論以及速度這一個偉大的極客行為
準則所帶來的競爭優勢：「衝突可以被視為是雙方在觀察、
導向、決策與行動的重複循環。我還想補充，這在各個層
面都存在。＊能夠更快完成這些循環的對手，可以透過破壞

＊　注：這個循環被稱 OODA 循環。

敵人的有效反應能力來獲得龐大的優勢。」商業極客之所以迷戀速度，是因為速度不只能解散騙子俱樂部、減少90％症候群、提高團隊學習和文化進化速度，還能擾亂與迷惑對手。

　　許多工業時代的企業根本無法跟上極客的腳步。這些企業無法快速更新軟體，這在軟體吞噬世界[87]的時代成為嚴重的劣勢。在進行產品開發時，工業時代的企業通常會進行廣泛的規劃，爭奪地位，而不是盡快建造原型。簡而言之，他們的行為就像參與棉花糖挑戰的MBA團隊，而他們的極客競爭對手則是像幼稚園的孩童般行動。

　　在極客眼中，許多工業時代企業需要耗費許多時間才能做出反應，這是明顯的弱點。利用這個弱點的兩個關鍵是更快的節奏和高度的可觀察性。無法藉由採納速度這項偉大的極客行為準則來降低自身弱點的競爭對手，很可能會發現，自己就如同博伊德在內華達州沙漠上空進行纏鬥的對手：對自己處境的迅速惡化感到困惑，並被徹底擊落。

　　創投家史帝夫・尤爾韋森（Steve Jurvetson）直截了當的告訴我：「任何認為自己不是軟體企業的企業都活不長，因為我們學會的敏捷軟體開發方式，正在成為我們開發一切的敏捷方式。有時候我覺得自己似乎擁有第六感。我能看到已經死去的企業，只是它們還不知道自己已經死去，但它們其實已經死去，因為它們的反應不夠快。能夠更快

速迭代的企業可以輕易打敗這些公司，前者每隔幾年就會創新，而後者可能得花上七年的時間才能做到。」

福斯執行長迪斯離職時[88]的語氣，聽起來有點像尤爾韋森。《彭博社》2022年9月的報導寫道：

在擔任福斯執行長的最後一天，迪斯分享自己告別晚宴上的片段。影片中，這位六十三歲的老人抓起麥克風，要求同事們靠近一些，然後做出預言：其他傳統製造商會像福斯汽車一樣在軟體方面遇到麻煩。

「我們正在努力渡過難關」，迪斯說：「其他人也是如此。」

摘要

大多數大型專案都會延遲完成，直到原定完成日期逼近時，問題才會顯現出來。這種現象被稱為「90％症候群」。

「騙子俱樂部」是造成90％症候群的主因。在一個專案期間，即使進度落後，騙子俱樂部的成員還是會宣稱自己準時完成，並希望其他人先被發現。騙子俱樂部的興盛程度奠基於「可觀察性低」與「合理推諉性高」之上。

為了對抗騙子俱樂部，商業極客依賴速度這項行為準則：快速迭代，並獲取客戶回饋意見。可觀察的迭代和回饋意見能瓦解騙子俱樂部。

速度的另一個好處是它可以加速學習。設置專案來產生大量榜樣（經由模組化）和大量版本（經由快速迭代），讓我們這些超社會性人類可以更快速的互相學習。

對於速度這項偉大的極客行為準則，最終的基本原則是：**加速學習和進展，減少計畫，增加迭代；圍繞短週期組織專案，讓參與者在其中展示自己的工作，接觸同行和典範，向客戶交付成果，並獲得回饋。**

在極客眼中，許多工業時代企業需要耗費許多時間才能做出反應，這是明顯的弱點。利用這個弱點的兩個關鍵是更快的節奏和高度的可觀察性。

向組織提問

　　這十個問題可用於評估組織遵循速度這個偉大的極客行為準則的程度。請使用 1 到 7 之間的數字回答每個問題，其中 1 表示「非常不同意」，7 表示「非常同意」。

題　　目	分數
1、我們最近有許多大型專案都出現嚴重延宕。*	
2、我們向（內部或外部）客戶交付產品，並獲取顧客回饋的週期很短。	
3、我們沒有從實驗或失敗中學習的文化。*	
4、我們不鼓勵客戶在專案進行過程中提出變更請求。*	
5、當專案進度開始落後時，參與者很快就會發現這個事實。	
6、大家很容易看到其他人在做什麼，並向他們學習。	
7、我們經常在專案進行的過程中做出重大改變。	
8、我們將大專案拆解成小的、模組化的計畫，以便快速完成。	
9、我們相信，大量的前期規畫，是避免日後發生不愉快意外的好方法。*	
10、如果要選擇分析可能的解決方案或直接製造某物以驗證效果，我們會選擇前者。*	

* 注：加星號之問題的分數需要倒過來計算。請用 8 減去你所寫下的分數。例如，你的回答為 6 分，實際分數應為 2 分。（8 減 6）

第七章

開放
更好的商業模式

好的領導者會投入坦誠徹底的辯論，因為他知道，經過這樣的交流，他與對方的關係必定更加緊密，並讓團隊變得更加強大。當你傲慢、膚淺、無知的時候，你就不會有這種想法。

——納爾遜・曼德拉（Nelson Mandela）

最後，讓我們來看看一家工業時代的知名企業，以此結束對偉大極客行為準則的討論。這家公司的行為準則如此有害，最終讓它走向破產。我們在第一章首次提及安達信會計師事務所，當時我們用它來說明什麼是行為準則。我們發現安達信有一種強烈的從眾行為準則：儘管正式的服裝要求已經放寬，但當求職者托夫勒來到辦公室面試時，卻發現每個人的穿著都很相似。到職第一天她就意識到從眾只是安達信一系列行為準則的一部分，而這些行為準則都是商業極客極力避免的事情。

1998年春天，托夫勒已經在事務所工作大約三年，她帶領一群經理討論職業道德問題。這些都是直接負責客戶財務報表審計的員工，這也是安達信超過八十多年來一直在做的事情。與大多數專業服務公司一樣，這些經理在合夥人的監督下工作，而合夥人則負責簽署最終審計結果。

托夫勒首先在黑板上寫下安達信經理的利害關係人名單：「客戶、公共投資者[1]、合夥人、公司、美國證券交易委員會、社區、政府、同事、家人。」然後她問大家，哪一個最重要。在一陣緊張的沉默和一些提示後，一位經理主動說，合夥人是他們最重要的利害關係人。其他人也同意，沒有人反對。

托夫勒接著又追問一個與道德相關的後續問題：「如果你的合夥人要求你做一件你認為不對的事情，你會答應

嗎？」又是一陣沉默後，有人回答說：「我想我可能會先問問原因，但如果他堅持要我這麼做，是的，我會答應。因為合夥人不希望聽到壞消息。」

你幾乎能從托夫勒的最後一個問題中聽出她的絕望：「但你會告訴其他人嗎？」

「不會，」對方回答：「這可能會傷害我的職業生涯。」

幾個月後，托夫勒親身經歷這一切，當合夥人要求她做一些她認為錯誤的事情時，她沒有反抗。1998年12月，托夫勒的團隊提案，協助一家銀行客戶向員工推廣新政策和教育訓練材料。*托夫勒為自己團隊在該專案中的工作報出7萬5000美元的價格。主持該專案的合夥人因此被激怒：

> 「這7萬5000美元是什麼意思？」[2]他喊道，又恢復他慣用的機關槍說話方式，不讓任何人有機會發表反對意見。「這7萬5000美元是什麼意思？這是個重要的時刻，小姐……我要那個數字變成15萬美元。」他命令說：「回去修改。」

托夫勒按照對方的吩咐做了，調高她的報價。諷刺的是，她為銀行準備的資料是關於企業道德的重要性。更加

---

*　注：在1990年代末期，這個工作主要是透過分發文件夾和光碟來完成。

諷刺的是，安達信聘請她，正是要讓她擔任新成立的「道德與負責任的商業實務小組」負責人。

從誠信到聯邦調查

托夫勒當時任職的安達信，正從企業監督人的角色迅速淪為企業不正當行為的幫兇，而且一步步走向衰亡。挪威移民之子亞瑟・安達信（Arthur Andersen）於1913年在芝加哥創立自己的審計企業。當時發揮創意提高獲利的會計手法很常見，但安達信沒有這樣做。根據一個廣為流傳的故事，1914年，亞瑟注意到自家最大客戶之一的鐵路公司費用核算不正確，他指出了問題，但沒有得到回應。於是，他通知鐵路公司總裁，他會將這件事寫進正式審計報告中。這位憤怒的高階主管前往芝加哥，衝進安達信的辦公室，要求撤回意見。亞瑟沒有退縮，而是反擊道：「就算把芝加哥市所有的錢給我[3]，我也不會更改報告！」幾個月後，鐵路公司破產，而安達信事務所的發展則在往後數十年間蒸蒸日上。

直到1970和1980年代，安達信事務所的領導人似乎仍然願意直言不諱的指出他們認為不良的會計做法，並放棄那些不重視風險的客戶。安達信合夥人公開指出[4]處理呆帳和電腦折舊的正確會計方法，並放棄大部分儲蓄貸款客戶，因為它們願意借錢給可能不會還款的組織。儲蓄貸款

產業在1980年代末開始逐漸崩潰時，安達信事務所因此得以避免大部分的損失。*

然而，到托夫勒與審計經理們交談時，情況已經發生變化。可以肯定的是，1998年那次會議中，一些參與者已經掌握第一手資料，知道自己的合夥人在做一些不對的事，他們在工作中參與不道德、甚至可能是非法的活動。

例如，1997年，多個安達信合夥人接到通報，安達信的審計客戶亞歷桑那浸信會基金會（Baptist Foundation of Arizona）正在精心策劃一場龐氏騙局，為一些高階主管謀取利益。安達信事務所不打算對這些指控進行調查，而是為基金會提供一系列無保留意見（換句話說，沒有發現重大問題）的審計結果。當該組織於1999年底倒閉時，大約一萬一千名主要是老年人的客戶[6]損失近6億美元。

浸信會基金會不是特例。安達信的另一家審計客戶藥品經銷商麥卡遜（McKessonHBOC），必須就1998年和1999年的3億美元收益[7]重新編寫財報。1999年宣告破產的連鎖餐廳波士頓烤雞（Boston Chicken）[8]，在美國證交會的要求下，不得不就安達信在十年前就已經簽署同意的收益重新編寫財報。如果參與托夫勒道德討論的經理們曾參與

---

*　注：但不是全部。1993年，安達信同意支付8200萬美元的罰款[5]，原因是它對林肯儲蓄貸款銀行（Lincoln Savings and Loan）和其他機構的「疏忽」審計。

過安隆（Enron）的審計工作，他們很可能意識到自家事務所的會計實務有多大問題。安隆於1991年成立第一個特殊目的實體（Special Purpose Entity, SPE）[9]*。十年後，事實證明，這些子公司在安隆和安達信的消亡過程中發揮重要作用。

2001年2月，由十二名安達信合夥人組成的團隊，開會討論前一年對安隆的審計作業。安隆是一家總部位於休士頓的能源企業，成功將自己重新定位為快速成長的「新經濟」典範。合夥人很快就將注意力集中在安隆設立的約三千個特殊目的實體上[10]。特殊目的實體只要滿足幾個獨立性標準就合法，但安隆的特殊目的實體顯然不符合這些標準。例如，這家企業至少有一個特殊目的實體是由時任安隆財務長的安德魯・法斯托（Andrew Fastow）[11]掌控（事實上，該特殊目的實體是以法斯托妻子與孩子的名字命名）。安達信在二月會議次日起草的內部備忘錄中[12]，有些輕描淡寫的描述圍繞該「特殊目的實體」的會計做法「激進」，但儘管如此，安達信「仍得出保留安隆這家客戶的結論，理由是我們擁有適當的人員和流程，可以為安隆公司提供服務，並管理我們的委任風險。」備忘錄還暗示留

---

* 　編注：特殊目的實體，是指發起機構（sponsor）基於特定目的而設立之組織，這個組織可能是公司、信託，發起機構設立 SPE 以進行與該目的相關的活動或一連串之交易。

住安隆這個客戶的重要性:「如無意外」,安達信收取的費用每年可達到 1 億美元[13]。安達信對安隆 2000 年的財務報表出具無保留的審計意見。

2001 年 12 月,安隆「激進」的會計做法曝光後,聲請破產。2002 年 6 月,安達信因妨礙聯邦政府追查它已倒閉客戶的罪行被判有罪。*幾個星期後,即 2002 年 8 月,安達信寫下自己的訃聞[14],宣布將停止上市企業的審計業務。

當安達信的醜聞和解體成為頭條新聞時,我正踏上管理學者生涯。我簡直不敢相信報導中提到,這家事務所在接二連三的企業醜聞中扮演的角色。這就好像我家鄉的醫院被揭露從事非法器官摘取一樣。

我在芝加哥附近長大,對安達信的印象是中西部誠信、正直與踏實的典範。1970 和 1980 年代初,當我還是個孩子時,安達信被認為是會計界的支柱,當時「安達信」這個名詞還沒有任何貶義。

這些合夥人在我心中的地位就如同醫生:他們是**因為做出重要的事情**而享受應得富裕的有錢人。醫生為你接生,為你的叔叔做冠狀動脈繞道手術。他們幫助社會保持健康。安達信對企業進行嚴格審計,讓企業誠實,確保我們

---

* 注:2005 年,美國最高法院一致推翻這個判決,認為給予陪審團的指示不公平且混淆視聽。

可以信任企業提供的數字。他們幫助市場保持健康。

安達信合夥人的地位很高。他們在一個享有盛譽的職業（雖然可能不是最耀眼的行業）中躋身前列，而且收入頗豐。他們的薪資雖然不如執行長，但他們受到執行長的尊重，執行長甚至可能對他們心生敬畏。無論是他們的職業生涯還是事務所，似乎都堅如磐石。

但在晚期，安達信卻經常對存在重大問題的客戶出具無保留意見的審計結果（只要他們是主要客戶）；對內部吹哨者進行封口；公司因內訌而四分五裂，並深陷托夫勒所描述的「對抗監理並否認指控的堡壘心態」。到最後，情況變得十分滑稽。托夫勒寫道：「安達信 1999 的年度報告，是在公司漏洞百出的審計報告堆積如山，而且被聯邦法院定罪的致命打擊發生前不久發布的。這是一份虛偽的傑作[15]，報告宣稱：『畢竟，想要在未來取得成功，我們必須堅守我們的核心價值觀：誠信、尊重、追求卓越的熱情、團結一致、管理、個人成長』。」

滅亡之路

安達信的故事讓我們看到一個難解的根本疑問：**企業怎麼會如此嚴重偏離正途？**是什麼導致它們迷失方向，毒害社區、客戶、員工和業主？大多數企業的衰退不像安達性那麼

戲劇化，但仍舊令人困擾，因為我們愈仔細觀察，就愈難確定企業衰退的原因。是的，有一些老闆真的很惡劣，他們會造成很大的傷害。但大多數陷入困境的企業所面臨的問題更廣泛，絕不只是因為一個惡劣或無能的領導者。這些組織彌漫著功能失調的瘴氣，這些瘴氣從何而來，又是如何擴散？

在前面幾章，我們已經看到導致企業功能失調的一些主要原因，這些原因都在安達信的衰落中扮演一定的角色。例如，在事務所走向滅亡的最後幾年，合夥人顯然受到內部新聞祕書意見的影響，幫自己為不良客戶出具無保留意見審計報告的行為做出合理解釋。即使歷經幾次千鈞一髮的情況，過度自信與自我辯解的現象仍然普遍存在。托夫勒從自己與經理們有關職業道德的談話中看到，真正的辯論和討論很罕見。在安達信的最後幾年裡，有一些內部吹哨者出現，但他們的擔憂沒有得到重視。事務所的領導階層沒有討論這些壞消息，而是直接置之不理。

至1990年代，安達信設置的財務激勵措施，已經保證會導致適得其反的行為。當事務所獲得大型顧問業務時，大部分由此產生的財務獎勵都會分配給合夥人，分配方式不是根據誰主動聯繫客戶、撰寫說服客戶的資料或拿下案子，而是根據誰負責管理分配人力支援專案的辦公室。因此，如果紐約和洛杉磯辦事處的合夥人攜手，將一個大型專案賣給總部位於東京的企業，安達信內部會立刻爆發三

方大戰。紐約與洛杉磯的合夥人會主張自己應該獲得獎勵，因為他們為事務所帶來生意，而處於最有利談判地位的東京合夥人會說，自己應該獲得大部分獎勵，因為他的辦公室將承接大部分工作。

在這種情況下，合夥人之間的談判往往既耗時又充滿敵意。托夫勒在與記者珍妮佛・萊因哥爾德（Jennifer Rein-gold）合著的《最後的會計》（*Final Accounting*）中寫道：「在顧問業務對事務所變得愈來愈重要的情況下，唯一能勝出的方法就是搞垮你的合夥人對手……在安達信，人們花費大量時間進行血腥的自相殘殺，這些時間原本可以更好的用於與客戶合作、開發新業務或指導年輕員工。」托夫勒回憶說，1996年的一次銷售拜訪結束後[16]，「當我和來自不同團隊的另一位安達信顧問一同乘車前往機場時，我們沒有興奮的討論這個專案的各種可能性；我們的腦海中似乎都在瘋狂運轉，想的是怎麼樣把對方排除在這筆交易之外。」

安達信最後幾年的財務激勵很糟糕，但社會激勵更糟糕。正如前面幾章內容所述，社會激勵對於我們超社會性人來說非常重要。我們也看到，人類評估自身的社會地位（我們的地位）不是絕對的（我做得怎麼樣？），而是相對的（與周圍的人相比，我做得怎麼樣？）。托夫勒在《最後的會計》中，提到安達信內部的一次地位轉變，這種轉變

導致審計合夥人改變自己的行為，進而將事務所推向危機。

　　1953年，安達信斥資120萬美元，購置一台重達三十噸的通用一型（Univac I）電腦[17*]，自此之後，該事務所就一直在為客戶提供科技顧問專案，以及帳目審計服務。隨著企業界邁向數位化，這些顧問專案規模日益擴大，利潤也愈來愈豐厚。至1988年，顧問業務占安達信營收的40％[18]，甚至可能更多。1990年代中期，安達信的審計業務每年以11％的速度穩健成長[19]，而顧問業務的成長速度是審計業務的兩倍多。事實上，顧問業務部門每年進帳的一部分錢都要支付給審計部門，這讓審計合夥人的銀行帳戶更加充實，但他們的自尊心卻沒有得到滿足。

　　儘管安達信事務所的審計合夥人生活水準極高，而且還在持續提升，但安達信內部顧問業務的快速成長和不斷加大的力量，讓審計合夥人感覺像被拋棄，心懷怨恨。其中一位合夥人的妻子用手術刀一般犀利的言語，總結他們的窘境：「這些傢伙非得坐頭等艙[20]，非得住最好的飯店不可，畢竟他們只不過是會計師。」

　　1989年，安達信顧問（Anderson Consulting）和安達信會計師事務所正式分拆為兩家獨立的事業單位，但這沒有解決問題。事實上，這可能加深審計合夥人失去地位和被

---

*　注：2021年相當於超過1200萬美元。

拋棄的感覺。正如托夫勒所寫：

> 位於美洲大道上的紐約辦公室[21]，各團隊分別搬到不
> 同樓層，因此我們與顧問公司人員的唯一互動僅限於
> 電梯裡。在電梯裡，你總能輕易分辨出誰是誰。例
> 如，安達信顧問公司的人穿得更好，他們看起來更時
> 髦、更有錢。辦公室也是如此。你不需要是靈媒也
> 能看得出錢往哪邊流，只需要從電梯門往外看出去就
> 行。安達信的每一層樓都鋪有一條森林綠的地毯，通
> 往公司的木門。*當我抵達紐約時，那條綠色地毯已
> 經變得破舊不堪，令人傷感。它喚起一個逝去的時
> 代，那個充斥銀行家的檯燈、雪茄和吊帶褲的時代。
> 但在安達信顧問的樓層，金色木材和毛玻璃傳達另一
> 種形象：現代和成長。這與安達信事務所的冷漠、
> 神祕形成鮮明對比。「如果你不小心走錯樓層，你會
> 說：『哇，好棒的辦公室！』」一位 1990 年代末在紐
> 約辦事處工作的合夥人說：「然後你回到自己的樓
> 層，那裡就像是一個兔子窩，滿是老鼠洞和破爛的地
> 毯。實在有夠醜！」

---

* 注：安達信會計師事務所全球八十四個國家的辦事處，都配備相同的實木門。這
　些門共同呈現一種順從的印象。而不是開放。

安達信事務所和安達信顧問之間的裂痕，導致對於營收分享和公司控制權的激烈內訌，最後，2000年的一項仲裁裁定，允許安德森顧問完全脫離公司，成為現在的埃森哲公司（Accenture）。不過，早在分手前，安達信事務所就已經建立自己的顧問業務，並努力盡快讓它發展壯大，因此，審計合夥人更不可能質疑客戶可疑的會計做法，因為這樣做可能會危及利潤豐厚的顧問專案。

自我防衛部門

新聞祕書、過度自信、不良的財務激勵和地位焦慮，都是導致安達信事務所功能失調和垮台的因素。但這不是故事的全部，我們還需要了解其他的東西，一些更深層的東西，才能知道為什麼這麼多組織會出現如此腐敗的行為準則，以至於像托夫勒這樣專事職業道德的人，都做出不道德的行為。

要想知道為什麼會發生這種情況，讓我們回想一下奎比，就是我們在第一章中討論過那家非常失敗的媒體新創企業。以下是對當時情況的總結：一個傲慢、脫節的好萊塢老派人物，不聆聽建議或證據，喜歡微觀管理，而且選擇忽略現實。

現在還有另一個總結：一位經驗豐富、熱情洋溢、過

去績效卓越的高階主管，接手一個重要的工作，努力不懈的取得成功，忠於自己的願景，展現樂觀精神。

　　事後看來，第一個總結非常符合奎比的實際情況，但第二個總結也是對該企業成立之初的很好描述。這個描述也讓我們很多人對它的成功充滿信心，我們甚至可能想參與其中，不論是作為員工或投資者（奎比在吸引這兩者方面確實毫無困難）。第二個總結是經典的商業成功故事，但這也正是它的可怕之處。

　　我們把這種措辭上的轉變歸功於克里斯・阿吉里斯（Chris Argyris），我認為他是有史以來最沒有得到應有重視的組織學者。當我還是哈佛大學非常菜鳥的教授時，他已經是非常資深的教授，我從他那裡學到很多東西。他的研究在1970和1980年代某些特定領域中很受歡迎，但現在基本上已經淡出人們的視野。這實在是一大遺憾，因為我認為阿吉里斯做出商業研究史上最好的研究，為兩個基本問題提供解答：**為什麼組織會迷失方向？當組織迷失方向時，為什麼難以糾正？** 阿吉里斯的答案核心可以在對奎比的第二個描述中找到。他有一個偉大貢獻是說明，為什麼那些看似明智合理的企業經營指南，往往會導致慢性功能失調。阿吉里斯稱這類指導方針為「使用中的理論」，我們稱其為行為準則，因為它是組織中每個人都期待彼此遵循的行為。他在自己研究的許多工業時代企業中，找到一種

使用中的理論，把它標記為模式一。*模式一的行為準則包括[22]：

一、單方面控制他人。

二、努力爭取勝利，盡量減少失敗。

三、抑制負面情緒。

換句話說，要有專人負責，明確劃分權責。努力朝勝利邁進，不輕言放棄。保持樂觀態度。

誰能反對這些？也許這不適合學齡前兒童教學，也不適合做為集體主義劇團排練前衛戲劇的劇本，但對於在商業世界中完成任務來說，它看起來確實挺正確，或者至少接近正確，不是嗎？

阿吉里斯斬釘截鐵的明確回答：**不是**。然後他解釋原因。

一再出現的核心問題在於模式一會產生防衛性推理（defensive reasoning），也就是想要保護現狀的推理。現狀包含許多面向：人們的工作和聲譽；某個工作或產品設計的最初目標；群體或部門的規模、影響力和重要性；由老闆做出重大決定；企業目前的產品等等。

---

* 　注：阿吉里斯為事物貼的標籤通常……有點枯燥？

　　「努力爭取勝利，盡量減少失敗」的意思非常接近「堅持己見，永不承認錯誤或其他想法更好」，同時也意謂著「持續擴大團隊與預算」。「抑制負面情緒」很容易變成「停止爭辯、分歧和討論」。「單方面控制他人」與「不容忍任何異議，不給予他人太多自由或自主權」難以區分，也很容易變成「盡可能讓自己參與最多的活動和決策」。

　　簡而言之，模式一是本書所探討的功能失調根源：過多的官僚體系、僵化、長期拖延、忽視證據的決策、沉默文化和道德淪喪。這些都是模式一產生的結果，雖然並非不可避免，卻很有可能是我們在模式一的行為準則下應該預期的結果。截至目前為止，我們看到的例子、個案研究和統計資料都支持這個令人不安的結論。模式一扼殺並壓制商業極客所堅持的事物，它所創造的企業文化，與自由奔放、快速行動、證據導向、平等、好辯和自主企業文化背道而馳。[*]

　　阿吉里斯沒有把他的想法建立在我們對超社會性人的終極研究上。他做不到；在他構思他的突破性想法時，大部分研究都還不存在。但現在我們可以依賴關於各種主題的終極研究，包括模組化思維與新聞祕書、辯解與爭辯推

---

[*] 注：模式一沒有明確提及行動緩慢。但這可能是因為，如同第六章所述，速度這個偉大的行為準則取決於自主權與公開承認問題，而這兩者都與模式一背道而馳。

理、地位追求、支配地位和聲望領袖、騙子俱樂部、可觀
察性與合理推諉、文化進化以及其他我們討論過的主題。
我們可以看到阿吉里斯遠遠領先他所處的時代。

　　阿吉里斯在他的著作《理由與合理化：組織知識的局
限》（*Reasons and Rationalizations : The Limits to Organization-
al Knowledge*）中闡述，自我防衛如何導致托夫勒在安達信
所經歷的那種文化，並最終成為這個文化的一份子。當你
閱讀以下阿吉里斯的話時，請注意，新聞祕書、自欺欺
人、可觀察性低、合理推諉性高和騙子俱樂部，都一一呈
現在其中。

　　防衛性推理思維[23]的特徵包括：

> 目標是保護和捍衛行為者或超個人單位，如群體、群
> 體間和組織……
> 為了保護自我和否認保護自我的行為，人們不談透明
> 度。
> 透過隱瞞來否認自欺欺人。為了讓隱瞞能夠奏效，隱
> 瞞本身也必須被隱瞞。

　　不難看出往後的劇情會如何發展：安達信審計合夥人開
始進行防衛性推理，以保護與利潤豐厚的客戶關係。這意
味著必須壓制一些令人難以忽視的事實（**這些會計做法真**

的合法嗎？）。合夥人的新聞祕書很樂意在此提供幫助，新聞祕書起草內部備忘錄，內容如下：「我們擁有適當的人員和流程，可以為安隆提供服務並管理我們的委任風險」，這正是出現在安達信事務所內部備忘錄中，關於安隆的自我辯解語言。在早期的幾次會議中，參與業務的經理們提出證據或論點，證明客戶的會計工作值得懷疑。自我防衛的合夥人不喜歡這些意見，他有幾種方式可以壓制這些論點，無論是「讓我們站在同一陣線上」、「嘿，為什麼這麼消極？」，或「你知道這個客戶多有價值嗎？」所有參與者很快就會明白一件事：強調問題和支持正確的會計做法，是限制職涯發展的舉動。

這一切讓騙子俱樂部迅速成形，但成員面對的不是老闆詢問：「**你有準時嗎？**」而是內心的詢問：「**你要說出來嗎？**」保持沉默不會為個人帶來直接成本，而直言不諱的成本顯然很高。相關人員會毫不費力的快速評估和比較這些成本，最終大多數人會選擇保持沉默。這是追求自身利益的選擇，無論它是否高尚、道德，或是否符合企業、客戶或社會的最佳利益。

但光是壓制對某個客戶會計做法的公開討論還不夠。想要繼續取得成功，防守方還必須壓制任何有關壓制本身的討論。在模式一之下，壓制這樣的評論很重要：「嘿，你知道我們從不談論最近捲入的會計醜聞」，和「為什麼我

們不能談『有些事不能在這裡談』這件事？」等等。正如
阿吉里斯所說：

> 防衛性推理在防禦行為無法受到合理質疑的情況下
> 蓬勃發展[24]，其後果之一是，不只問題不能討論，而
> 「不能討論」這件事本身也不能討論……。
> 這形成一種自我封閉且具備反修正功能的超穩定系
> 統。人們表示，自己無力做出任何改變，因為他們不
> 知道該怎麼做，而且作為受害者，他們無法採取行動
> 逆轉所處環境的超穩定反學習狀態。

我們為這些自我封閉、反修正的超穩定系統取的名字
是：納許均衡。無論是新冠疫情期間的搶購衛生紙、官僚
體系或是騙子俱樂部，正如我們在各種情況中所看到的，
不管這些情況是否「好」或「有益」，納許均衡都十分穩
定：沒有人能因為修改策略而受益。賽局理論向我們展視
模式一是如何創造出一種特殊的平衡：一種令人沮喪的囚
徒困境，特徵是那些重要但不可討論的話題（例如安達信
事務所最後幾年普遍存在的不道德行為），以及「不可討論
的話題」本身的不可討論。在事務所成立的後期，安達信
的自我防衛和不可討論性之間的平衡達到超級穩定、自我
封閉和反修正的程度，以至於合夥人可以自在的公開斥責

與貶低托夫勒，並命令她這個職業道德專家做明顯不道德的事情，例如把費用翻倍，而她也照做了。

　　我偶爾也會遇到這種不可討論的事情。我剛開始在哈佛商學院擔任教授時，我們這群資淺教授獲邀參加決定明年要雇用哪位求職者（如果有的話）的第一場會議，而第二場會議是為資深教授準備，會中將做出聘雇的最終決定。剛開始參加這些會議時，我會發表自己的看法，偶爾也會與資深同事意見分歧，但那些同事可以決定我是否能保住工作。終於，我的導師把我叫到他的辦公室，告訴我：「你最好閉嘴。」*好建議，我接受了。

　　他不需要告訴我：「下次開會時，不要發表什麼控訴演說，因為資深教師的防衛心很強，他們不希望自己要聘請誰的決定被資淺教師質疑。」我明白這是一個禁忌話題。而關於這些禁忌存在的事實本身也是禁忌話題，諸如此類。我內心把這些會議（及其他一些會議）中的討論視為禁忌，閉口不談。當我想像，如果自己的工作必須整天、每天這樣做，而不是一年只做幾次，我就會感到一陣深深的絕望。

　　一旦你知道模式一，你就會開始發現，在描述糟糕企業文化的故事中，模式一的身影隨處可見。這些故事幾乎

---

*　注：我認為這就是他的原話。

總是包含防衛性推理的兩個特徵：重視勝利與抑制負面情緒。例如，工業時代的中流砥柱奇異就因這兩個特徵而聞名。長期擔任執行長的傑克・威爾許（Jack Welch）於2005年與記者妻子蘇西・威爾許（Suzy Welch）合著一本名為《致勝》（*Winning*）的書，被譽為「終極商業指南」[25]。*他的接班人傑夫・伊梅特（Jeffrey Immelt）也繼續努力不懈的強調勝利的重要。正如記者湯姆斯・格利塔（Thomas Gryta）和泰德・曼（Ted Mann）在《奇異衰敗學》（*Lights Out*）中所寫：「在伊梅特的領導下，奇異一直有一種熱鬧但含糊不清的樂觀主義[26]，這種樂觀主義不僅常常禁不起仔細的檢視，也損害奇異在華爾街和員工心目中的信譽。」這種熱鬧但含糊不清的樂觀主義有其陰暗的一面：「伊梅特很少放棄他的想法[27]，即使一些部屬認為他應該這樣做。對他來說，領導就是面對質疑時的堅持。在他看來，反對這種做法不只是意見不同，更是種背叛。」

　　格利塔和曼簡潔扼要的總結模式一如何在奇異造成持久的傷害：「即使從來不曾明確的傳達，但這個教訓早已在企業各個層級中深植人心：殘酷的事實或壞消息不受歡迎[28]，因為最高層的那個人不關心。」同樣的情況可以在安

---

* 注：傑克・威爾許的另一本書是不那麼科學的《Jack：20世紀最佳經理人，最重要的發言》（*Straight from the Gut*）。

達信最後幾年裡明顯的看到，這是一個等級森嚴、自上而下的組織，事務所的審計合夥人相互競爭，渴望取得「勝利」，好在顧問業務同儕面前贏得地位。

　　模式一不只在老牌企業中流傳，當情況變得艱難時，即便是矽谷的年輕科技企業領袖也會退守至強調勝利、拒絕承認失敗的防衛性推理。2022 年 6 月，Facebook 母公司 Meta 面臨成長失速和競爭加劇的局面，Meta 產品長克里斯・考克斯（Chris Cox）在一份備忘錄中寫道：「我必須強調[29]，當前的形勢非常嚴峻，逆風極為兇猛。我們必須完美的執行計畫。」我有一回參加研討會，心理學家艾美・艾德蒙森巧妙的總結這種溝通的主要後果：「這一切只能保證他不會聽到任何關於不完美執行的壞消息。」

保持開放

　　在本書的前半部分，我們聽到貝佐斯生動的描述他所謂的「第二天」企業：「第二天是停滯，接著是無關緊要，然後是令人痛苦不堪的衰退。」現在我們會發現，模式一是導致第二天企業出現的主要因素。商業極客透過擁抱開放這項行為準則來反擊這兩者，我們可以把開放行為準則定義為：**共用資訊，樂於接受爭論、重新評估和改變方向**。這種行為準則與阿吉里斯所記錄的自我防衛、固守現狀以及不可

討論的事情相反。

我們已經看過幾個極客企業如何實踐開放的例子。讓我們重溫其中一些個案，看看它們如何對抗模式一的關鍵要素：單方面採取控制、努力爭取勝利，盡量減少失敗、抑制負面情緒，以及創造不可討論的話題。

不單方面採取控制：在第一章，我們遇到代表「最高薪酬人員的意見」的縮寫詞「河馬」。對極客們來說，河馬已經成為那些不喜歡自己的判斷受到質疑的人（尤其是有資格、經驗豐富的專家）的代名詞。河馬尋求單方面控制各種事物，從網頁的外觀、感覺到推出新產品的決定。正如第四章內容所述，科學這項偉大的極客行為準則就是，**不要**將最終決定權交給河馬（無論他們有多大、嘴巴能張多大），而是請他們拿出證據，並就該如何解釋證據進行辯論。起源於 Google，並傳播到其他企業的 A／B 測試，就是實現這個目標的方法之一。A／B 測試剝奪設計師手中的單方面控制權，迫使他們像其他人一樣，為自己的決定辯解：提供證據和支持論點。

在第五章談到所有權意識這個偉大的極客行為準則時，我們看到貝佐斯如何「讓普通的控制狂看起來都像是喝醉酒的嬉皮」。貝佐斯意識到，如果不想讓亞馬遜陷入官僚體系的泥淖，就必須放棄大量的控制權。亞馬遜用徹底分散的創新流程，取代原本嚴格管控的集中創新流程，

其特點是兩個披薩團隊和（後來的）單線領導。為了讓微軟重新煥發活力，納德拉也採取類似的大膽行動：他解除公司內部資料和程式碼等核心資源的單一所有權和控制權，讓所有有需要的人，都能夠自由使用這些資源。

即便是需要由高層領導做出決策，商業極客也不希望單方面做決定。卡爾・巴斯告訴我，2006年接任軟體企業歐特克執行長時：「我仍然懷抱一種過時的觀念，認為擔任執行長意味著你要做出非常重大的決定，但到我卸任的時候，我幾乎不再做出任何重大決定。我是認真的；我大概每兩年才做一次決定。為了做出這些決定，我會對一屋子的人說：『我最終會拍板定案，但首先我想聽聽大家的意見，好嗎？』」在 Google，施密特也放棄表現出自己能完全掌握一切。「我們有一份要持續爭辯的議題清單，」他告訴我：「我們的原則是不追求共識，而是尋求最佳想法。實現這點的方法是讓每個人都參與討論，特別是通常保持沉默的人。我們的目標是傾聽，直到找到最佳想法，這個想法可以來自任何地方。這也是建構敏捷文化的一部分，它能讓你看到潛在的問題，因為總會有人預先察覺這些隱憂。」

不努力爭取勝利，盡量減少失敗：大多數航太企業都無法接受損失重要的設備，但就像我們在前言中看到的，星球實驗室執行長威爾・馬歇爾抱持不同的哲學。他的公司設計低成本和高備援的通信衛星，因此「只要有80％或

90％的衛星能夠工作，我們就心滿意足。」在第六章中，我們得知，SpaceX在開發新型火箭時強調快速學習，而不是從一開始就設計得完美無瑕。星艦的幾個版本在嘗試著陸時發生爆炸。馬斯克及他的團隊當然希望火箭能夠完美著陸，但當事與願違時，SpaceX也沒有改變做法。＊當實際經驗證明，使用碳纖維製造星艦的方法既不可靠又昂貴時，SpaceX沒有堅持，而是乾脆的放棄原本的計畫。

亞馬遜把決策分為「單向門」[30]（即難以逆轉的決定）和「雙向門」（可以輕易撤銷的決定）兩種。在雙向門做出錯誤的選擇，被視為換取快速行動和取得所有權可以接受的代價。就像第一章中提及，阿迪·威廉斯猶豫是否該做出自己認為重要的改變時，一位資深同事詢問，這是單向門還是雙向門的決定。「他問我，如果你提議的修改變成一團糟，怎麼辦？」我說：「嗯，那我們就撤銷這次的修改。」他問：「需要多久的時間？」我說：「不到二十四小時。」他說：「我再說一次，阿迪。下定決心放手做吧。」簡而言之，亞馬遜把雙向門決策的失敗視為企業文化的一部分。

不抑制負面情緒：威廉斯回憶說，儘管自己所做的改變屬於雙向門的決定，卻「可能是我個人職業生涯所做過

＊　注：請記住，沒有人死亡：這些都是無人駕駛飛行。

最困難的決定之一」，因為這與跨職能流程、管理審查委員會、複雜的決策循環，以及其他官僚體系陷阱等她過去習慣的方式背道而馳。威廉斯的惶恐凸顯，極客之道要求人們做一些會讓自己感到不自在的事情：採取行動與承擔責任、與上級爭辯、做明顯會失敗的事情、提出敏感話題、提出想法並接受他人的批評等等。

　　實行模式一的企業會盡量減少不自在和其他負面情緒。極客企業則不然。例如，我們看到Netflix要求高階主管在進行重大行動之前「徵求異議」。主動要求同事對你的想法找碴不是有趣的事，至少對我們大多數人來說，但Netflix不在乎，它相信自己的高階主管有足夠的勇氣與韌性，應對由此而產生的負面情緒。阿吉里斯也有相同的看法。他認為，高績效企業相信自己的員工「具有很強的自我反省[31]和自我審視能力，不會因為沮喪而失去效率」。*

　　如果沒有這種能力，科學這個偉大的極客行為準則就無法發揮作用。正如羅伯特・泰弗士所說，我們在第四章中看到科學是「奠基於一系列日益複雜且無情的反欺騙和反自欺機制之上」。科學區分對立的假設，告訴我們哪個

---

*　注：阿吉里斯有一種奇妙的能力，他能在不羞辱你或讓你感覺不好的情況下指出你的不足。在我們的一次討論中，我告訴他我會寄給他一些相關的研究。但我沒有。下次我們見面時，他平靜和善的對我說：「如果我們要合作，我需要你真的完成你承諾的事情。」從那時起，我不再食言。

想法更好。依據豐富的個人經驗，我可以告訴大家，當你的想法被發現有缺陷時，例如當證據不支持你的想法，或是有人提出有力的反駁論點，負面情緒就會接踵而至。但極客企業認為我們能處理好這些情緒，正如本・霍羅維茲所說：「對於馬克與我來說，即使過去十八年，我們幾乎每天都會因為被對方找出自己思維中的問題而被惹火，但這種模式運作良好。」雖然爭論會帶來不愉快，但他們仍然是朋友和商業夥伴。

沒有不可討論的話題：回想一下第四章安德森所提出的見解：「在很多企業……人們對於向權力說出真相心存恐懼。我一直認為，真正聰明睿智的領導人要做的，是努力找到組織中真正願意提出反駁意見的人……但在一些組織當中這樣做根本行不通，我建議大家盡快離開這些組織。」就像他在2022年的一則推文中所說：「任何組織所面臨最嚴重的問題[32]，往往都是那些無法公開討論的問題。」

我們在上一章看到，敏捷開發運動誕生於本世紀初，源於人們對傳統軟體開發方式的不滿。敏捷開發的成功很大程度上歸功於它可以消除不可討論的問題。許多大型專案都會自發形成騙子俱樂部，「誰的進度落後？」這樣的關鍵問題，就如同騙子俱樂部存在的事實一樣，成為禁忌話題。敏捷開發所體現的速度這項極客行為準則，藉由提高可觀察性和減少合理推諉，瓦解騙子俱樂部。敏捷方法讓

每個人的進展（或缺乏進展）都清晰可見，不容忽視，進而減少不可討論的問題進入死亡螺旋的可能，也就是減少讓「不可討論」這件事變得不可討論的可能性。

此外，極客領導人還可以透過請求回饋並適當的接收回饋，減少不可討論性。切記，超社會性人類與其他社會性動物的成員一樣，天生不願意挑戰占支配地位的實體，因此，組織結構圖上高層人士的想法和看法往往不會受到質疑。不過，如果上層領導要求回饋而不是尋求讚美，並以開放的態度（興趣、好奇、感激），而不是自我防衛的態度（敵意、輕蔑、威脅）回應回饋，就可以改變人們不願意挑戰權力的天性。在第一章，我講述自己親眼目睹Hub-Spot執行長哈利根在一次大型會議上，以真正開放的態度，回應新員工的負面意見。我是會議室裡唯一一個為兩人的互動感到詫異的人，而這正是HubSpot極客文化的鮮明體現。

正如這些範例所示，開放有很多層面，它意味著願意承認自己的想法可能出錯，承認專案進展不順利或判斷有誤。它也意謂著不敵視或蔑視挑戰，當質疑來自組織結構中聲望較低或地位較低的人時，也不會以勢壓人。開放是要創造一個充滿心理安全感的環境，而不是充滿威脅的環境。開放意味著，承認你那個萬無一失的產品想法實際上已經失敗，它還意味著願意嘗試、反覆修改、失敗和學

習，而不是做足準備和計畫，試圖避免任何錯誤發生。開放的另一個重要面向是願意放手：讓員工與專案在沒有你的參與、簽字或祝福下前進。開放還意味著甚至可以討論令人不自在的話題。

失敗的關鍵意義

在我的職業生涯中，曾在矽谷與「其他經濟領域」的企業中都待過很長一段時間。兩種企業之間最顯著的區別在於前者更加開放，在商業界率先採用極客之道，而且至今仍然比其他地方更深入的實踐這套企業準則，模式一的行為也相對稀少。

關於他人的職業生涯，我最喜歡問的一個問題是：「在會議上可以不同意老闆的意見嗎？」這個問題常常讓在極客企業工作的人感到困惑。他們的回答通常是：「那就是我的工作。」在他們看來，自己的工作有很大一部分是在面對不確定的情況時幫忙讓工作有進展，或做出重要決定。這兩點都需要討論。如同第四章的內容所述，辯論對於取得良好的結果至關重要。

另一方面，在工業時代的企業裡，當我提出與老闆意見不同的問題時，換來的往往是一片沉默、轉移注意力或緊張的笑聲。在很多地方，基層員工出席會議的目的是傾

聽和學習,而不是頂嘴。階級制度依然存在,辯論幾乎等同不服從。不久前,我與一家知名出版社的編輯談論極客之道。我告訴他參加HubSpot的會議,目睹一名新員工公開反駁執行長。他說:「哇。如果這種事發生在這裡,那個孩子將永遠被貼上『在編輯會議上回嘴的新員工』標籤。」他沒有直接說出這樣會傷害這個「孩子」的職業聲譽,因為他實際上已經說得很清楚。

雖然模式一企業公司的強硬行為準則是「努力爭取勝利,盡量減少失敗。」但極客企業意識到,這兩者實際上涉及嘗試、冒險、賭博,而且不是每一次的嘗試都能成功。商業極客不喜歡經歷失敗,但他們知道,試圖永遠不失敗是一條死路。他們認為,一個極力避免損失的文化會變得保守、行動遲緩和猶豫不決。換句話說,這就是貝佐斯所說的第二天文化。

為了避開第二天文化,貝佐斯和亞馬遜長期以來一直強調並慶祝嘗試新事物,而不是慶祝取得勝利。綜觀亞馬遜的歷史,亞馬遜會頒發二手運動鞋作為「做,就對了」(Just Do It)的獎勵[33],鼓勵那些在自己工作範圍之外提出想法的人。「做,就對了」的想法不一定會成功,甚至不一定要執行,只需要表現出主動性和「崇尚行動」,而不是對「勝利」的狂熱。在這些獎項推出超過二十年後,貝佐斯繼續強調,亞馬遜沒有遵循模式一的行為準則。在

2018年的致股東信中[34]，他強調，企業不應力求減少虧損：「隨著企業的發展，一切都需要擴大規模，包括失敗實驗的規模。如果你的失敗規模沒有增加，你的創新就不會有足夠的影響力。如果我們偶爾出現幾十億美元的失敗，就代表亞馬遜正在以適當的規模進行實驗。」

　　商業極客意識到，有時公司的進入市場策略（Go-to-market Strategy）就是個失敗。失敗的原因可能有很多：關鍵技術未能如期運作、客戶不想要創辦人認為他們想要的東西、經濟衰退等等。極客不會固執的追求最初的願景，而是對改變路線抱持開放態度，也就是重新定位整個企業。例如，YouTube[35]於2005年成立，最初的想法是成為視訊約會網站。雖然這個業務沒有真的大受歡迎，但創辦人意識到，自己已經開發出一種寶貴的功能：他們能接受網路上各種格式的影片，將影片處理成標準格式，然後呈現給全球觀眾。

　　到2022年底，YouTube的用戶數已超過二十五億[36]，上面所說的影片處理依舊是它的核心能力。其他改變路線的知名例子包括Twitter，一開始只是[37]尋找播客的資源；Instagram最初是名為波本（Burbn）的定位遊戲[38]；* Slack

---

*　注：正如Instagram共同創辦人凱文・斯特羅姆（Kevin Systrom）在線上問答網站Quora所做的解釋，改變路線比自己做過最瘋狂的夢想還要瘋狂無數倍。Instagram推出後的短短幾個小時內，用戶數就超過波本努力一年多所累積的使用者數量。

也是從一款不受歡迎的遊戲中誕生[39]；Pinterest最初是行動購物應用程式[40]。當然，不是所有的改變都能成功，但商業極客已經意識到，轉型，也就是坦然接受企業正在嘗試做的事情行不通並需要改變，比拒絕承認原先策略錯誤而讓公司走向衰敗，更為明智。

魔笛手（Pied Piper）是HBO情境喜劇《矽谷群瞎傳》（*Silicon Valley*）中虛構的企業，這家企業經歷過幾次轉型。它最初的產品是一款音樂搜尋應用程式，後來轉為發展影片壓縮技術，接著製造伺服器，最後推出強大到足以解開世界上所有祕密的人工智慧軟體。我認識的許多極客都熱衷於觀看《矽谷群瞎傳》，認為它非常搞笑，有些人甚至為這齣喜劇做出貢獻。他們的反應告訴我們一些關於極客之道的事情，因為正如喜劇演員瑞克・雷諾茲（Rick Reynolds）所說的：「只有真相才有趣」[41]。商業極客社群對這個節目開懷大笑的重要原因之一是，影片內容對他們所熟知的企業文化做出正確的描述，尤其是開放這項偉大的極客行為準則。

魔笛手的員工不斷爭吵，只有在撰寫程式的時候稍作休息。員工對經常受到圍攻的執行長理查・亨德里克斯（Richard Hendricks）毫無敬意。軟體開發人員伯特倫・吉爾弗約爾（Bertram Guilfoyle）和迪尼希・楚泰（Dinesh Chugtai）尊重亨德里克斯的技術能力，也知道他是企業策

略的最終決策者，但他們仍毫不猶豫、公然和他持有不同意見，甚至有時言辭激烈。就連亨德里克斯忠心耿耿的幕僚長賈里德・杜恩（Jared Dunn）也會在重要時刻與他發生爭執。亨德里克斯本人不覺得這有什麼問題。他不要求尊重，也不會嘗試單方面控制他的團隊，或在事情進展不順利時打壓負面情緒、從事許多經典的模式一行為。相反的，他試圖引導大家爭論的焦點，傾聽他們的意見，做出身為執行長所應承擔的決定。亨德里克斯和魔笛手犯下很多錯誤，而《矽谷群瞎傳》也不忘嘲諷矽谷的自大和虛偽，但這部影集也真實呈現矽谷這個極客聚集地的企業文化，從根本上來說，比其他大多數商業世界更加開放。

如何讓好事持續下去

　　雅米尼・藍根（Yamini Rangan）沒有觀看《矽谷群瞎傳》，她告訴我，因為「那太像我生活的真實寫照」。藍根的職業生涯是從西岸科技企業開始，這部影集讓她想起工作，而不是忘掉工作。她的工作在2019年發生變化，當時一家地理位置距離矽谷極遠、但文化卻非常相似的美國企業找上她，這家企業就是我們先前已經提過，位於劍橋的行銷軟體製造商HubSpot。

　　藍根對HubSpot很感興趣，但她說：「我曾告訴自己，

我不會再為東岸的企業工作。我很久以前曾在一家東岸的企業待過，我不喜歡出差，不喜歡不斷來回奔波，也不喜歡不在企業的實體總部工作。」然而，她還是饒有興致的與哈利根交談，哈利根鼓勵她看看自家公司的《文化守則》（ *Culture Code* ）。《文化守則》是2013年首次在網路上發布的簡報檔，對於HubSpot的作用與文化集對Netflix的作用如出一轍[42]。藍根告訴我，《文化守則》的編寫方式是，「如果我在最佳狀態下，把我對建立企業文化的最佳想法寫出來，有八成內容會與這個簡報檔相符。如果我創辦一家企業，這就是我實際會採納的內容。我發現自己開始思考，如果能加入一個價值觀如此一致的地方，將能體會到多麼真摯的共鳴。謙遜、適應和透明，每一個價值觀都深深打動我。」

藍根前往麻州與HubSpot的員工交談。「那天的經歷真的讓我印象深刻。從早上九點到下午五點，我與許多人交談，每位都展現出令人敬佩的謙遜。」她說：「他們對追求卓越有著強烈的渴望，對事物充滿好奇心，並總是保持學習的熱情。相較於我過去所接觸的人，他們更加真實、謙遜、好奇，而且更有成長思維。」

就像大多數的極客企業一樣，HubSpot試圖雇用具備這些特徵的人。但正如我們一再看到的，個人思維很容易被社會環境所淹沒：原本正直的安達信審計合夥人，感覺自

已被顧問業務的成長拋在後面，而開始從事不道德的商業行為；微軟招募行動迅速、勇於創新、能打造出色產品的人才，但當企業文化發生變化時，這些人才開始相互算計、互扯後腿。因此，藍根發現HubSpot的員工謙遜開放、而不是自我防衛，這件事對我來說不只代表HubSpot擁有出色的聘雇流程，還暗示一些更強大的東西：HubSpot已經真正落實自己在《文化守則》中描述的開放行為準則。

藍根在2020年1月加入HubSpot[43]擔任顧客長，並於2021年9月接替哈利根[44]擔任執行長。她在HubSpot擔任高層期間，經歷深刻的變化和不確定性：新冠疫情迫使HubSpot全面採用遠端辦公，隨後又是混合辦公。由於投資人對科技企業看法不佳，HubSpot股價一落千丈。2021年9月1日至2022年12月1日，HubSpot的市值縮水一半以上。我問藍根，這些挑戰對HubSpot的文化有什麼影響。她回答說，這些挑戰讓開放變得更加重要：

> 隨著總體經濟環境變化與市場劇烈波動，作為領導團隊的我們，有時也不確定目前處在什麼樣的發展軌跡上。我們在八月看到的情況是否會繼續，還是在九月看到的情況會繼續？在不確定的時期想要保持透明，意謂著要承認自己有時會犯錯。我會告訴你，我對這件事情不確定，這意味著下個月我可能必須改變自己

的答案，因為事情已經發生變化。因此，我認為，在
平穩確定的時期中保持透明，與在高度不確定的時期
保持透明截然不同。而你能做到這一點的唯一方法，
就是表現出脆弱的一面，坦白說出我不知道，我真的
不知道。

在我們的整個談話中，脆弱、透明、真實和謙遜等概
念不斷出現，而這些概念對於遵循模式一自我防衛行為準
則的組織來說，代表軟弱。當我問藍根她為 HubSpot 員工
樹立起什麼樣具體的榜樣時，她談到與同事分享自己的績
效考核。

七、八個月前，我在一次董事級以上層級的會議中，
向他們分享自己的績效考核。董事會考核我的績效，
我說，根據董事會的回饋意見，以及你們給我的回
饋，以下是我做得還不錯的部分，以及有待改進的部
分，這裡則是我針對有待改進部分擬定的計畫。後
來，我得知很多領導人也跟進採取相同的做法。
我在很多場合都做過這件事，目的是向領導者表明：
「你們的行為非常重要」。尤其是現在，因為在不確
定的時期保持透明非常困難，現在做一些事，表現出
一定程度的真實和脆弱，會很有幫助。它會讓你周圍

的每個人自然的說：「好吧，我該怎麼辦？我該怎麼做？」

　　藍根在兩個地方展現出她的能力。首先，她巧妙利用我們這些超社會性人會不自覺模仿高地位者的天性。如果執行長分享自己的績效考核，這種開放的行為很可能會被其他人仿效。其次，深思熟慮的選擇她要樹立的榜樣。藍根不只分享自己考核中最好的部分，這是典型的模式一行為（**每個人都努力爭取勝利，盡量減少失敗，並試圖保持單方面控制**），她還全盤托出，無所隱瞞，這是真誠的行為。這不僅顯示她的謙遜，也顯示她願意展現自己的脆弱和坦然，更是在多方面釋出開放而非自我防衛的訊號。

　　藍根在進入高科技業展開自己的職業生涯後，便一直受到模式一的影響。她的第一位老闆告誡她，永遠不要展現出脆弱的一面：

> 在我一腳踏入科技業從事銷售工作時，我的第一位老闆對我說：「這是你的業績目標，祝你好運。要做得比男人多，喝得比男人少，永遠不要示弱。」她真的就是這樣說。我試著照做！尤其是不要示弱的部分，特別是在我職業生涯的前十年。
>
> 我有兩個孩子。在照料兩個孩子的同時還要四處奔波

是非常困難的挑戰。但我從來不會談論同時照顧兩個未滿三歲的孩子、在科技業打拚以及睡眠不足所帶來的挑戰，因為那會顯得我很脆弱。

我發現自己逐漸失去自我。我開始認不出自己。真實、熱情、謙虛與成長思維原本是我的特質，但在科技業的前十年，無論是從事銷售工作還是工程師，我必須學會壓抑自己不去展現這些特質。因為這對我來說沒有任何好處。

所以在某個時刻，我覺得：「我必須做回自己。」我不在乎我的職業生涯能走多遠，但我只想做我自己。我要分享我的失敗。我想談談身為女性要在科技業崛起有多麼困難，以及要應付這一切挑戰有多麼困難。我要談談自己迄今仍未治癒的冒名頂替症候群（Impostor syndrome）*。我已經厭倦遵循「多做事，不示弱」的遊戲規則。我不怕做更多工作，但我想找到能讓我做自己的地方。

　　藍根在 HubSpot 找到這樣的地方。在她的領導下，HubSpot 持續推動開放文化。至 2022 年底，HubSpot《文

---

*　編注：1978 年由臨床心理學家克蘭斯博士與因墨斯所提出。患有冒名頂替症候群的人無法將成功歸因於自己的能力，而且總是擔心有朝一日會被他人識破自己其實是騙子。他們堅信自己的成功並非源於努力或能力，而是運氣、良好的時機，或別人誤以為他們能力很強、很聰明，才導致他們的成功。

化守則》已經進行第三十三次修訂，它繼續支撐著Hub-
Spot這家許多人都想加入的公司。在玻璃門頒發的2022年
最佳工作場所獎中[45]，HubSpot在美國大型企業中排名第
二，而另一個員工評論網站Comparably則將藍根評為最佳
女性執行長[46]。

改變人生的常識魔法

　　HubSpot的開放延伸到企業一些最敏感的資訊。這家企
業在2014年上市後，採取一個不尋常的步驟，它把所有員工
（而不是只有高階主管）指定為有權接觸重要財務資訊的內
部人士。正如《文化守則》所說：

> 每個人都有一樣的機會接觸[47]相同的資料。這很重
> 要，因為更好的資料能帶來更好的見解……
> 以下是我們分享與討論的內容：
> • 財務資料（預測、資產負債表、損益表等）
> • 我們的多元化目標（和缺點）
> • 管理階層會議的資料
> • 我們「有問必答」會議的答案

　　許多極客企業也以看似極端的方式分享資訊。1998

年，海斯汀開始向所有員工分發Netflix的季度財務報表，並與他們進行討論（在公司的停車場，因為那裡是唯一足夠大的地方），也在影印機旁邊的公告欄上張貼一份概述企業策略的文件。即使在Netflix上市後，這些做法也依舊如常。該企業的「策略對策」（Strategy Bets）文件張貼在內部網路的顯著位置，正如海斯汀所說：「所有財務業績[48]，以及Netflix競爭對手希望掌握的任何資訊，都會公開提供給我們的全體員工。」*

　　正如這些例子所示，商業極客傾向於「徹底透明」。「徹底透明」一詞誕生於2001年，用來形容即使資訊敏感，也應該盡量攤開在大家的面前。避險基金橋水基金（Bridgewater Associates）創辦人瑞•達利歐（Ray Dalio）在這套方法還沒有名字之前就已經是它的熱情擁護者。自1975年橋水成立以來，達利歐就致力於打造企業的各種能力，例如記錄所有會議，並確保企業內部所有人都能搜尋和查看這些紀錄。達利歐還認為應該要量化員工的聲譽，例如細心、啟發性思維、溝通和策略思考能力等，並公之於眾。因此，橋水基金要求員工在會議和其他互動後，使用一款名為「集點器」（Dot Collector）的iPad應用程式，相互

---

* 注：2021年，Netflix的一名前工程師被判內線交易，因為他把有關企業業績的機密資訊，透露給一名利用這項資訊進行股票交易的外部人士。

給予數字化的回饋[49]。企業裡的每個人都能隨時看到彼此的總分。

這是怎麼回事？為什麼這麼多商業極客如此熱衷於分享資訊，甚至是過度分享？徹底透明帶來的風險顯而易見：助長內線交易、讓競爭對手知道你在做什麼、暴露內部問題，以及公開員工弱點會讓員工感到不舒服等等。徹底透明所帶來的好處真的值得嗎？

許多極客認為值得。要了解為什麼，讓我們重溫一個廣為人知、講述一個小鎮讓不舒服的情況持續得太久的故事。

《國王的新衣》這個童話故事已經流傳超過一千多年，在許多文化中都存在著不同的版本。我們最熟悉的版本來自安徒生（Hans Christian Andersen）[50]的十九世紀丹麥故事集。故事說的是騙子們來到國都，自稱可以編織華麗的織布，但織布的材質很特別，只有聰明且能勝任自己職位的人能看見。國王聽聞這些神奇的織布後，派遣許多大臣前去查看。當然，其實沒有什麼可供查看，因為根本沒有真正的布料，但每個大臣都擔心騙子如果說的是實話，自己是因為不夠聰明或不適任才看不見，那麼肯定會丟臉，還會丟掉工作，因此，所有被派去檢查「織布」的大臣都對織布讚不絕口。

騙子從國王那裡拿了好幾筆錢後，就宣稱國王的新衣

服已經做好。他們要求國王脫掉衣服，然後為他穿上想像中的華麗新衣，所有圍觀者都大聲讚嘆新衣的美麗與優雅。*國王隨後帶著隊伍在城市中遊行，讓每個人都能看到並稱讚自己的新衣。所有成年人都隨聲附和，因為沒有人想被視為愚蠢或不適任。然而，有一個小孩沒有裝模作樣，而是大聲喊出：「可是他什麼也沒穿啊！」這句話打破魔咒，很快全城的人都同意：「他什麼都沒穿！」

國王新衣的故事凸顯**相互知識**（mutual knowledge）和**共有知識**（common knowledge）之間，看似微小但極為重要的區別。相互知識是每個人都知道的東西。國王在街上遊行時沒有穿衣服，這是城裡居民都知道的事實，但他們不知道其他人也知道同樣的事情。由於騙子「裁縫師」的巧妙謊言，所有城裡人都認為，至少有一些人（那些聰明又稱職的人）真的能看到國王的新衣，只有自己看不到。因此，為了避免顯得愚蠢和不稱職，他們都保持沉默。

總之，由於騙子的蠱惑，國王沒穿衣服的狀態不是共有知識。共有知識是每個人都知道的東西，每個人都知道其他人也知道，每個人也都知道其他人知道其他人都知道，以此類推。當孩子大聲說出真相時，他沒有在說什麼

---

* 注：在某些版本的故事中，國王被允許保留一點尊嚴：他沒有完全脫光，而是脫得只剩下內褲。

別人不知道的事，而是將相互知識轉化為共有知識。每個人突然都知道到別人看到的與自己看到的是一樣的東西，魔咒因此被打破。

正如這個童話故事所展現的，共有知識具有一種近乎超自然的奇特力量，可以讓一群人以看似協調、其實並不協調的方式，改變自己的行為。我最喜歡的一道邏輯謎題[51]呈現出相互知識與共有知識之間的微小區別，這道謎題有多個版本，至少可以追溯至1960年代。其中一個版本背景設定在虛構的「口臭島」上。*

口臭島是一個每個人都互相認識的小地方，這裡的居民智商都很高。大家都知道，島上的居民全都邏輯清晰、思維縝密，但大家**不**知道的是誰有口臭，因為從來沒有人討論過這一個令人尷尬的話題。事實上，口臭被視為一件非常可恥的事，如果有人知道自己有口臭，他們會在半夜跳上獨木舟，頭也不回的划走。和我們大多數人一樣，儘管口臭島的居民可以聞到其他人的口臭，但他們無法聞到自己的口臭。因此，他們四處走動，知道誰有口臭，但不知道自己是否也有口臭，也從不討論這個禁忌的話題。

但每隔一段時間，就會有一個誠實的外星人出現，告

---

* 注：另一個版本更加重口味：它不是圍繞有口臭的人，而是圍繞外遇的丈夫，一旦妻子發現，丈夫們就會被處決。

訴他們一些事情。（外星人只說真話是眾所周知的共有知識。）有一天，外星人出現，耐心等待所有島民聚集在一起，然後說：「這個島上至少有一個人有口臭。」說完便消失不見。

外星人沒有告訴島民他們不知道的事情。畢竟，他們都能聞到氣味，也可以分辨鄰居是否有口臭。外星人造訪後的幾天裡，一切照舊。但在外星人造訪後的第七天早上，大家醒來發現那七個有口臭的人已經連夜離開小島。沒有人對此感到驚訝。大家產生新的共識，也就是口臭島上的口臭已經徹底根除，於是他們都回家打開原本前一晚為了萬一得要划船離開而準備好的行李箱。

這是怎麼一回事？外星人的聲明怎麼會導致這樣的結果？第七天後還繼續留下來的島民如何確認自己真的沒有口臭？

要了解背後的原因，請先想一想，只有一種情況會讓外星人的聲明為島民提供新資訊，那就是：島上只有一個人有口臭。我們姑且把這個人稱為斯文（Sven），他擁有正常的嗅覺，與其他島民都有互動，他知道其他人都沒有口臭。但斯文無法分辨自己有沒有口臭。他知道，要不就是島上沒有人有口臭，要不就是只有自己有口臭，而外星人的真實聲明消除其他人有口臭的可能性，因此斯文得出結論：只有他一個人有口臭。於是斯文當晚羞愧的划船離開。

　　現在想想這個謎題中的其他島民。他們都知道斯文有口臭。而在外星人造訪之前，只有兩種相互排斥的可能：要不就是只有斯文有口臭，要不就是有兩個人有口臭（斯文**和自己**）。外星人造訪後的第二天早上，剩下的島民起床看到邏輯嚴謹、有口臭的鄰居斯文已經划船離開時，他們都長長的鬆了一口氣（沒有臭味）。為什麼？因為這個事實披露兩種可能性當中哪一個才是現實：只有一個人有口臭。那個人已經自己發現並離開。其他人也因此知道，自己不必羞愧的溜走，於是紛紛回家打開行李。

　　當有口臭的人數大於一時，這個邏輯同樣適用。舉例來說，如果有兩個人有口臭，他們都知道有兩種可能：一是只有一個島民有口臭，或者是兩個。當他們在外星人造訪後的第一天早上起床，發現夜裡沒有人划船離開（如果島上只有一個人有口臭就會出現這種情況），他們被迫得出以下結論：正確的人數是兩個，而他們是其中一個。於是，他們各自決定當晚划船離開。其餘島民知道，有兩或三個人有口臭，第二天早上起床後，得知真實人數是兩個時，全都鬆了一口氣，然後打開行李箱，繼續過活，直到外星人下次造訪。在原本的謎題中，這種情況會反覆下去，直到七名有口臭的島民全數離開。

　　這個例子或許有些牽強，但就像國王的新衣一樣，它向我們展示，創造共有知識會如何快速深刻的改變現狀。

共有知識增加可觀察性，讓每個人確信大家都觀察到同樣的事情。它消除外部和內部的合理推諉，讓欺騙和自欺都變得更加困難。共有知識往往迫使大家正視自己寧願逃避的現實。一旦外星訪客開口，有口臭的島民離開只是早晚的事。

　　共有知識在很多方面都像是組織的誠實豆沙包，這正是商業極客如此喜歡它的原因。他們努力確保重要資訊不只是相互知識，也是共有知識。

　　商業極客之所以會採取這一個額外的步驟，是因為當人們無法說服自己或他人相信那些與常識相悖的事情時，人和群體的行為方式會有所不同。如果橋水基金中的每個人都能看到，某個管理者被同事評定為「管理勇氣」得分偏低，這名管理者就不可能大談什麼「做對的事情有多重要」。參與敏捷專案的成員，如果所屬團隊是看板上唯一一個卡片還沒有出現在「完成」欄的團隊，他們就無法自欺欺人的說自己沒有落後，或其他人都同樣延宕，或是沒有人知道他們的進度落後多少。如果蘋果 iPhone 相機團隊的所有成員，都親眼看到「預覽模糊」功能的強大效果，就沒有人會再反對為消費者提供這個功能。商業極客強調這種共有知識，把它納入實現徹底透明的工具包當中，因為他們明白，共有知識是對抗自欺欺人、騙子俱樂部和國王的新衣等狀況的強大武器。

我們為什麼要遵守

我認為開放之所以重要還有一個原因：它在偉大的極客行為準則中具有特殊的地位，因為它建立一個關鍵的社群監督形式：當它運作良好時，會讓每個人變成組織文化的守護者。這種社群監督，可以降低文化隨時間推移而扭曲或被劫持的風險。就像哲學家丹・威廉斯（Dan Williams）在推特上談到「開放」的其中一個面向：

> 支持強而有力言論自由的一個有力論點[52]，不是因為言論自由會引導我們走向真相，而是這種制度設計，可以預防組織嚴密的小群體將偏頗的觀念和禁忌強加在更廣大的群體上，為組織帶來傷害。當這種情況發生時，你必須冒著承擔社會懲罰的風險，才能挑戰偏頗的主流觀念。然而，維護言論自由的行為準則，就能降低這類懲罰的範圍和代價。

安達信審計合夥人是事務所內一個規模雖小、但組織嚴密的群體。他們將自身推崇的偏頗觀念施加在更廣大的群體上，包括不惜一切代價追求成長，與忌諱公開反對不道德行為。這種偏頗觀念和禁忌對組織有害，直接違背組織的既定價值觀。但由於安達信沒有強大的言論自由行為

準則（例如，托夫勒發現，事務所的經理極不願公開批評或反對合夥人），因此合夥人的行為沒有受到任何挑戰。

部分原因是，安達信經理們擔心，一旦舉報老闆的不道德行為就會被解雇，或至少會得到糟糕的績效考核。但這不是全部的原因，我認為這甚至不是最重要的原因。畢竟，托夫勒沒有直接為那位命令她向客戶收取雙倍費用的合夥人工作，他無權解雇她，他甚至可能沒有參與托夫勒的績效考核。那托夫勒為什麼會屈從於他？

讓這個謎團更加撲朔迷離的是，托夫勒在加入安達信之前，一直致力於研究和改善商業道德，並認為自己是一個敢直言不諱和對權力說真話的人。她用一個詞來形容自己：「揭穿者」。在哈佛商學院任教第一年，學生送她一罐噴霧劑，上頭貼著「謊言驅除劑」的標籤。然而，在安達信工作短短幾年後，她發現自己「與同事們鬥爭，像事務所裡的其他人一樣都渴望搶到客戶，她監督的工作往往更受限於時間與費用，而不是真正的專業考量[53]。」她不是只有一次屈服於不道德的要求，而是成為一個願意一次又一次跨越道德底線的人。離開安達信不久後，托夫勒與自己職業生涯中合作過的執行長共進午餐。托夫勒說，對方坦白的告訴她：

「（當你在安達信時）你向我們推銷你認為我們不需要

的東西。」然後他用一句話總結這一切。「芭芭拉,
這不是我以前認識的妳,」他說。我必須承認他說得
對。這不是我以前認識的自己[54]。

　　到底是什麼力量,強大到讓她連自己都認不出來?我
們在前面幾段引用哲學家丹·威廉斯對於開放這項行為準
則的論證中,已經準確指出這一點:這是社會懲罰的風險。
　　這個理由似乎既模糊又不充分,對吧?像「社會懲罰」
這樣無足輕重的東西,怎麼可能強大到足以讓一個職業道
德學家在短短幾年後,變得不符合自己和他人的道德水
準?不難看出,環境裡的某些變化會帶來變革。例如,如
果托夫勒被派往第一次世界大戰的戰壕裡打仗,或者加入
冷酷無情的販毒集團,她很可能會變成一個截然不同的
人。但她只是加入一家會計師事務所,從一份白領工作換
到另一份白領工作,僅此而已。然而,她在安達信遇到的
一些行為準則,以及她知道如果不遵守這些行為準則就會
面臨的社會懲罰,讓她變成「不是我以前認識的自己」。
　　為了理解這一切如何發生,也為了總結我們對超社會
性人的最終探索,除了關注開放這一項行為準則之外,我
們也要來看一下一般行為準則。正如我們所討論的,行為
準則是社群期望成員的行為。我們的聲望取決於我們遵守
社群行為準則的程度,而這些聲望的維護、傳播和更新,

所採用的是一種分散且高效的方式：八卦。

「八卦」一詞有負面含義，同時也帶有性別歧視：它被視為一種含貶義的標籤，用來指稱女性容易做的事情。但事實上，這是所有人都會做的事。人類學家羅賓‧鄧巴（Robin Dunbar）與同事在許多地方蒐集到的閒聊樣本發現，人們平均65％的時間[55]用來討論社交話題（換句話說，就是八卦），只有35％的時間用於其他話題：政治、體育、音樂和文化與科技話題。*男性和女性八卦的程度沒有明顯差異。

我們超社會性人利用八卦來分享和傳播有關群體成員遵守行為準則情況的資訊。我與商學院的同事花很多時間討論誰有出色的想法，誰在專案中完成自己的分內工作，誰獲得的功勞名不符實，誰對自己的主張和資料一絲不苟，也許更重要的是，誰只是純粹的「聰明」。像所有人類一樣，我們會八卦與自己息息相關的事，而我們也確實需要關心這些事情。

這些八卦創造我們在團體中的名聲和地位，就好像我們頭上都有一個螢幕，顯示我們透過八卦得到的「行為準則分數」：我們遵守群體行為準則程度的評分。安迪有抄襲

---

*　注：這些閒聊都發生在歐洲。針對非歐洲人的八卦研究顯示，他們用於八卦的時間，甚至高於鄧巴觀察到的65％。

嗎？他是否缺席會議？他會用言語辱罵他人嗎？他是否逃避工作卻又渴望成為眾人矚目的焦點？當他參與一個專案時，會加快專案速度，還是拖累專案？我頭頂上的螢幕會向社群成員顯示，我在這些指標和許多其他指標上的得分。其他成員會「看到」這些分數，並採取相對應的行動。他們還會透過關於我的八卦來更新這些分數。當然，我也會對他們做同樣的事情。

　　如果有人違反行為準則，社群會懲罰違規者。如何懲罰？讓違規者受到社會排斥，而這會讓我們超社會性人感到非常痛苦與不安。請記住，在我們這個物種的大部分歷史當中，個體需要成為群體的一部分才能生存。為了確保生存，進化把我們設計成想要成為群體的一部分。這種設計的其中一環是，強烈厭惡任何像是被流放、排斥或被排擠的感覺。被忽視、被冷落、一走進房間，原本熱烈的對話就突然停住、被趕出去：這些事全都讓人感覺非常糟糕。進化的設計讓我們受到社會排斥的傷害，因為這種排斥對超社會性物種成員來說是致命的。

　　神經科學家馬修・李伯曼（Matthew Lieberman）講述自己與心理學家娜歐蜜・艾森伯格（Naomi Eisenberger）合作的一個實驗：他們讓毫無戒備的人，在一台能精確追蹤大腦活動的功能性磁振造影（fMRI）機器中，經歷社會排斥的情境。當受試者走出機器後，他們強烈的反應令人吃

驚。李伯曼描述,受試者會「主動開始與我們談論剛剛發生在他身上的事。他對自己經歷的一切感到由衷的憤怒或悲傷[56]。」

　　不過,實驗人員分析自己蒐集的功能性磁振造影資料時,發現更大的驚喜。他們在某一刻,注意到一位同事的電腦,這位同事正在分析身體疼痛反應的功能性磁振造影研究資料。李伯曼回憶說:「看著並排的螢幕,如果不曉得哪一個是對身體疼痛的分析,哪一個是對社交心痛(social pain)*的分析,你根本就無法區分兩者有何差異[57]。」身體疼痛和社交心痛密切相關,以至於服用泰諾止痛藥(Tylenol)能同時舒緩這兩種疼痛。與對照組相比,每天服用一千毫克[58]泰諾的人在一個多星期之後開始回報社交心痛明顯減輕。

　　社會排斥在人類群體中普遍存在,因為它非常有效。你不需要指定一個執行者,在每次有人違規時到處毆打他們,你所需要的只是一群共同決定行為準則是什麼的人,八卦、聲望和社交心痛會接手處理後續的事情。正如李伯曼所說:「我們對社會排斥的敏感度[59]對我們的幸福至關重要,因此,無論社會排斥的程度如何,我們的大腦都會將

---

* 編注:指感受到被人拒絕、被排擠時,大腦中調節身體疼痛的區域活動增強,驗證了身體疼痛與社交心痛的神經迴路有重疊。

它視為令人痛苦的事。」

　　所以，行為準則的終極定義是，不遵守就會導致社會排斥懲罰的任何行為。長久以來，我們一直在爭論是什麼讓人類群體團結在一起。有些人抱持崇高的觀點，認為將我們團結起來的是我們所愛的事物。如同聖奧古斯丁（St. Augustine）在《上帝之城》（*The City of God*）中所說：「一個民族是理性存在[60]的集合體，他們因為對所愛的對象有共同的認同而結合在一起，所以，如果要找出任何民族的特徵，我們只需要觀察他們所愛的事物。」反之，正如劇作家契訶夫（Anton Chekhov）所說的：「愛情、友誼、尊重不如對某事的共同仇恨[61]更能將人們團結在一起。」終極研究表示，我們可以從一個截然不同的角度看待這個問題：無論我們對身邊的人是愛是恨，把他們和我們凝聚成一體的是我們集體決定以痛苦的社會排斥作為懲罰手段，也就是被群體排斥的威脅或現實。換句話說，把我們團結在一起很大的一個原因，是我們的行為準則。

　　我們一次又一次看到，行為準則如何壓倒個體差異，讓群體中的大多數人（儘管不是所有人）表現出相同的行為舉止。行為準則導致普林斯頓神學院學生不樂於助人、讓肯亞結核病患者展現出利他行為，也讓亞馬遜和微軟等企業員工，從龐大官僚體系裡的小齒輪，轉身成為如同手握權柄的經營者般行事。

在 Google 和許多其他極客企業，如果新進設計師說：
「沒有必要對這個修改進行Ａ／Ｂ測試，我知道使用者會更
喜歡它。」他的同事或老闆恐怕會來跟他聊一聊這裡的行
為準則，並向他解釋：「這不是我們這裡的做事方式。」如
果設計師屢勸不聽，他們就會開始經歷排斥和其他類型的
社交心痛：不被邀請參加會議、不能跟眾人一起吃午餐、意
見不再被重視、不被納入專案，最終甚至可能會失去工作。

相同的，亞馬遜的管理者如果採用古老的官僚藝術試
圖阻礙別人的進步，就會違反亞馬遜的所有權意識行為準
則。這些管理者被稱為「阻礙者」，存在的時間通常不會
太長。我可以想像，如果特斯拉的軟體工程師建議使用瀑
布式開發法來開發下一款汽車軟體，或 SpaceX 火箭開發計
畫的負責人無視測試結果，堅持要求團隊根據最初的設計
行事，會有什麼下場。這兩種假設都違反這兩家企業所遵
循的極客行為準則：速度。

我們的行為準則心理學最瘋狂的一點就是它極具彈
性。在人類世界，有一些道德原則放諸四海皆準。例如，
任何地方都不允許隨意殺害自己群體的成員。不過，除了
這些絕對原則之外，似乎還有無限的多樣性。狩獵採集群
體中沒有明確的角色定位；統治體制下的人們卻通常會有
角色分工。荷蘭人往往非常直接，而日本人則不然。有些
群體繼續聽從長輩和專家的判斷，有些則是接受科學方

法。安達信的經理們極不願意提出與合夥人不同的意見，
而 HubSpot 的員工則非常樂意與自己的執行長意見相左。
因為極客企業信奉科學、所有權意識、速度和開放的行為
準則，所以它們快速行動、自由奔放、平等、證據導向、
自主和好辯。但大多數工業時代的企業文化不是這樣。無
論是上述哪一種選擇，我們的行為準則心理學都能輕鬆適
應。

自我糾正的組織

　　安達信的自我防衛與不道德的行為準則讓托夫勒反
感，但她通常都會遵守這些準則。她寫道：「我在安達信的
經歷，讓我學到的重大教訓是，儘管我自認為是個揭穿者，
我經常與老闆爭執，偶爾會『我行我素』，但我基本上還是
順從那裡的文化……如果你在一個地方待得夠久[62]，你不可
避免的就會開始表現得像身邊的大多數人一樣。」當她的同
事行為不當時，他們期望她也能同流合汙，而她也確實這麼
做了。行為準則果然強大。

　　幸運的是，這種狀況也會發生在擁有開放這項行為準
則的地方。如果你加入一家信奉開放行為準則的企業，在
這裡，管理者的分數和專案進度等重要資訊是共有知識，
失敗不會斷送職業生涯，領導者願意展現自己脆弱的一

面，自由表達意見是常態，你就會自然而然的適應這種文化，並遵循這些準則。因為這就是我們超社會性人的天性。你會變得更加喜歡分享、承擔風險和暢所欲言。

如果你看到同事違規或出現不良行為，你也會開始直言不諱。換句話說，你將加入社群監督的行列，讓企業文化步上正軌。這就是為什麼開放在偉大的極客行為準則中具有特殊地位：它是一種分散式的自我糾正機制。

遵守自我防衛行為準則的組織，缺乏這種分散式的自我糾正能力，因此，他們可能嚴重偏離正軌。他們的言行之間會出現巨大的落差。安達信1999年的年度報告中描述：「我們的核心價值觀：誠信、尊重、追求卓越的熱情、團結一致、管理、個人成長。」事後看來就像一個糟糕的笑話。但這家事務所言行之間的鴻溝絕非玩笑，而且走到這一步時，這種鴻溝已經成為不可討論的話題。商業極客們一直致力於實現開放的行為準則，儘管這意謂著持續的努力與挑戰，但商業極客們不希望自己的企業言行之間出現鴻溝。為了能忠於自己，並維持科學、所有權意識和速度這些行為準則，他們需要保持開放。

在本書的最後，讓我們透過對於偉大的極客行為準則的認識，創建第四條、也是最後一條終極基本規則。這個規則的一般版是：**形塑群體成員的超社會性，讓群體文化盡快朝預期的方向進化**。但開放行為準則具有特殊地位，

因為它是其他行為準則的守護者，因此這個基本規則變成：**歡迎挑戰現狀，增加共有知識，以消除自我防衛和不可討論的話題**。這是保持極客之道的最佳方式。

摘要

　　許多企業都有「模式一」的行為準則：單方面控制他人；努力爭取勝利，盡量減少失敗；抑制負面情緒。乍聽之下很有道理，實際上卻有害，因為它們創造一種自我防衛和不可討論的文化。

　　模式一扼殺並壓制商業極客所堅持的事物，它所創造的企業文化，與自由奔放、快速行動、證據導向、平等、好辯和自主相反。

　　商業極客透過擁抱開放這項行為準則來避免自我防衛，我們可以把開放定義為：**共用資訊，樂於接受爭論、重新評估和改變方向。**

　　極客們意識到，「努力爭取勝利，盡量減少失敗」這兩個目標互不相容，從長遠來看，想要獲勝，就必須進行實驗、承擔風險、下注賭博，但不是每一次都能成功。

　　共有知識（一種極端的資訊共用形式）是組織的誠實豆沙包。

　　極客的開放行為準則，其最重要的基本規則是：**歡迎挑戰現狀，增加共有知識，以消除自我防衛和不可討論的話題。**

　　行為準則的終極定義就是，任何行為只要不遵守行為準則的規範，就會受到社會排斥的懲罰。

　　開放在偉大的極客行為準則中具有特殊地位：它是一種分散式的自我糾正機制。

向組織提問

　　這十個問題可用於評估組織遵循開放這項偉大的極客行為準則的程度。請使用 1 到 7 之間的數字回答每個問題，其中 1 表示「非常不同意」，7 表示「非常同意」。

題　　目	分數
1、這裡的高層領導願意展現脆弱的一面，承認自己的錯誤或不知道答案。	
2、這裡的管理人和高階主管不想聽到任何壞消息。*	
3、管理者和高階主管希望下屬毫無疑問的服從他們。*	
4、我們重視勝利與抑制負面情緒。*	
5、這裡有很多禁忌話題。*	
6、這裡的人經常挑戰現狀，當他們不同意某個行動方針時，會大聲說出來。	
7、與失敗劃上等號，對你的職涯有害。	
8、在這裡，當大家意見不合時，他們會以尊重的方式表達不同意見。	
9、這裡的人很少承認，是別人讓自己改變主意或採取不同的行動。*	
10、這裡的人認為，自己的同事能夠接受坦誠的回饋和建設性的批評。	

＊注：加星號之問題的分數需要倒過來計算。請用 8 減去你所寫下的分數。例如，你的回答為 6 分，實際分數應為 2 分。（8 減 6）

四個極客座右銘

科學：爭辯證據

自主權意識：協調一致，發揮自主意識

速度：根據回饋反覆改善

開放：反思而不是防禦

即使不能永垂不朽，
也要充滿活力

擔心時間無益，
但我們確實有一些祕密武器。

——法蘭克・奧哈拉（Frank O'Hara）

我為撰寫本書所訪談過的所有商業極客，都不認為自己已經發現企業的不老之泉。他們不認為自己的公司，或其他任何人的公司，已經找到永遠成功的祕訣。我從未聽過像「我們已經掌握方法，我們將永遠領先群雄」這樣的說法。矽谷領導者不被認為是特別謙虛的一群人，但當我與他們交談時，我沒有感受到他們對企業長遠未來的妄自尊大。

　　商業極客不相信企業能永垂不朽有兩大原因。第一，創新和競爭是能擊倒任何對手的強力組合拳。例如，如果某家新創企業明天宣布，自己已經打造出一台可用的工業級量子電腦，這會顛覆一切，因為我們在世界各地為確保隱私和安全而建立的大多數數位基礎設施都將瞬間過時。電子商務、金融服務、通訊與其他大型產業的核心都將受到動搖。更重要的是，人工智慧、優化、電腦模擬，以及其他幾個基本的電腦運算功能都將迎來飛躍式的進展。這些領域的現有企業都將面臨嚴峻考驗。

　　TikTok是分享短片的線上平台，跟量子運算相比，它的創新程度不算什麼，但是它的快速成長可能會讓Facebook和WhatsApp母公司Meta裡的一些人感到擔憂。這兩個社群媒體平台都具有全球規模和強大的網路效應，而且都允許使用者發布短片。那麼，還有多少空間可以容納另一種影片分享服務？事實證明，空間很大。TikTok於2016

年推出，至2021年，它在全球擁有超過6億5000萬使用者[1]，正如《華爾街日報》所說，它是「全球最受歡迎的應用程式」[2]。TikTok迅速侵入Meta領地帶給我們的教訓是，既有市場領導者固然有很多優勢，但不能保證這種優勢永遠存在。唯一能保證的是，外頭總有人正在開發有潛力破壞你的新事物。

如果現在的市場領導者出現任何典型的組織功能失調問題，這種破壞就會變得容易得多。商業極客不相信企業永垂不朽的第二個原因，也是我認為更主要的原因，是這些功能失調會不斷重新出現。它們就像恐怖片裡嚇壞孩子的妖怪一樣難以殺死，即便是開創極客之道的企業也會繼續受到它們的糾纏。最近發生的事件顯示，網路時代的科技企業及領導者，也無法避免組織功能失調這種困擾整個工業時代企業的自我傷害事件發生。

在矽谷，高層過度自信的現象依然普遍存在。正如第四章所說，過度自信「被稱為人類所有認知偏誤中，最『普遍且具有潛在災難性』的一種。」偉大的極客科學行為準則理應要求每個人，甚至是執行長，根據證據行事，並經由辯論對自己的想法進行壓力測試，以削弱過度自信的不良影響。但隨著馬克・祖克伯（Mark Zuckerberg）指示自己創辦的企業追求「元宇宙」時，這個行為準則似乎已被擱置一旁。

　　這家企業以前叫Facebook，2021年底改名為Meta，以表明自己對元宇宙的重視。祖克伯表示，元宇宙是一種線上環境，它的「決定性特徵」[3]是「你可以真的感覺到自己與其他人在一起或在另一個地方。現在你可能是在查看檔案或瀏覽網站，但未來，你將**置身**其中。」早在改名之前，Facebook就已經為創造這種臨場感而耗費多年的時間研發，並投入大量金錢。根據估計，到2022年底，Meta的元宇宙年化投資額為150億美元[4]。

　　在許多觀察家看來，Meta的這些努力和投資根本沒有什麼成果。Meta的第一個元宇宙大型消費應用程式，是2021年12月發布的《地平線世界》（*Horizon Worlds*），這是一款3D虛擬實境應用程式，使用者可以在其中創造環境與互動，但沒有吸引到太多使用者。Meta內部文件透露，至2022年10月份，《地平線世界》每月的使用者人數還不到二十萬人[5]。

　　就連參與開發的人員也對這個應用程式興趣缺缺。Meta副總裁維沙爾・沙阿（Vishal Shah）在寫給地平線世界團隊的備忘錄中表示：「我們沒有花太多時間在《地平線世界》」，並問道：「為什麼？為什麼我們對自己開發的產品沒有熱愛到[6]無時無刻不在使用它？」

　　科技新聞網站邊緣（The Verge）的記者阿迪・羅賓森（Adi Robertson）給出了答案[7]。她實測Meta的頭戴式頂級

虛擬實境裝置Quest Pro。羅賓森在預設模式下使用Quest
Pro時「持續感到噁心」，羅賓森還發現專為商業用途開發
的主要應用程式Workrooms，是「我這輩子用過最糟糕的
應用程式之一。」她描述與同事召開虛擬會議有多麼困
難：「即使在使用整整一年之後，Workrooms的體驗仍
然……就像旋轉卡夫卡（Franz Kafka）設計的賭場輪盤一樣
難以預料，而可以贏得的獎品只是一場不錯的Zoom視訊會
議。」

　　祖克伯對元宇宙的願景沒有得到許多員工認同。2022
年5月進行的一項調查發現，只有不到六成[8]的Meta員工理
解企業改名背後的策略。一些人顯然認為，面對TikTok和
其他競爭對手的崛起，以及成長放緩等實際的商業挑戰，
祖克伯因為迷戀元宇宙而分心，並為此付出了龐大的代
價。《紐約時報》報導，一些Meta員工為元宇宙專案取了
一個輕蔑的縮寫詞MMH，意思是：「讓馬克開心」。

　　2022年10月，Meta股東布拉德・郭士納（Brad Gerst-
ner）寫了一封公開信[9]給祖克伯，點名公司對元宇宙的投資
「即使以矽谷的標準來看規模也是大得嚇人」，並要求他將
投資減半。但Meta的執行長不必聽取郭士納、其他投資人
甚至董事會的意見。祖克伯握有[10]公司大部分有投票權的
股份，這意味著他深信自己為企業設定的發展道路正確，
而這樣的自信幾乎不受任何機構制衡。

　　Twitter對馬斯克的監督甚至更少，因為他完全擁有這家公司。他對Twitter的所作所為顯示他強烈相信自己能夠得到想要的東西，即便他已經同意購買Twitter，但這也不代表馬斯克真的想擁有Twitter。2022年4月，馬斯克簽署一份價值約440億美元的合約，打算收購Twitter，但不久後又聲稱自己被誤導，試圖取消這筆交易[11]。Twitter提起訴訟，要求馬斯克履行承諾。在開庭前不久，馬斯克重新同意收購，並於10月27日成為推特的老闆。

　　在他抱著一個洗手槽[12]（為了讓大家「認清」他擁有這裡）*走進Twitter總部後不久，馬斯克對這家企業做出的第一個重大改變，就是試圖讓更多使用者付費。2009年，Twitter開始對名人、政客和其他可能被冒充的人的帳戶進行驗證[13]。一旦通過驗證，使用者就會得到一個有白色勾勾的藍徽章，可添加到個人資料中；這個徽章被（不準確的）稱為「藍勾勾」。後來，驗證工作免費擴展到其他知名人士以及企業和公共衛生機構等組織。

　　馬斯克決定顛覆推特的驗證系統。就在自封為「Twitter老闆」（chief twit）幾週後，馬斯克宣布，每月必須支付20美元才能繼續擁有藍勾勾。在與作家史蒂芬・金（Ste-

---

*　編注：馬斯克在推特上釋出一段影片，他雙手抱著一個水槽（sink）走進推特總部，並配文，「進入推特總部：花些時間思考一下，你將會理解的（Entering Twitter HQ–let that sink in）」！ let that sink in 是一種英文口語表達慣用語。

phen King）[14]在 Twitter 上的一番攻防之後，馬斯克把價格降到 8 美元。11 月 9 日，Twitter 正式推出「藍勾勾」訂閱服務，任何擁有 Apple ID、電話號碼且願意每月支付 7.99 美元的人，都可以使用這項服務。這筆錢不能買到驗證，相反的，它顯然是買到免於驗證的自由。前美國總統小布希（George W. Bush）和前英國首相布萊爾（Tony Blair）的假藍勾勾帳號，對伊拉克戰爭表達緬懷之情。製藥企業禮來（Eli Lilly）的假藍勾勾帳號宣布，胰島素現在免費。《華盛頓郵報》（*Washington Post*）為喜劇演員布蕾兒・厄斯金（Blaire Erskine）和參議員艾德・馬基（Ed Markey）設立假藍勾勾帳號（經他們同意）。11 月 11 日，馬基致信馬斯克[15]點名假帳號這件事，並強調：「顯然，由於 Twitter 的寬鬆驗證措施，加上對現金的迫切需求，任何人都可以支付 8 美元，然後在你的平台上冒充他人。這種出售真實身分的做法既危險也讓人無法接受。」

在馬基的信發出時，Twitter 已經暫停新的藍勾勾註冊，根據公司內部消息，此舉是為了「解決冒名問題[16]」。但這次的風波已經傷害 Twitter 的聲譽和營收。11 月 11 日，大型廣告代理商宏盟（Omnicom）建議客戶[17]：「短期內暫停 Twitter 上的活動」，因為「可能會有嚴重後果」。輝瑞、通用磨坊（General Mills）、福斯和通用汽車等企業已經決定從 Twitter 上撤下廣告；他們似乎一點都不擔心馬斯

克在Twitter上威脅要「激烈的公開譴責」¹⁸抵制該平台的廣告商。由於Twitter大約九成的收入¹⁹來自廣告，這種威脅似乎不是明智之舉。事實上，馬斯克最初的整個藍勾勾方案也是如此。馬斯克在Twitter上說，藍勾勾訂戶所看到的廣告數量將減少一半，但正如《華盛頓郵報》引用的一項分析內容所說，Twitter「前1％²⁰的美國使用者，也就是最有可能支付8美元的使用者，原本每月為這項服務帶來超過40美元的（廣告）收入。」如果每訂閱一個藍勾勾就會把原本每月40美元的收入砍半，同時只換回8美元的收入，那麼藍勾勾訂閱服務無疑是個營收殺手。

我們是問題所在

　　無論是否為極客企業，所有企業都面臨一個比過度自信的領導者做出糟糕決策更深層、更普遍的問題。這個問題就是我們，我們所有人。問題在於我們追求自己想要的東西，而這些追求往往與我們所屬組織的目標不一致。我們會創造騙子俱樂部和複雜的官僚體系。我們組成聯盟，爭奪地盤，然後又為了保住地盤而戰。我們自我防衛，試圖單方面控制局面。

　　當現實讓我們看起來很糟糕時，我們會努力忽視現實。我們懲罰那些違反行為準則的人，即使這些行為準則

（例如，不公開談論不道德行為）對組織有害。

　　我們的企業往往不希望我們做這些事情，但「企業」對於我們超社會性人來說是一個非常遙遠與抽象的概念。與此同時，自我形象、社會地位、聲望和聲譽對我們來說，就像一頓高熱量的美味大餐一樣具體誘人；而地位喪失與社會排斥就像牙痛或心碎一樣令人痛苦。

　　因此，組織與組織成員之間始終存在著深刻的緊張關係。組織希望成員追求組織目標，而成員本身則希望追求**自己**的目標。人類學家約瑟夫・亨里奇認為，這種緊張關係自現代人類出現以來就一直存在。正如他所寫：「歷史告訴我們[21]，所有親社會（prosocial）*機構都會衰老，最終在自身利益的手上崩潰……也就是說，儘管可能需要很長時間，但個人與組織最後還是會想出擊敗或操縱制度的方法，來遂行自己的目的，而這些技巧會傳播開來，慢慢腐蝕任何親社會效應。」

　　「合作企業」是「親社會機構」一個很好的同義詞，一家公司在很大程度上就是一個合作企業。亨里奇的見解讓我們有理由預期，所有企業都會以某種方式、在某個時刻，經歷個人目標與組織目標之間的古老緊張關係。

---

* 編注：親社會行為（prosocial behavior）指一切有益於他人和社會的行為，如助人、分享、謙讓、合作、自我犧牲等，在現實中利他主義容易與親社會行為被等同為一。

　　這種緊張關係在矽谷科技企業中絕對出現過。2020年9月，加密貨幣交易所Coinbase執行長布萊恩‧阿姆斯壯（Brian Armstrong）撰寫一篇部落格文章[22]，談到他認為企業目標與部分員工利益之間存在落差。

> 矽谷企業經常參與各式各樣的社會活動，甚至包括與企業業務無關的活動，而且一定有員工真的希望自己工作的企業能夠參與這些活動……
> 雖然我認為這些努力的初衷是好的，但這可能會破壞大多數企業的許多價值，因為這些活動不僅會分散注意力，還可能造成內部分裂……我相信大多數員工不想在這種分裂的環境中工作。他們希望在一個團結一致、朝著重要使命前進的勝利團隊中工作。

　　因此，阿姆斯壯試圖重新調整Coinbase團隊，讓它與企業目標保持一致，他寫道：

> 我們不會：
> * 在內部辯論與工作無關的議題或政治候選人
> * 期望企業對外代表我們的個人信仰
> * 假定對方有負面意圖，或不支持對方
> * 在工作中參與與核心任務無關的激進行動

　　大約在同一時間，另一家加密貨幣企業Kraken，與擁有二十年歷史的協作軟體製造商基地營（Basecamp）的領導階層，也發表類似的公開聲明。這些公開聲明往往引發大眾的強烈負面反應。這些變革也會引發企業內部動盪，例如，基地營的六十名員工中，有超過三分之一[23]的人打算離職。然而，在最初的文章公布一年後，阿姆斯壯在Twitter上堅稱自己做出正確的決定[24]。「我們的公司現在更加團結，更能專心致志的完成使命，也讓我們能夠延攬到一些厭倦原本組織政治、內訌和分心活動的優秀人才。」

　　文化熱點會隨著時間的推移而改變，但官僚體系卻是永恆的。這是「個人與組織最後還是會想出擊敗或操縱制度的方法，來遂行自己的目的」這句話最古老也最常見的方式。正如第五章內容所述，官僚體系導致企業變得僵化和缺乏競爭力。今天的科技巨頭已經解決許多難題，但官僚體系的萬有引力仍然困擾著它們。

　　在許多人眼中，早年的Facebook是典型的網路時代公司，一家精簡、行動快速的公司。但隨著時間以及公司的持續發展，Facebook規模變得龐大，速度也愈來愈慢。到了2021年，它被《紐約時報》科技專欄作家凱文‧魯斯（Kevin Roose）形容為「笨拙的官僚機構」[25]。在新冠肺炎疫情期間，Meta的發展與市值一路飆升，但解封之後，隨著全世界各地的人們開始恢復實體交流，Meta此時顯然已

變得太過龐大。2022及2023年底，Meta宣布裁撤掉四分之一的員工[26]。

　　祖克伯在裁員相關信件與全體員工會議上強調，裁員不僅僅只是為了降低成本，也是為了拆除已經成形的官僚機構。他強調裁員「將迫使我們想辦法變得更有鬥志[27]、更有效率」，減少「廚房裡有太多廚師這種狀況，這是我在整間公司裡一直反覆聽到的抱怨。」2023年，Meta的執行長終於了解官僚主義會不斷自我增生的本質：「當我們增加不同的團隊[28]，我們的產品團隊自然會雇用更多員工來處理與其他團隊的互動。」

　　亞馬遜是一家奉行「行動優先」原則的企業，它比我熟悉的任何其他大型組織都更強調所有權意識這個偉大的極客行為準則，但即使在這裡，官僚體系也在悄然滋生。記者布萊德‧史東（Brad Stone）寫過兩本有關於亞馬遜以及創辦人貝佐斯的書。在第二本書《貝佐斯新傳》（*Amazon Unbound*）中，史東講述，隨著企業發展，貝佐斯必須定期進行干預，以保持組織精簡，專注於他的目標，讓企業始終處於第一天模式。例如，2017年，貝佐斯發布一項「控制幅度」指令，要求管理者管理更多直屬部屬，而不是在組織結構圖中添加更多層級。史東認為，這場針對「官僚體系的戰爭」[29]引發巨大的內部動盪。但這招確實有效。2018年，亞馬遜員工數量成長放緩，毛利率提高，淨利增加超

過一倍。

但「侏儒操作的巨型機器」卻不斷自我重組。2021年，科技新聞網站《資訊》（The Information）報導，貝佐斯的接班人安迪・賈西（Andy Jassy）在公司的廣告業務[30]和AWS事業[31]都遇到官僚主義蔓延的問題，這兩個業務不斷出現「更多文書工作和更嚴格的管理風格」。

正如以上這些例子所示，極客之道並非毫不費力就能自我維持。極客之道的倡導者向我強調，要維持強健的科學、所有權意識、速度和開放行為準則，得付出非常大的努力，而且就算這些行為準則都已經到位，典型的功能失調問題仍然會悄然出現。但這些行為準則仍然值得追求並為之奮鬥。在我與歐特克公司前執行長、矽谷許多年輕領導人的導師卡爾・巴斯的交談中，我們得出了我最喜歡的解釋。

卡爾和我都已經步入中年。我們一致認為，由於我們更好的飲食習慣、更規律的運動以及其他生活方式的改善，我們比父祖輩在相同年齡時更健康。這些改善不會讓我們長生不老，但一定會讓我們活得更久、更健康。

這些行為還能讓我們跟上年輕人的腳步。就像《戶外探索》（Outside）雜誌所說，如今「資深職業運動員[32]的競技時間和獲勝時間，比以前延長數十年。」這不完全是因為原始人飲食法、冷浴、類固醇等任何其他因素，而是因

為營養、訓練、運動醫學等許多不同領域的創新結合在一起，讓人們能在更長時間保持巔峰狀態。

極客之道也是一套類似的創新組合。科學、所有權意識、速度和開放這些偉大的極客行為準則，不只能幫助企業達到高水準的表現，在競爭中取得成功，也確保企業長期保持這種強勁的表現。但能持續多久？這確實是一個關鍵問題，但我們目前還不知道答案。因為極客之道還太新。我們還不清楚它能在多大程度上延長企業的健康壽命，也不知道它在面對與組織一樣古老的功能失調問題時，能堅持多久。

我也不知道下一批大型、創新、快速成長、讓顧客與投資人滿意的企業將來自何方。但我確實知道，它們不會遵循工業時代的遊戲規則，因為這些遊戲規則的效果比不上極客之道。

前面幾章的內容已經讓我們知道原因。遵循舊遊戲規則的企業非常依賴專家的意見和判斷，然而，當他們在聽取專家意見的同時，專家則是正在聽取心理新聞祕書模組的意見。我們新聞祕書的職責不是了解真相或正確理解現實，而是扭曲現實，讓我們自我感覺良好，進而讓我們在他人眼中顯得更好。在無視新聞祕書、客觀看待問題方面，專家不比我們其他人好多少，因此我們不能完全依賴專家，而是必須讓他們（及其他所有人）拿出大量證據，

進行大量辯論。這兩個活動是科學的核心，也是我們至今為止所知最能有效減少錯誤的方法。

　　工業時代企業常見計畫周密的大型專案會不斷偏離正軌，因為這些計畫會催生騙子俱樂部。參與這些工作的人，習慣性的**自欺**欺人，謊報自己所取得的進展。當這些欺騙行為敗露時，往往為時已晚，無法按時完成專案。打破騙子俱樂部唯一可靠的方法是停止所有的事先規劃，以觀察性高、合理推諉性低的做法來開展工作。極客們發明且擁抱的敏捷開發方法就能做到這些事。這些方法還帶來另外兩大好處：一是讓我們這些天生的模仿者學得更快，二是迷惑競爭對手，讓他們無所適從。還在使用過時工作方法的企業，則無法體會到這些好處。

　　由於堅信協調、溝通、跨職能流程和控制的重要性，隨著時間推移，遵守舊遊戲規則的企業會變得更加官僚和僵化。本應迅速完成的工作陷入困境，好想法受到阻礙，內部政治在重要決策中扮演的角色愈來愈吃重。這一切的根本原因是，超社會性人類喜歡各種形式的地位。高度協調的工作為我們提供大量獲得地位的機會，讓人難以抗拒，也不願放棄。意識到這一點的商業極客致力於創造一個環境，讓員工與團隊既擁有自主權，又能團結一致。例如減少不必要的接觸，讓員工有很大的獨立行動自由，而員工也知道自己的工作如何與企業的總體目標和策略契合。

　　遵循工業時代遊戲規則的企業由於強調模式一的行為準則，包括努力爭取勝利，盡量減少失敗、單方面控制與抑制負面情緒，因此變得自我防衛。這些企業的員工寸步不讓，固執己見。他們維持現狀，堅持行不通的東西，不鼓勵誠實對話。他們所做的這一切變得不可討論，而不可討論這件事也變得不可討論。新加入這些企業的人很快就會察覺這些行為準則，並幫助延續這些行為準則。但商業極客追求的是截然不同的行為準則，所以他們致力於開放、而不是自我防衛。他們尋求誠實回饋，勇於進行困難的對話，承認失敗，從失敗中吸取教訓，並在必要時做出調整。

　　成長於工業時代的企業，如果想在極客企業來襲時有一線生機，就必須拋棄舊時代的遊戲規則。如果認為遵循舊遊戲規則的企業能透過組織重組、擁抱大膽的新策略或改組領導層有效反擊極客企業，這種想法將十分可笑。過去二十年來，老牌企業都已嘗試過這些事，卻沒能阻止市場被顛覆，甚至連減緩顛覆的速度都沒有。工業時代的遊戲規則導致企業行動太慢、經常出錯、錯過太多重要發展、學習與改進速度不夠快，也無法賦予員工他們想要的自主權、授權、目標和發言權。一旦競爭對手開始採用極客之道，這些都將成為難以逾越的障礙。

摘要

我為撰寫本書所訪談過的商業極客，都不認為自己已經發現企業的不老之泉。他們不認為自己的企業，或其他人的企業，已經找到永遠成功的祕訣。

無論是否為極客企業，所有企業都面臨一個比過度自信的領導者做出糟糕決策更深層、更普遍的問題。這個問題就是我們，我們所有人。問題在於我們追求自己想要的東西，而這些追求往往與我們所屬組織的目標不一致。我們會創造騙子俱樂部和複雜的官僚體系。我們組成聯盟，爭奪地盤，然後又為了保住地盤而戰。我們自我防衛，試圖單方面控制局面。當現實讓我們看起來很糟糕時，我們會努力忽視現實。我們懲罰違反行為準則的人，即使這些行為準則（例如，不公開談論不道德行為）對組織有害。

組織與組織成員之間始終存在深刻的緊張關係。組織希望成員追求組織目標，而成員本身則希望追求自己的目標。今天的科技巨頭已經解決許多難題，但官僚體系的萬有引力仍然困擾著它們。

極客之道不是毫不費力就能自我維持。極客之道的倡導者向我強調，要維持強健的科學、所有權意識、速度和開放行為準則，得付出非常大的努力，而且就算這些行為準則已經到位，典型的功能失調問題仍然會悄然出現。

我也不知道下一批大型、創新、快速成長、讓顧客與投

資人滿意的企業將來自哪裡。但我確實知道，它們不會遵循工業時代的遊戲規則，因為這些遊戲規則的效果比不上極客之道。

　　成長於工業時代的企業，如果想在極客企業來襲時有一線生機，就必須拋棄舊時代的遊戲規則。

謝辭

　　在撰寫這本書的過程中，我感覺自己是在孤軍奮戰，然而，當開始書寫這些感謝辭時，我赫然醒悟，這樣的感覺是多麼荒謬。

　　有三個人特別值得感謝，他們在我手足無措、努力理順思緒時，一直容忍我。第一個是我的文學經紀人兼智囊拉夫・薩加林（Rafe Sagalyn），他總是想方設法以鼓舞人心的方式對我說「不」。拉夫堅信，有一本關於極客之道的重要書籍正待有人撰寫，而我就是撰寫這本書的最佳人選。不過，他同樣堅信，我最初大約二十個提案草稿都無法達到預期水準。

　　當我終於寫出一些不再令人尷尬的胡言亂語時，拉夫把稿子拿給幾位編輯看，其中包括小布朗出版社（Little, Brown）的普羅諾伊・薩卡（Pronoy Sarkar）。普羅諾伊比拉夫更直接。當他同意買下這本書時，他對我說（我盡力回想他的原話）：「你不會撰寫這個提案中描述的書。你會寫出一本更好、更加恢宏的書」。我回答：「我很期待與你合作」，心中想的卻是另一個更簡短、以「你」結尾的回應。但事實證明普羅諾伊是對的。我們在合作的過程中，同樣遵循極客之道：反覆修改、辯論，盡力避免採取防禦

姿態，最終完成一本更好、更加恢宏的書。

第三個指引我的人是我的好朋友艾瑞茲・尤利（Erez Yoeli），他不僅是經濟學家、賽局理論家、深刻的思想家，也是《隱藏賽局》（Hidden Games）這本絕佳書籍的合著者。自從我們相識以來，倆人的話題就一直脫不開我們這些極客。他推動我的想法，幫我梳理思路，教會我很多東西，而且總是能提出切中核心的問題。拉夫、普羅諾伊和艾瑞茲的組合，從一開始便伴隨著這本書。如果你在書中看到自己喜歡的內容，很可能正是他們三人之一的功勞。

在撰寫這本書的過程中，我訪談過很多極客，在此我由衷感謝他們的幫助。書中部分內容引用我與以下人士的談話（按字母順序排列）：尼科什・阿羅拉（Nikesh Arora）、卡爾・巴斯（Carl Bass）、派翠克・科里森（Patrick Collison）、山姆・科科斯（Sam Corcos）、莉安・霍恩西（Liane Hornsey）、德魯・休斯頓（Drew Houston）、史帝夫・尤爾韋森（Steve Jurvetson）、維諾德・科斯拉（Vinod Khosla）、詹姆斯・曼宜卡卡（James Manyika）、威爾・馬歇爾（Will Marshall）、薩帝亞・納德拉（Satya Nadella）、雅米尼・藍根（Yamini Rangan）、艾立克・施密特（Eric Schmidt）、塞巴斯蒂安・特龍（Sebastian Thrun）、哈爾・瓦里安（Hal Varian）和阿迪・威廉斯（Ardine Williams）。唐・蘇爾（Don Sull）與我分享他令人著迷的「文化五百

大」專案資料，慷慨程度遠遠超出正常的專業禮節。雷德‧霍夫曼（Reid Hoffman）主動表達願意為我們寫序，讓我們的對話更上一層樓；我對他的感謝之情溢於言表。

隨著模糊的想法逐步轉化成非小說類書籍，「非小說類」部分變得愈來愈重要。這意謂著必須檢查事實、支持主張、整理資料等等。不久前，我發現麻省理工學院史隆管理學院（Sloan School of Management）的MBA學生是完成這些任務的絕佳夥伴，並因此有幸與其中三組人馬合作：首先是羅尼‧格雷德爾（Roni Grader）和艾薩克‧拉哈明（Isaac Rahamin），接著是羅尼和沙哈‧基德倫‧沙米爾（Shahar Kidron Shamir），最後是羅伊‧萊因霍恩（Roy Reinhorn）和齊夫‧海姆利希‧施塔徹（Ziv Heimlich Shtacher）。他們忍受了很多要求：緊迫的截止期限，有時是艱巨的任務，以及作者（我）的需求時而令人髮指的籠統（「查看美國市值是否變得愈來愈年輕」），時而又讓人抓狂的精準（「把Y軸標籤的字體縮小一個字級」）。他們的工作能力出眾，熱情洋溢，積極樂觀，不需要什麼鼓勵就迅速擁抱極客之道，開始與我進行富有成效的辯論。

我與許多人討論過想法和手稿，每次談話都讓我對這本書的某些方面有更深入的理解。為此，我衷心感謝下列人士：安德魯‧阿納格諾斯特（Andrew Anagnost）、斯南‧阿拉爾（Sinan Aral）、馬特‧比恩（Matt Beane）、埃里

克・布林約爾森（Erik Brynjolfsson）、湯瑪士・布伯爾（Thomas Buberl）、艾德・法恩（Ed Fine）、萊斯利・法恩（Leslie Fine）、卡特・加夫尼（Carter Gaffney）、亞當・格蘭特（Adam Grant）、南希・哈勒（Nancy Haller）、麥卡・亨普希爾（Maika Hemphill）、卡羅爾・胡文（Carole Hooven）、凱倫・卡尼奧爾-坦布爾（Karen Karniol-Tambour）、萬尼亞・孔斯（Vanya Koonce）、露絲・勒斯科姆（Ruth Luscombe）、大衛・麥卡菲（David McAfee）、詹姆士・米林（James Milin）、麥可・穆圖克里希納（Michael Muthukrishna）、克里齊亞・夸爾塔（Krizia Quarta）、丹尼爾・洛克（Daniel Rock）、喬納森・魯安（Jonathan Ruane）、艾美・謝潑德（Amy Shepherd）、穆史塔法・蘇萊曼（Mustafa Suleyman）、大衛・維里爾（David Verrill）和凱瑟琳・扎雷拉（Katherine Zarrella）。我知道自己遺漏一些應該出現在這個名單上的人，對此我深感抱歉。

最後，我也想為書中出現的任何錯誤道歉，這是本書中完全由我個人一手包辦的部分。

資料來源

前言

1. 傻瓜或瘋子：Tom Chatfield, "Social Media, Doctor Who, and the Rise of the Geeks," BBC Future, August 4, 2013, www.bbc.com/future/article/20130805-the-unstoppable-rise-of-the-geeks.

2. 讓我們突破人類和動物肌肉力量的限制：Erik Brynjolfsson and Andrew McAfee, The Second Machine Age: Work, Progress, and Prosperity in a Time of Brilliant Technologies (New York: W. W. Norton, 2016), loc. 82–101, Kindle.

3. 近期最具影響力的商業書籍："Harvard Business School Risks Going from Great to Good," Economist, May 4, 2017, www.economist.com/business/2017/05/04/harvard-business-school-risks-going-from-great-to-good.

4. 達沃斯圈的明星人物：John Thornhill, "When Artificial Intelligence Is Bad News for the Boss," Financial Times, June 13, 2017, www.ft.com/content/14588e62-4f88-11e7-bfb8-997009366969.

5. 2018年，奇異因……除名：Matt Phillips, "G.E. Dropped from the Dow after More than a Century," New York Times, June 19, 2018, www.nytimes.com/2018/06/19/business/dealbook/general-electric-dow-jones.html.

6. 美國報紙……三分之二：Derek Thompson, "The Print Apocalypse and How to Survive It," The Atlantic, November 3, 2016, www.theatlantic.com/business / archive/2016/11/the-print-apocalypse-and-how-to-survive-it/506429/ www.theatlantic.com/business/archive/2016/11/the-print-apocalypse-and-how-to-survive-it/506429/.

7. 雜誌的情況也好不到哪去：Kaly Hays, "Magazines' Ad Revenue Continues Decline Despite Some Audience Growth," Women's Wear Daily, July 22, 2019, https://wwd.com/feature/magazines-ad-revenue-continues-decline-despite-some-audience-growth-1203224173/.

8. 唱片音樂……46％以上：Paul Resnikoff, "U.S. Recorded Music Revenues 46 Percent Lower," Digital Music News, June 15, 2021, https://www.digitalmusicnews.com/2021/06/15/us-recorded-music-revenues-46-percent-lower/.

9. 定義的問題：Ben Thompson, "Sequoia and Productive Capital," Stratechery, October 27, 2021, https://stratechery.com/2021/sequoia-productive-capital/.

10. 2010年的比爾‧蓋茲：Mary Riddell, "Bill Gates: Do I Fly First Class? No, I Have My Own Plane," Irish Independent, October 10, 2010, www.independent.ie/business/technology/bill-gates-do-i-fly-first-class-no-i-have-my-own-plane-26691821.html.

11. 我們願意長期被誤解：John Cook, "Amazon's Bezos on Innovation," GeekWire, June 7, 2011, www.geekwire.com/2011/amazons-bezos-innovation/.

12. 長篇PowerPoint簡報："Netflix Culture: Freedom & Responsibility," Slideshare, August 1, 2009, www.slideshare.net/reed2001/culture-1798664.

13. 已被觀看超過1,700萬次："Netflix Culture," Slideshare.

14. 臉書（Facebook）營運長……的評價：Nancy Hass, "Netflix Founder Reed Hastings: House of Cards and Arrested Development," GQ, January 29, 2013, www.gq.com/story/netflix-founder-reed-hastings-house-of-cards-arrested-development.

15. 邀請海斯汀加入臉書董事會：Hass, "Netflix Founder Reed Hastings."

16. 我今天的主要工作是：Henry Blodget, "Jeff Bezos on Profits, Failure, and Making Big Bets," Business Insider, December 13, 2014, www.businessinsider.com/amazons-jeff-bezos-on-profits-failure-succession-big-bets-2014-12.

17. 我們兩人都上過蒙特梭利學校：Peter Sims, "The Montessori Mafia," Wall Street Journal, April 5, 2011, www.wsj.com/articles/BL-IMB-2034.

18. 成為自己行為的主人："Maria Montessori Quotes," American Montessori Society, accessed Feburary 13, 2023, https://amshq.org/About-Montessori/History-of-Montessori/Who-Was-Maria-Montessori/Maria-Montessori-Quotes.

19. 貝佐斯⋯⋯蒙特梭利教育：Sims, "Montessori Mafia."

20. 在《科學》雜誌上發表的一項研究發現：Angeline Lillard and Nicole Else-Quest, "Evaluating Montessori Education," Science, vol. 313, no. 5795 (2006): 1893–94, https://doi.org/10.1126/science.1132362.

21. 有許多人曾接受蒙特梭利的啟蒙教育：Josh Lerner, "How Do Innovators Think?," Harvard Business Review, September 28, 2009, https://hbr.org/2009/09/how-do-innovators-think.

22. 不斷提出問題："What Do Researchers at Harvard Think about Montessori?," KM School, accessed Feburary 13, 2023, www.kmschool.org/edu-faq/what-do-researchers-at-harvard-think-about-montessori/.

23. 教育的目標應致力於摧毀自由意志："Johann Gottlieb Fichte," Wikiquote, Wikimedia Foundation, accessed Feburary 13, 2023, https://en.wikiquote.org/wiki/Talk:Johann_Gottlieb_Fichte#:~:text=20.,their%20schoolmasters%20would%20have%20wished.

24. 絕大多數商業學者：Gad Saad, Evolutionary Psychology in the Business Sciences (Heidelberg: Springer, 2011), https://epdf.pub/queue/evolutionary-psychology-in-the-business-sciences.html.

25. 只有在進化論的框架下：Theodosius Dobzhansky, "Nothing in Biology Makes Sense except in the Light of Evolution," American Biology Teacher, vol. 35, no. 3 (1973), 125– 29,https://doi.org/10.2307/4444260.

26. 進化不止於頸部：Ashutosh Jogalekar, "Why Prejudice Alone Doesn't Explain the Gender Gap in Science," Scientific American, April 22, 2014, https://blogs.scientificamerican.com/the-curious-wavefunction/why-prejudice-alone-doesnt-explain-the-gender-gap-in-science/.

27. 正如哲學家丹尼爾・丹尼特⋯⋯一書中所寫：Daniel Dennett, Darwin's Dangerous Idea (New York: Simon & Schuster, 1995), 21

28. 比史特拉第瓦里小提琴更好聽的琴：Claudia Fritz, Joseph Curtin, Jacques Poitevineau, and Fan-Chia Tao, "Listener Evaluations of New and Old Italian Violins," Proceedings of the National Academy of Sciences, vol. 114, no. 21 (2017), 5395– 5400, https://doi.org/10.1073/pnas.1619443114.

29. 理論的貪婪消費者：Dina Gerdeman and Clayton M. Christensen, "What Job Would Consumers Want to Hire a Product to Do? Other," Working Knowledge, accessed Feburary 13, 2023, https://hbswk.hbs.edu/item/clay-christensen-the-theory-of-jobs-to-be-done.

30. 產褥熱：Ignaz Semmelweis, Etiology, Concept, and Prophylaxis of Childbed Fever, trans. K. Codell Carter (Madison, WI: University of Wisconsin Press, 1983), 142– 3.

31. 消息傳開後：Semmelweis, Etiology, 69.

32. 生命似乎毫無價值：Manya Magnus, Essential Readings in Infectious Disease Epidemiology (Sudbury, MA: Jones and Bartlett, 2009), www.google.com/books/edition/Essential Readings_in_Infectious_Disease/gxub4qxc9j4C?hl=en&gbpv=1&dq=%22made+me+so+misera-ble+that+life+seemed+worthless%22&pg=PA7&printsec=frontcover.

33. 四月份，產婦死亡率：Semmelweis, Etiology, 142– 3.

34. 他被送往維也納一家精神病院：K. Codell Carter and Barbara R. Carter, Childbed Fever: A Scientific Biography of Ignaz Semmelweis (New Brunswick, NJ: Transaction Publishers, 2005), 76– 8.

35. 全球產婦平均死亡率："Maternal Mortality Ratio," Our World in Data, accessed February 15, 2023, https://ourworldindata.org/grapher/maternal-mortality?tab=chart.

36. 拋棄瘴氣的觀念：Thomas Schlich, "Asepsis and Bacteriology: A Realignment of Surgery and Laboratory Science," Medical History, vol. 56, no. 3 (2012), 308– 334, https://doi.org/10.1017/mdh.2012.22.

第一章 通往極客文化的四條路

1. 突破獎：Rachel Hoover and Michael Braukus, "NASA's LCROSS Wins 2010 Popular Mechanics Breakthrough Award," NASA, accessed February 13, 2023,（原網址失效，詳細新聞可見以下連結）https://www.prnewswire.com/news-releases/nasas-lcross-wins-2010-popular-mechanics-breakthrough-award-104349948.html.

2. 每天掃描地球："Satellite Imagery Analytics," Planet, accessed February 13, 2023, www.planet.com/products/planet-imagery/#:~:text=Planet%20operates%20more%20than%20200,understanding%20of%20changing%20ground%20conditions.

3. 以每年約40％的速度成長：Jordan Novet, "Amazon's Cloud Revenue Growth Rate Continues to Slow down in Q3, Now up 39%," VentureBeat, October 23, 2014,https://venturebeat.com/business/aws-revenue-3q14/.

4. 道格・鮑曼（Doug Bowman）忍無可忍：Douglas Bowman, "Goodbye, Google," StopDesign (blog), March 20, 2009, https://stopdesign.com/archive/2009/03/20/goodbye-google.html.

5. 好設計的根源在於美學："A Selection of Quotes," Paul Rand, accessed February 13, 2023, www.paulrand.design/writing/quotes.html.

6. 展示一個版本的搜尋結果頁面：Brian Christian, "The A/B Test: Inside the Technology That's Changing the Rules of Business," Wired, April 25, 2012, www.wired.com/2012/04/ff-abtesting/.

7. 我們不希望高階主管討論：Michael Luca and Max H. Bazerman, "Want to Make Better Decisions? Start Experimenting," MIT Sloan Management Review, June 4, 2020, https://sloanreview.mit.edu/article/want-to-make-better-decisions-start-experimenting/.

8. 每年增加2億美元：Alex Hern, "Why Google Has 200m Reasons to Put Engineers over Designers," The Guardian, February 5, 2014, www.theguardian.com/technology/2014/feb/05/why-google-engineers-designers.

9. 絕大多數網站之所以很糟糕：Christian, "A/B Test."

10. 雖然Google仍然雇有數千名專業設計師：Jenny Brewer, "How Google Went from Being a Tech Company to a Design Company," It's Nice That (blog), March 8, 2022, www.itsnicethat.com/articles/google-visual-design-summit-creative-industry-080322.

11. 公布美國最理想工作場所："Best Places to Work 2020," Glassdoor, accessed February 14, 2023, www.glassdoor.com/Award/Best-Places-to-Work-2020-LST_KQ0,24.htm

12. 高爾夫球衫的大海中：Barbara Ley Toffler and Jennifer Reingold, Final Accounting: Ambition, Greed, and the Fall of Arthur Andersen (New York: Crown, 2004), 369–72.

13. 展現過多個人風格的辦公室：Toffler and Reingold, Final Accounting, 695.

14. 卡森伯格長途跋涉，飛越整個國家：Kim Masters, "How Leonard Nimoy Was Convinced to

Join the First Star Trek Movie," Hollywood Reporter, February 27, 2015, www.hollywoodreporter.com/news/general-news/how-leonard-nimoy-was-convinced-778379/.

15. 攀升至第一：Don Hahn, Waking Sleeping Beauty (Burbank, CA: Stone Circle Pictures/ Walt Disney Studios Motion Pictures), 2009.

16. 被康卡斯特集團……以38億美元收購：Benjamin Wallace, "Is Anyone Watching Quibi? The Streaming Platform Raised $1.75 Billion and Secured a Roster of A-List Talent, but It Can't Get Audiences to Notice," Vulture, July 6, 2020, www.vulture.com/2020/07/is-anyone-watching-quibi.html.

17. 催生出奎比公司：Wikipedia, s.v. "Quibi," last modified January 22, 2023, https://en.wikipedia.org/wiki/Quibi.

18. 好萊塢一線演員：Brian Heater, "The Short, Strange Life of Quibi," TechCrunch, October 23, 2020, https://techcrunch.com/2020/10/23/the-short-strange-life-of-quibi/.

19. 下載次數就受到業界高度關注：Wikipedia, "Quibi."

20. 在Apple 應用程式商店排名第三：Sarah Perez, "Quibi Gains 300k Launch Day Downloads, Hits No. 3 on App Store," TechCrunch, April 7, 2020, https://techcrunch.com/2020/04/07/quibi-gains-300k-launch-day-downloads-hits-no-3-on-app-store/.

21. 第一週下載量達到一百七十萬次："Quibi Reaches 1.7m Downloads in the First Week," BBC News, April 13, 2020, www.bbc.com/news/technology-52275692.

22. 是的，奎比很糟糕：Kathryn VanArendonk, "Yep, Quibi Is Bad," Vulture, April 24, 2020, www.vulture.com/2020/04/the-bites-are-quick-and-bad.html.

23. 我認為問題出在新冠病毒：Nicole Sperling, "Jeffrey Katzenberg Blames Pandemic for Quibi's Rough Start," New York Times, May 11, 2020. www.nytimes.com/2020/05/11/business/media/jeffrey-katzenberg-quibi-coronavirus.html.

24. 例如，抖音：Adario Strange, "Netflix's New Short Video Strategy Aims to Succeed Where Quibi Failed," Quartz, November 9, 2021, https://qz.com/2086948/netflixs-new-short-video-strategy-could-prove-quibi-was-right.

25. 令人困惑的缺陷：Wallace, "Is Anyone Watching Quibi?"

26. 惠特曼在2020春季末帶頭減薪10%：Todd Spangler, "Quibi Says Senior Execs Taking 10% Pay Cut, Denies It's Making Layoffs," Variety, June 2, 2020, https://variety.com/2020/digital /news/quibi-pay-cuts-layoffs-katzenberg-whitman-1234624653/.

27. 原本設定的740萬目標：Allie Gemmill, "How Is Quibi Doing? New Report Shows App May Miss a Subscriber Goal," Collider, June 15, 2020, https://collider.com/quibi-subcriber-goal-report-new-details/.

28. 探索幾種策略選擇：Amol Sharma, Benjamin Mullin, and Cara Lombardo, "Quibi Explores Strategic Options Including Possible Sale," Wall Street Journal, September 21, 2020, www.wsj.com/articles/quibi-explores-strategic-options-including-a-possible-sale-11600707806.

29. 奎比的嘗試即將結束：Dominic Patten, "Quibi's Jeffrey Katzenberg and Meg Whitman Detail 'Clear-Eyed' Decision to Shut It Down," Deadline, October 22, 2020, https://deadline.com/2020/10/quibi-shuts-down-jeffrey-katzenberg-meg-whitman-interview-exclusive-1234601254/.

30. 《華爾街日報》刊登的一篇事後分析：Wall Street Journal: Benjamin Mullin and Lillian Rizzo, "Quibi Was Supposed to Revolutionize Hollywood. Here's Why It Failed," Wall Street Journal, accessed February 14, 2023, www.wsj.com/articles/quibi-was-supposed-to-revolutionize-hollywood-heres-why-it-failed-11604343850.

31. 把大部分……返還投資者：Todd Spangler, "Roku Acquires Global Rights to 75-Plus Quibi Shows, Will Stream Them for Free," Variety, January 8, 2021, https://variety.com/2021/digital/news/roku-acquires-quibi-shows-free-streaming-1234881238/.

32. 這些權利在 2021 年1 月：Dominic Patten and Dade Hayes, "Quibi Officially Fades To Black, As Projected When Founders Announced Shutdown In October – Update," Deadline, December 1, 2020, https://deadline.com/2020/12/quibi-fades-to-black-december-1-jeffery- katzenberg-meg-whitman-1234602207/.

33. 轉售給串流媒體公司羅庫：Spangler, "Roku Acquires Global Rights."

34. 從未有人製作過……內容：Josef Adalian, "Quibi Is Finally Here. Wait, What's Quibi?," Vulture, April 6, 2020, www.vulture.com/article/what-is-quibi-explained.html.

35. 拒絕評論為什麼會有這麼奇怪的規定：Josef Adalian, "Quibi Is for Mobile Streaming and Mobile Streaming Only," Vulture, April 6, 2020, www.vulture.com/2020/04/quibi-mobile-phone-app-streaming-tv.html.

36. 如此狂妄的公司總部：Wallace, "Is Anyone Watching Quibi?"

37. 卡森伯格的自以為是：Wallace, "Is Anyone Watching Quibi?"

38. 完全不了解觀眾：Wallace, "Is Anyone Watching Quibi?"

39. 我問他：『你的資料在哪裡？』：Wallace, "Is Anyone Watching Quibi?"

40. 我不再假裝知道：Kim Masters, " 'A Bottomless Need to Win': How Quibi's Implosion Shapes Katzenberg's Legacy and Future," Hollywood Reporter, August 24, 2021, www.hollywoodreporter.com/business/business-news/a-bottomless-need-to-win-how-quibis-implosion-shapes-katzenbergs-legacy-and-future-4083520/.

41. 「無菜單料理」：Wallace, "Is Anyone Watching Quibi?"

42. 藜麥狗零食：Wallace, "Is Anyone Watching Quibi?"

43. 形同測試版的機會：Dade Hayes, "Jeffrey Katzenberg: Quibi Hit Covid-19 'Cement Wall,' but Slow Start Is Like a 'Beta' Allowing a Chance to Regroup," Deadline, June 19, 2020, https://deadline.com/2020/06/jeffrey-katzenberg-quibi-hit-cement-wall-covid-19-but-slow-start -is-like -a-beta-launch-1202963453/.

44. 在推文中：Benedict Evans (@benedictevans), Twitter, April 6, 2020, 4:41 a.m., https://twitter.com/benedictevans/status/1247081959962050561

45. 從選角、服裝設計：JP Mangalindan, "Quibi Leaders' $1.7 Billion Failure Is a Story of Self-Sabotage," Businessweek, Bloomberg, November 11, 2020, www.bloomberg.com/news/features/2020-11-11/what-went-wrong-at-quibi-jeffrey-katzenberg-meg-whitman-and-self-sabotage.

46. 他的比較對象：Wallace, "Is Anyone Watching Quibi?"

47. 把好萊塢最糟糕的一部分：Mangalindan, "Quibi Leaders' $1.7 Billion Failure."

48. 超過五十五歲：Wallace, "Is Anyone Watching Quibi?"

49. 精闢的概括：Wallace, "Is Anyone Watching Quibi?"

50. 表現「普通」：Michelle Conlin, "Netflix: Flex to the Max," Businessweek, Bloomberg, September 24, 2007, www.bloomberg.com/news/articles/2007-09-23/netflix-flex-to-the-max.

51. 把DVD 郵寄到各自家中：Christopher McFadden, "The Fascinating History of Netflix," Interesting Engineering, July 4, 2020, https://interestingengineering.com/culture/the-fascinating-history-of-netflix.

52. Netflix 的串流媒體服務開始於 2007 年：McFadden, "Fascinating History."

53. 占全球網路下載量：Todd Spangler, "Netflix Bandwidth Consumption Eclipsed by Web Media Streaming Applications," Variety, September 12, 2019, https://variety.com/2019/digital/news/netflix-loses-title-top-downstream -bandwidth-application-1203330313/.

54. 阿爾巴尼亞軍隊要統治全世界：Dawn Chmielewski, "How Netflix's Reed Hastings Rewrote the Hollywood Script," Forbes, September 7, 2020, www.forbes.com/sites/dawnchmielewski/2020/09/07/how-netflixs-reed-hastings-rewrote-the-hollywood-script/?sh=210bb11e15df.

55. 均僅次於 HBO：Joe Otterson, "Game of Thrones, HBO Top Total Emmy Wins," Variety, September 23, 2019, https://variety.com/2019/tv/awards/netflix-hbo-2019-emmys-awards-game-of-thrones-1203341183/.

56. 在提名方面領先：Christopher Rosen, "HBO Thoroughly Defeated Netflix at the Emmy Awards," Vanity Fair, September 21, 2020, www.vanityfair.com/hollywood/2020/09/hbo-netflix-emmys-2020.

57. 追平近五十年來……的紀錄：Stephen Battaglio, "Emmys 2021: Netflix Tops HBO with 44 Wins," Los Angeles Times, September 19, 2021, www.latimes.com/entertainment-arts/business/story/2021-09-19/emmys-2021-television-awards-scorecard-netflix-queens-gambit.

58. 一英寸的字幕障礙：Nicole Sperling, "From Call My Agent! to Hollywood Career," New York Times, July 30, 2021, www.nytimes.com/2021/07/30/movies/camille-cottin-call-my-agent-stillwater.html.

59. 成為該平台：Carmen Chin, "Squid Game Soars to the Number One Spot on Netflix in the US," NME, September 23, 2021, www.nme.com/en_asia/news/tv/squid-game-soars-to-the-number-one-spot-on-netflix-in-the-us-3053012.

60. 近百個其他國家最受歡迎的節目：Joe Flint and Kimberly Chin, "Netflix Reports Jump in Users, Calls Squid Game Its Most Popular Show Ever," Wall Street Journal, October 19, 2021, www.wsj.com/articles/netflix-adds-more-users-than-it-predicted-boosted-by-squid-game-11634674211.

61. 專欄作家班‧史密斯：Ben Smith, "The Week Old Hollywood Finally, Actually Died," New York Times, August 16, 2020, www.nytimes.com/2020/08/16/business/media/hollywood-studios-firings-streaming.html.

62. 470 億美元的損失：James B. Stewart, "Was This $100 Billiion Deal the Worst Merger Ever?" New York Times, November 19, 2022, https://www.nytimes.com/2022/11/19/business/media/att-time-warner-deal.html

63. Netflix 受到的打擊特別嚴重：Steve Inskeep and Bobby Allyn, "Netflix Is Losing Subscribers for the First Time in a Decade," NPR, April 21, 2022, www.npr.org/2022/04/21/1093977684/netflix-is-losing-subscribers-for-the-first-time-in-a-decade.

64. 我不會看衰它：Maureen Dowd, "Ted Sarandos Talks about That Stock Drop, Backing Dave Chappelle, and Hollywood Schadenfreude," New York Times, May 31, 2022, www.nytimes.com/2022/05/28/style/ted-sarandos-netflix.html.

65. 可能是七成對三成的組合：Tim Wu, "Netflix's Secret Special Algorithm Is a Human," The New Yorker, January 27, 2015, www.newyorker.com/business/currency/hollywoods-big-data-big-deal.

66. 設計師約書亞‧波特……之後就說：Joshua Porter, "The Freedom of Fast Iterations: How Netflix Designs a Winning Web Site," UIE, March 25, 2016, https://articles.uie.com/fast_iterations/.

67. 「貪婪」的海斯汀：Greg Sandoval, "Netflix's Lost Year: The Inside Story of the Price-Hike Train Wreck," CNET, July 11, 2012, www.cnet.com/tech/services-and-software/netflixs-lost-year-the-inside-story-of-the-price-hike-train-wreck/.

68. 奎克斯特這個名字讓人聯想到很多事：Jason Gilbert, "Qwikster Goes Qwikly: A Look Back at a Netflix Mistake," HuffPost, December 7, 2017, www.huffpost.com/entry/qwikster-netflix-mistake_n_1003367.

69. 艾蒙（Elmo）在抽大麻煙：Greg Kumparak, "The Guy Behind the Qwikster Twitter Account Realizes What He Has, Wants a Mountain of Cash," TechCrunch, September 20, 2011, https://techcrunch.com/2011/09/19/the-guy-behind-the-qwikster-twitter-account-realizes-what-he-has-wants-a-mountain-of-cash/.

70. 古怪、蹩腳的影片："Netflix CEO Reed Hastings Apologizes for Mishandling the Change to Qwikster," YouTube video, 2011, www.youtube.com/watch?v=7tWK0tW1fig.

71. 這段影片在……被惡搞："Netflix Apology," Saturday Night Live, aired October 1, 2011, YouTube video, uploaded September 18, 2013, www.youtube.com/watch?v=0eAXW-zkGlM.

72.《財星》（Fortune）雜誌評為2010年年度企業家：Michael V. Copeland, "Reed Hastings: Leader of the Pack," Fortune, November 18, 2010, https://fortune.com/2010/11/18/reed-hastings-leader-of-the-pack/.

73. 奎克斯特是個愚蠢的主意：Gilbert, "Qwikster Goes Qwikly."

74. 天啊，這麼多計畫：Jay Yarow, "Guy Behind Qwikster Account Wants "Bank," Will Probably Get Nothing," Business Insider, September 20, 2011, https://www.businessinsider.com/qwikster-account-negotiations-2011-9

75. 我知道奎克斯特計畫將是一場災難：Reed Hastings and Erin Meyer, No Rules Rules: Netflix and the Culture of Reinvention (New York: Penguin Press, 2020), 141.

76. 交流是徵求異議的類型之一：Hastings and Meyer, No Rules Rules, 144.

77. 我們專注於串流媒體：Hastings and Meyer, No Rules Rules, 147.

78. 就像申德爾所說：Hastings and Meyer, No Rules Rules, 147.

79. 我只是個研究員：Hastings and Meyer, No Rules Rules, 148.

80. 在Netflix的某些地方：Hastings and Meyer, No Rules Rules, 270.

81. 創新、速度和彈性：Hastings and Meyer, No Rules Rules, 271.

第二章 調整至最佳狀態

1. 正如華倫・巴菲特的名言："In the Short-Run, the Market Is a Voting Machine, but in the Long-Run, the Market Is a Weighing Machine," Quote Investigator, January 17, 2020, https://quoteinvestigator.com/2020/01/09/market/.

2. 以科技股為主的納斯達克指數：Dan Caplinger, "Just How Badly Did Stock Markets Perform in 2022?," Nasdaq, December 30, 2022, www.nasdaq.com/articles/just-how-badly-did-stock-markets-perform-in-2022.

3. 九大文化價值觀：Donald Sull, Charles Sull, and Andrew Chamberlain, "Measuring Culture in Leading Companies," MIT Sloan Management Review, June 24, 2019, https://sloanreview.mit.edu/projects/measuring-culture-in-leading-companies/.

4. 僅三分之一的員工是女性：Sam Daley, "Women in Tech Statistics Show the Industry Has a Long Way to Go," Built In, March 31, 2021, https://builtin.com/women-tech/women-in-tech-workplace-statistics.

5. 僅提高1個百分點：Sara Harrison, "Five Years of Tech Diversity Reports — and Little Progress," Wired, October 1, 2019, www.wired.com/story/five-years-tech-diversity-reports-little-progress/.

6. 彭博2021年的一項分析：Jeff Green, Katherine Chiglinsky, and Cedric Sam, "Billionaire CEOs Elon Musk, Warren Buffett Resist Offering Worker Race Data," Bloomberg, March 21, 2022, www.bloomberg.com/graphics/diversity-equality-in-american-business/.

7. 同類排名中第一個：Troy Dreier, "Netflix Rules in Customer Satisfaction Survey, Followed by Vue," Streaming Media, May 21, 2019, www.streamingmedia.com/Articles/ReadArticle.aspx?ArticleID=131889.

8. 記者蘇西‧威爾許點出：Suzy Welch, "LinkedIn Looked at Billions of Actions to See Who Is Winning the Talent Wars. Here's What I Learned," LinkedIn, June 20, 2016, www.linkedin.com/pulse/linkedin-looked-billions-actions-see-who-winning-talent-suzy-welch.

9. 基於七大支柱："Top Companies 2022: The 50 best workplaces to grow your career in the U.S.," LinkedIn, April 6, 2022, https://www.linkedin.com/pulse/top-companies-2022-50-best-workplaces-grow-your-career-us-/.

10. 科技企業已經……的標準：Welch, "LinkedIn Looked at Billions of Actions."

11. 它們未能……和少數族裔員工：Green et al., "Billionaire CEOs."

12. 套用作家多蘿西‧帕克的一句話來解釋："This Is Not a Novel to Be Tossed aside Lightly. It Should Be Thrown with Great Force," Quote Investigator, September 19, 2021, https://quoteinvestigator.com/2013/03/26/great-force/#:~:text=From%20a%20review%20by%20Dorothy,of%20the%20Algonquin%20Round%20Table.

13. 《哈佛商業評論》的一項調查中：Gary Hamel and Michele Zanini, "What We Learned About Bureaucracy from 7,000 HBR Readers," Harvard Business Review, August 10, 2017, https://hbr.org/2017/08/what-we-learned-about-bureaucracy-from-7000-hbr-readers.

14. 創新的最大障礙：Scott Kirsner, "The Biggest Obstacles to Innovation in Large Companies," Harvard Business Review, June 30, 2018, https://hbr.org/2018/07/the-biggest-obstacles-to-innovation-in-large-companies.

15. 90％症候群：David N. Ford and John D. Sterman, "The Liar's Club: Concealing Rework in Concurrent Development," Concurrent Engineering, vol. 11, no. 3 (2003), 211– 19, https://doi.org/10.1177/106329303038028.

16. 幾乎沒有關聯：Donald Sull, Stefano Turconi, and Charles Sull, "When It Comes to Culture, Does Your Company Walk the Talk?," July 21, 2020, https://sloanreview.mit.edu/article/when-it-comes-to-culture-does-your-company-walk-the-talk/.

17. 只有不到一半的員工：Jim Harter, "Obsolete Annual Reviews: Gallup's Advice," Gallup, September 28, 2015, www.gallup.com/workplace/236567/obsolete-annual-reviews-gallup-advice.aspx.

18. 有時甚至不到10％：Art Johnson, "Aligning an Organization Requires an Effective Leader," The Business Journals, September 12, 2014, www.bizjournals.com/bizjournals/how-to/growth-strategies/2014/09/aligning-organization-requires-effective-leader.html.

19. 47小時：Lydia Saad, "The '40-Hour' Workweek Is Actually Longer — by Seven Hours," Gallup, August 29, 2014, https://news.gallup.com/poll/175286/hour-workweek-actually-longer-seven-hours.aspx.

20. 與他們睡眠的時間差不多：Jeffrey M. Jones, "In U.S., 40% Get Less than Recommended Amount of Sleep" Gallup, December 19, 2013, https://news.gallup.com/poll/166553/less-recommended-amount-sleep.aspx#:~:text=Americans%20currently%20average%206.8%20hours,nine%20hours%20sleep%20for%20adults.

21. 他們與同事相處的時間：Esteban Ortiz-Ospina, "Who Do We Spend Time with across Our Lifetime?," Our World in Data, December 11, 2020, https://ourworldindata.org /time-with-others-

lifetime#from-adolescence-to-old-age-who-do-we-spend-our-time-with.

22. 足足有70％的人表示自己會繼續工作：Isabel V. Sawhill and Christopher Pulliam,"Money Alone Doesn't Buy Happiness, Work Does" Brookings, November 5, 2018, www.brookings.edu/blog/up-front/2018/11/05/money-alone-doesnt-buy-happiness-work-does/.

23. 社會科學家亞瑟‧布魯克斯：Arthur C. Brooks, "The Secret to Happiness at Work," Atlantic, September 2, 2021, www.theatlantic.com/family/archive/2021/09/dream-job-values-happiness/619951/.

24. 被文化所困惑：Boris Groysberg, Jeremiah Lee, Jesse Price, and J. Yo-Jud Cheng, "The Leader's Guide to Corporate Culture," Harvard Business Review, January– February 2018, https://hbr.org/2018/01/the-leaders-guide-to-corporate-culture.

25. 既然你會擁有一種文化：Dharmesh Shah, "Culture Code: Building a Company You Love," LinkedIn, March 20, 2013, www.linkedin.com/pulse/20130320171133-658789-culture-code-building-a-company-you-love

第三章 超級和終極

1. 成年黑猩猩和紅毛猩猩：Esther Herrmann, Josep Call, Hernàndez-Lloreda María Victoria, Brian Hare, and Michael Tomasello, "Humans Have Evolved Specialized Skills of Social Cognition: The Cultural Intelligence Hypothesis," Science, vol. 317, no. 5843 (2007), 1360– 66, https://doi.org/10.1126/science.1146282.

2. 開始烹煮一部分食物：Ann Gibbons, "The Evolution of Diet," National Geographic Magazine, accessed February 13, 2023, www.nationalgeographic.com/foodfeatures/evolution-of-diet/

3. 烹煮食物的做法在人類社會中普及：Graham Lawton, "Every Human Culture Includes Cooking —This Is How It Began," NewScientist, November 2, 2016, www.newscientist.com/article/mg23230980-600-every-human-culture-includes-cooking-this-is-how-it-began/.

4. 他們的經驗證明：Richard Wrangham, Catching Fire (New York: Basic Books, 2009), 32.

5. 存在爭議：Ann Gibbons, "The Evolution Diet," National Geographic, https://www.nationalgeographic.com/foodfeatures/evolution-of-diet/.

6. 強制性的依賴：Richard Wrangham and Rachel Carmody, "Human Adaptation to the Control of Fire," Evolutionary Anthropology: Issues, News, and Reviews, vol. 19, no. 5 (2010), 187– 99, https://doi.org/10.1002/evan.20275.

7. 如果進化讓我們：L. V. Anderson, "Who Mastered Fire?," Slate, October 5, 2012, https://slate.com/technology/2012/10/who-invented-fire-when-did-people-start-cooking.html.

8. 以生食為主："Lenny Kravitz Credits His Rockstar Physique & Energy at 56 to His Vegan Diet," Peaceful Dumpling (blog), October 7, 2020, www.peacefuldumpling.com/lenny-kravitz-vegan-diet.

9. 森蒂納爾人不懂："How Did the Sentinelese Not Know How to Make Fire?," Reddit, accessed February 13, 2023, www.reddit.com/r/AskAnthropology/comments/1qwuxg/how did_the_sentinelese_not_know_how_to_make_fire/.

10. 擁有文化的動物名單：Carolyn Beans, "Can Animal Culture Drive Evolution?," Proceedings of the National Academy of Sciences, vol. 114, no. 30 (2017), 7734– 37, https://doi.org/10.1073/pnas.1709475114.

11. 黑猩猩文化的頂峰：Steve Stewart-Williams and Michael Shermer, The Ape That Understood the Universe: How the Mind and Culture Evolve (Cambridge: Cambridge University Press, 2021), loc. 19, Kindle.

12. 在這個基礎之上加以發展：Gillian L. Vale, Nicola McGuigan, Emily Burdett, Susan P. Lambeth, Amanda Lucas, Bruce Rawlings, Steven J. Schapiro, Stuart K. Watson, and Andrew Whiten,"Why Do Chimpanzees Have Diverse Behavioral Repertoires yet Lack More Complex Cultures? Invention and Social Information Use in a Cumulative Task," Evolution and Human Behavior, vol. 42, no. 3 (2021), 247– 58, https://doi.org/10.1016/j.evolhumbehav.2020.11.003.

13. 我所謂的『文化』……大量實務：Joseph Patrick Henrich, The Secret of Our Success: How Culture Is Driving Human Evolution, Domesticating Our Species, and Making Us Smarter (Princeton: Princeton University Press, 2016), loc. 3, Kindle.

14. 用一根長得像矛的棍子："Orangutan from Borneo Photographed Using a Spear Tool to Fish," Primatology.net, https://primatology.wordpress.com/2008/04/29/orangutan-photographed-using-tool-as-spear-to-fish/.

15. 兩隻黑猩猩一起搬運一根木頭：Jonathan Haidt, The Righteous Mind: Why Good People Are Divided by Politics and Religion (New York: Pantheon, 2012), loc. 237, Kindle.

16. 7000萬名參戰者：T. A. Hughes and John Graham Royde-Smith, "World War II," Britannica, February 2, 2023, www.britannica.com/event/World-War-II.

17. 1萬9千年才能……即比鄰星：Matt Williams, "How Long Would It Take to Travel to the Nearest Star?," Universe Today, January 26, 2016, www.universetoday.com/15403/how-long-would-it-take-to-travel-to-the-nearest-star/#:~:text=In%20short%2C%20at %20a%20 maximum,be%20over%202%2C700%20human%20generations.

18. 已知宇宙中，唯一：David Deutsch, "After Billions of Years of Monotony, the Universe Is Waking up," TED video, 2019, www.ted.com/talks/david_deutsch_after_billions_of_years_of_ monotony_the_universe_is_waking_up/transcript?language=en.

19. 超過八成的中國人口："Urban Population (% of Total Population) —China," World Bank, accessed February 13, 2023, https://data.worldbank.org/indicator/SP.URB.TOTL. IN.ZS?locations=CN.

20. 1970年，美國有一成的非婚生新生兒：Riley Griffin, "Almost Half of U.S. Births Happen Outside Marriage, Signaling Cultural Shift," Bloomberg, October 17, 2018, www.bloomberg.com/news/articles/2018-10-17/almost-half-of-u-s-births-happen-outside-marriage-signaling-cultural-shift.

21. 1945年，世界上僅有略超過11%：Bastian Herre, Esteban Ortiz-Ospina, and Max Roser, "Democracy," OurWorldInData, 2013, accessed February 14, 2023, https://ourworldindata.org/democracy.

22. 重大進化轉變：Eörs Szathmáry and John Maynard Smith, "The Major Evolutionary Transitions," Nature, vol. 374, no. 6519 (1995), 227– 32, https://www.nature.com/articles/374227a0

23. 轉變包括染色體的發展：Jennifer S. Teichert, Florian M. Kruse, and Oliver Trapp,"Direct Prebiotic Pathway to DNA Nucleosides," Angewandte Chemie International Edition, vol. 58, no. 29 (2019), 9944– 47, https://doi.org/10.1002/anie.201903400.

24. 有細胞核的細胞出現："Eukaryotic Cells," in Geoffrey M. Cooper, The Cell: A Molecular Approach, 2nd ed. (Oxford: Oxford University Press, 2000).

25. 多細胞生物出現："Ancient Origins of Multicellular Life," Nature Communications, vol. 533, no. 7 (2016), 441– 41, https://doi.org/10.1038/533441b.

26. 社會性昆蟲的出現：Phillip Barden and Michael S. Engel, "Fossil Social Insects," Encyclopedia of Social Insects (2019), 1– 21, https://link.springer.com/referenceworkentry/10.1007/978-3-319-90306-4_45-1.

27. 「非常成功」：Joan E. Strassmann and David C. Queller, "Insect Societies as Divided Organisms:

The Complexities of Purpose and Cross-Purpose," in In the Light of Evolution: Volume 1: Adaptation and Complex Design, John C. Avise and Francisco J. Ayala, editors (Washington, DC: National Academies Press, 2007), 154-64.

28. 最著名的實驗之一：John M. Darley and C. Daniel Batson, From Jerusalem to Jericho: A Study of Situational and Dispositional Variables in Helping Behavior (Princeton, NJ: Darley, 1973), 100–108.

29. 《改革宗長老會》……的一篇文章：The Reformed Presbyterian, January 1855 through July 1858, 1862– 76. United Kingdom: n.p., 1864.

30. 在肯亞的一個結核病治療計畫中：Erez Yoeli, Jon Rathauser, Syon P. Bhanot, Maureen K. Kimenye, Eunice Mailu, Enos Masini, Philip Owiti, and David Rand, "Digital Health Support in Treatment for Tuberculosis," New England Journal of Medicine, vol. 381, no. 10 (2019), 986–87, https://doi.org/10.1056/nejmc1806550.

31. 在被迎面痛擊之前……計畫："Everybody Has Plans until They Get Hit for the First Time," Quote Investigator, accessed February 13, 2023, https://quoteinvestigator.com/2021/08/25/plans-hit/.

32. 動物行為學的目標和方法：Nikolaas Tinbergen, "On Aims and Methods of Ethology," Zeitschrift für Tierpsychologie, vol. 20, no. 4 (1963), 410– 33, https://doi.org/10.1111/j.1439-0310.1963.tb01161.x.

33. 「認知偏誤列表」：List of Cognitive Biases," Wikipedia, accessed February 13, 2023, https://en.wikipedia.org/wiki/List_of_cognitive_biases.

34. 不確定狀況下的判斷：Amos Tversky and Daniel Kahneman, "Judgment under Uncertainty: Heuristics and Biases," Science, vol. 185, no. 4157 (1974), 1124– 31, https://doi.org/10.1126/science.185.4157.1124.

35. 沒有人能發明一門道德課："Business Ethics," Jonathan Haidt (blog), accessed February 13, 2023, https://jonathanhaidt.com/business-ethics/.

第四章 科學

1. 2007 年史丹佛大學的一集播客："Winners Don't Take All," podcast, Center for Social Innovation, Stanford Graduate School of Business, July 29, 2007, https://podcasts.apple.com/us/podcast/winners-dont-take-all/id385633199?i=1000085430490.

2. 過度自信被稱為：Scott Plous, The Psychology of Judgment and Decision Making (Philadelphia: Temple University Press, 1993).

3. （確認偏誤的範例）清單：Hugo Mercier and Dan Sperber, The Enigma of Reason (Cambridge, MA: Harvard University Press, 2018)

4. 新的可口可樂配方：Mura Dominko, "This Is the Biggest Mistake Coca-Cola Has Ever Made, Say Experts," Eat This Not That (blog), February 13, 2021, www.eatthis.com/news-biggest-coca-cola-mistake-ever/.

5. 最簡單的決定之一：Constance L. Hays, The Real Thing: Truth and Power at the Coca- Cola Company (New York: Random House, 2004), 116.

6. 在祕密進行的口味測試中：Hays, Real Thing, 116.

7. 每天竟然有八千通抗議電話：Christopher Klein, "Why Coca-Cola's ˋNew Coke' Flopped," History, March 13, 2020, www.history.com/news/why-coca-cola-new-coke-flopped.

8. 美國老可樂愛好者：Klein, "Why Coca-Cola's ˋNew Coke' Flopped."

9. 「剝奪我選擇的自由」: Phil Edwards, "New Coke Debuted 30 Years Ago. Here's Why It Was a Sugary Fiasco," Vox, April 23, 2015, www.vox.com/2015/4/23/8472539/new-coke-cola-wars.

10. 至少提起一起訴訟：Klein, "Why Coca-Cola's 'New Coke' Flopped."

11. 以每箱五十美元……舊配方可樂：Steve Strauss, "The Very, Very Worst Business Decision in the History of Bad Business Decisions," Zenbusiness (blog), December 1, 2021, www .zenbusiness.com/blog/the-very-very-worst-business-decision-in-the-history-of-bad-business-decisions/.

12. 就連卡斯楚也發表意見：Mark Pendergrast, For God, Country, and Coca- Cola: The Definitive History of the Great American Soft Drink and the Company That Makes It, 2nd ed. (New York:Basic Books, 2004), 362.

13. 深感抱歉：Strauss, "The Very, Very Worst Business Decision."

14. 每週五下午開會：Daniel Kahneman, Thinking, Fast and Slow (Farrar, Straus and Giroux, 2011), loc. 245, Kindle.

15. 他陷入沉默：Kahneman, Thinking, loc. 246, Kindle.

16. 西摩提供的統計資料：Kahneman, Thinking, loc. 247, Kindle.

17. 我們就應該退出：Kahneman, Thinking, loc. 247, Kindle.

18. 2020 年出版的著作《知識機器》：Michael Strevens, The Knowledge Machine: How Irrationality Created Modern Science (New York: Liveright, 2021).

19. 羅伯特‧柯茲班和雅典娜‧阿克蒂皮斯：Strauss, "The Very, Very Worst Business Decision."

20. 事實上，自信比聲望更性感：Norman P. Li, Jose C. Yong, Ming Hong Tsai, Mark H. Lai, Amy J. Lim, and Joshua M. Ackerman, "Confidence Is Sexy and It Can Be Trained: Examining Male Social Confidence in Initial, Opposite-Sex Interactions," Journal of Personality, vol. 88, no. 6 (2020), 1235–51, https://doi.org/10.1111/jopy.12568.

21. 我們必須有毅力："Marie Curie the Scientist," Marie Curie, accessed February 14, 2023, www.mariecurie.org.uk/who/our-history/marie-curie-the-scientist#:~:text=Marie%20Curie%20quotes,this%20thing%20must%20be%20attained.%22.

22. 如果你沒有自信：Susan Ratcliffe, ed., Oxford Essential Quotations (Oxford: Oxford University Press, 2016).

23. 就能享受很多樂趣：Joe Namath (@RealJoeNamath), " 'When you have confidence, you can have a lot of fun. And when you have fun, you can do amazing things.' -Thought for the day #Jets #Alabama,"Twitter, June 3, 2011, 12:20 p.m., https://twitter.com/RealJoeNamath/status/76684619944169472.

24. 大衛‧馬密1987年的電影："House of Games Script—Dialogue Transcript," Drew's Script-O-Rama, accessed February 14, 2023, http://www.script-o-rama.com/movie_scripts/h/house-of-games-script-transcript.html

25. 羅伯特‧泰弗士認為：Robert Trivers, "The Elements of a Scientific Theory of Self-Deception," Annals of the New York Academy of Sciences, vol. 907, no. 1 (2006), 114– 31, https://doi.org/10.1111/j.1749-6632.2000.tb06619.x.

26. 這種（自欺欺人的）反直覺安排：Robert Trivers, The Folly of Fools: The Logic of Deceit and Self- Deception in Human Life (New York: Basic Books, 2014), loc. 9, Kindle.

27. 某個企業的研究中：Seth Stephens-Davidowitz, Everybody Lies: What the Internet Can Tell Us about Who We Really Are (New York: Bloomsbury Publishing, 2018), loc. 107– 8, Kindle.

28. 中年人：Trivers, Folly of Fools, loc. 143, Kindle.

29. 研究人員修改參與者的照片：Trivers, Folly of Fools, loc. 25, Kindle.

30. 在一個特別邪惡的研究中：Trivers, Folly of Fools, loc. 16,Kindle.

31. 由於進化的運作方式：Robert Kurzban, Why Everyone (Else) Is a Hypocrite: Evolution and the Modular Mind (Princeton, NJ: Princeton University Press, 2010), 9–22.

32. 經由巧妙的實驗設計：Joseph E. Ledoux, Donald H. Wilson, and Michael S. Gazzaniga, "A Divided Mind: Observations on the Conscious Properties of the Separated Hemispheres," Annals of Neurology, vol. 2, no. 5 (1977), 417– 21, https://doi.org/10.1002/ana.410020513.

33. 沒有所謂的「患者」：Kurzban, Why Everyone (Else) Is a Hypocrite, 9–10.

34. 贏球的感覺沒有輸球的感覺強烈：Andre Agassi, Open: An Autobiography (New York: Alfred A. Knopf, 2009.

35. 有些人似乎很少撒謊：Kim B. Serota, Timothy R. Levine, and Tony Docan-Morgan, "Unpacking Variation in Lie Prevalence: Prolific Liars, Bad Lie Days, or Both?," Communication Monographs, vol. 89, no. 3 (2021), 307– 31, https://doi.org/10.1080/03637751.2021.1985153.

36. 合理的計畫：Kahneman, Thinking, loc. 246, Kindle.

37. 最了解政治的人：Michael Hannon, "Are Knowledgeable Voters Better Voters?," Politics, Philosophy & Economics, vol. 21, no. 1 (2022), 29–54, https://doi.org/10.1177/1470594x211065080.

38. 關於自己的故事：Sonya Sachdeva, Rumen Iliev, and Douglas L. Medin, "Sinning Saints and Saintly Sinners," Psychological Science, vol. 20, no. 4 (2009), 523–28, https://doi.org/10.1111/j.1467-9280.2009.02326.x.

39. 「解釋的鐵律」：Strevens, Knowledge Machine, loc. 96, Kindle.

40. 回首往事，沙利認為：Strevens, Knowledge Machine, loc. 34, Kindle.

41. 他們對勝利的渴望：Strevens, Knowledge Machine, loc. 98, Kindle.

42. 偏向於拒絕自己給出的壞理由：Hugo Mercier and Dan Sperber, The Enigma of Reason (Cambridge, MA: Harvard University Press, 2018), loc. 233, Kindle.

43. 獨立推理是偏頗、懶散的：Mercier and Sperber, Enigma of Reason, loc. 11, Kindle.

44. 精髓的昇華：Hays, Real Thing, 114.

45. 這不只與口味有關：Hays, Real Thing, 120.

46. 「測試幾乎所有內容」：Stephens-Davidowitz, Everybody Lies, loc. 217, Kindle.

47. 「預覽模糊」：Joel M. Podolny and Hansen T. Morten, "How Apple Is Organized for Innovation," Harvard Business Review, November– December 2020, https://hbr.org/2020/11/how-apple-is-organized-for-innovation.

48. 最酷的相機功能之一：Holland Patrick, "You're Not Using iPhone Portrait Mode Correctly: Here's How to Fix That," CNET, May 30, 2021, www.cnet.com/tech/mobile/youre-not-using-iphone-portrait-mode-correctly-heres-how-to-fix/.

49. 一門極度需要社交的事業：Robert J. Sternberg and Janet E. Davidson, Creative Insight: The Social Dimension of a Solitary Moment (Cambridge, MA: MIT Press, 1996), 329– 63.

50. 霍羅維茲非常不高興：Ben Horowitz, The Hard Thing About Hard Things (New York: HarperBusiness, 2014), loc. 13– 14, Kindle.

51. 令人驚訝……成為朋友：Horowitz, Hard Thing, loc. 14, Kindle.

52. 在2016年接受……訪問時：Tim Ferris, "Marc Andreessen (#163)," The Tim Ferriss Show, podcast, accessed February 14, 2023, https://tim.blog/2018/01/01/the-tim-ferriss-show-transcripts-

marc-andreessen/.

53. 追溯至1960年代中期：Edgar H. Schein and Warren G. Bennis, Personal and Organizational Change through Group Methods: The Laboratory Approach (New York: Wiley, 1965).

54. 男性通常比女性更果斷：Scott Barry Kaufman, "Taking Sex Differences in Personality Seriously," Scientific American, December 12, 2019, https://www.scientificamerican.com/blog/beautiful-minds/taking-sex-differences-in-personality-seriously/.

55. 非典型精神狀態者：Xin Wei, Jennifer W. Yu, Paul Shattuck, Mary McCracken, and Jose Blackorby, "Science, Technology, Engineering, and Mathematics (STEM) Participation among College Students with an Autism Spectrum Disorder," Journal of Autism and Developmental Disorders, vol. 43, no. 7 (2012), 1539–46, https://link.springer.com/article/10.1007/s10803-012-1700-z.

56. 八萬多項改善和錯誤修復：Noam Cohen, "After Years of Abusive E-mails, the Creator of Linux Steps Aside," The New Yorker, September 19, 2018, www.newyorker.com/science/elements/after-years-of-abusive-e-mails-the-creator-of-linux-steps-aside.

57. 現在就去死吧：Jon Gold, "Torvalds to Bad Security Devs: 'Kill Yourself Now,' " Network World, March 8, 2012, www.networkworld.com/article/706908/security-torvalds-to-bad-security-devs-kill-yourself-now.html.

58. 你是最糟糕的罪犯之一：Sarah Sharp, email, July 15, 2013, www.spinics.net/lists/stable/msg14037.html.

59. 我只有在沒有任何爭論空間時才會咒罵：Linus Torvalds, email, July 15, 2013, https://lkml.org/lkml/2013/7/15/446.

60. 不再擔任Linux核心開發人員：Sage Sharp, "Closing a Door," Sage Sharp (blog), September 14, 2019, https://sage.thesharps.us/2015/10/05/closing-a-door/.

61. 在《紐約客》……提出質疑後：Cohen, "After Years of Abusive E-mails."

62. 我確實忽視：Michael Grothaus, "Linux Creator Linus Torvalds Apologizes for Being a Dick All These Years," Fast Company, September 17, 2018, www.fastcompany.com/90237651/linux-creator-linus-torvalds-apologizes-for-being-a-dick-all-these-years.

63. 組合國際電腦公司的股東：Ariana Eunjung Cha, "Judge Cuts Execs' $1-Billion Stock Bonus in Half," Los Angeles Times, November 10, 1999, https://www.latimes.com/archives/la-xpm-1999-nov-10-fi-31864-story.html.

64. 認列一些長期軟體合約的大量營收：Alex Berenson, "A Software Company Runs out of Tricks; the Past May Haunt Computer Associates," New York Times, April 29, 2001, www.nytimes.com/2001/04/29/business/a-software-company-runs-out-of-tricks-the-past-may-haunt-computer-associates.html.

65. 「一個月三十五天」："How Serious Was the Fraud at Computer Associates?," Knowledge at Wharton, accessed February 14, 2023, https://knowledge.wharton.upenn.edu/article/how-serious-was-the-fraud-at-computer-associates/.

66. 美國證券交易委員會……欺詐："SEC Files Securities Fraud Charges against Computer Associates International, Inc., Former CEO Sanjay Kumar, and Two Other Former Company Executives," SEC, accessed February 14, 2023, www.sec.gov/news/press/2004-134.htm.

67. 擔任組合國際電腦公司執行長的庫瑪：Michael J. de la Merced, "Ex-Leader of Computer Associates Gets 12-Year Sentence and Fine," New York Times, November 3, 2006, www.nytimes.com/2006/11/03/technology/03computer.html.

68. 強勢推銷文化：Randall Smith, "Copying Wells Fargo, Banks Try Hard Sell," Wall Street Journal,

February 28, 2011, www.wsj.com/articles/SB10001424052748704430304576170702480420980.

69. 1萬2,000種新產品：Bethany McLean, "How Wells Fargo's Cutthroat Corporate Culture Allegedly Drove Bankers to Fraud," Vanity Fair, May 31, 2017, www.vanityfair.com/news/2017/05/wells-fargo-corporate-culture-fraud.

70. 三百五十萬個虛假帳戶：Kevin McCoy, "Wells Fargo Review Finds 1.4m More Potentially Unauthorized Accounts," USA Today, August 31, 2017, www.usatoday.com/story/money/2017/08/31/wells-fargo-review-finds-1-4-m-more-unauthorized-accounts/619794001/.

71. 25億美元的罰款："Attorney General Shapiro Announces $575 Million 50-State Settlement with Wells Fargo Bank for Opening Unauthorized Accounts and Charging Consumers for Unnecessary Auto Insurance, Mortgage Fees," Pennsylvania Office of Attorney General, December 28, 2018, www.attorneygeneral.gov/taking-action/attorney-general-shapiro-announces-575-million-50-state-settlement-with-wells-fargo-bank-for-opening-unauthorized-accounts-and-charging-consumers-for-unnecessary-auto-insurance-mortgage-fees/.

72. 當衡量標準成為目標後：Michael F Stumborg, Timothy D. Blasius, Steven J. Full, and Christine A. Hughes, "Goodhart's Law: Recognizing and Mitigating the Manipulation of Measures in Analysis," CNA, September 2022, www.cna.org/reports/2022/09/goodharts-law#:~:text=-Goodhart%27s%20Law%20states%20that%20%E2%80%9Cwhen,order%20to%20receive%20the%20reward.

73. 推特上發布一張自己與未婚妻的照片：Patrick Collison (@patrickc), "Hit our engagement metrics this weekend! ," Twitter, June 23, 2019, 8:33 p.m., https://twitter.com/patrickc/status/1142953801969573889?lang=en.

74. OKR與薪酬：John E. Doerr, Measure What Matters: How Google, Bono, and the Gates Foundation Rock the World with OKRs (New York: Portfolio/Penguin, 2018), loc. 181–82, Kindle.

75. 某位熱情的全國電視網女主播：Nicholas Negroponte, Being Digital (New York: Alfred A. Knopf, 1996).

76. 你就會被科學所吸引：Trivers, Folly of Fools, loc. 303, Kindle.

77. 讀書是：Michel de Montaigne, Essays, trans. Charles Cotton (1686), https://hyperessays.net/essays/on-the-art-of-discussion/.

78. 混沌工程：Scott Carey, "What Is Chaos Monkey? Chaos Engineering Explained," InfoWorld, May 13, 2020, www.infoworld.com/article/3543233/what-is-chaos-monkey-chaos-engineering-explained.html.

第五章 所有權意識

1. 中央情報局網站上："The Art of Simple Sabotage," Central Intelligence Agency, April 1, 2019, www.cia.gov/stories/story/the-art-of-simple-sabotage/.

2. 顧問現在有空：Reed Hastings and Erin Meyer, No Rules Rules: Netflix and the Culture of Reinvention (New York: Penguin Press, 2020), 66–7.

3. 特定組織形式：Bert Rockman, "Bureaucracy," Britannica, accessed January 6, 2023, www.britannica.com/topic/bureaucracy.

4. 無論有多少人抱怨："Max Weber Quotations," QuoteTab, accessed February 15, 2023, www.quotetab.com/quotes/by-max-weber.

5. 關於官僚體系的調查：Gary Hamel and Michele Zanini, "What We Learned about Bureaucracy from 7,000 HBR Readers," Harvard Business Review, August 10, 2017, https://hbr.org/2017/08/what-we-learned-about-bureaucracy-from-7000-hbr-readers.

6. 18％的員工：Jena McGregor, "Zappos says 18 percent of the company has left following its radical "no bosses" approach," Washington Post, January 14, 2016, https://www.washingtonpost.com/news/on-leadership/wp/2016/01/14/zappos-says-18-percent-of-the-company-has-left-following-its-radical-no-bosses-approach/

7. 悄悄退出：Aimee Groth, "Zappos has quietly backed away from holacracy," Quzrtz, January 29, 2020, "https://qz.com/work/1776841/zappos-has-quietly-backed-away-from-holacracy,"

8. 胡亂分配：Lawrence H. Summers, "Why Americans Don't Trust Government," Washington Post, May 26, 2016, www.washingtonpost.com/news/wonk/wp/2016/05/26/why-americans-dont-trust-government/.

9. 否決政治：Ezra Klein, "Francis Fukuyama: America Is in 'One of the Most Severe Political Crises I Have Experienced,' " Vox, October 26, 2016, www.vox.com/2016/10/26/13352946/francis-fukuyama-ezra-klein.

10. 比美國經濟成長快40％："Reg Stats," Regulatory Studies Center, Trachtenberg School of Public Policy and Public Administration, Columbian College of Arts and Sciences, George Washington University, accessed February 15, 2023, https://regulatorystudies.columbian.gwu.edu/reg-stats.

11. 相對較小的結構修繕工程：Summers, "Why Americans Don't Trust Government."

12. 買下法拉利：Angus MacKenzie, "What if Ford Had Bought Ferrari?," Motor Trend, June 16, 2008, www.motortrend.com/features/what-if-ford-had-bought-ferrari-the-big-picture/

13. 即福特當年獲利的3％："Ford Co. Attains Record Earnings," New York Times, February 5, 1964, www.nytimes.com/1964/02/05/ford-co-attains-record-earnings.html.

14. 恩佐‧法拉利私人祕書：Luca Ciferri, "Story Reveals Why Enzo Ferrari Said No to Ford," Automotive News, August 31, 1998, www.autonews.com/article/19980831/ANA/808310794/story-reveals-why-enzo-ferrari-said-no-to-ford.

15. 「由侏儒操作的巨型機器」："Honoré de Balzac," Wikiquote, Wikimedia Foundation, January 9, 2023, https://en.wikiquote.org/wiki/Honor%C3%A9_de_Balzac.

16. 展示自己的威風：Brian Barth, "The Secrets of Chicken Flocks' Pecking Order," Modern Farmer, October 18, 2018, https://modernfarmer.com/2016/03/pecking-order/.

17. 受到許多欲望驅使：Will Storr, The Status Game: On Human Life and How to Play It (London: William Collins, 2022), 5.

18. 有七成的人……的工作：Storr, Status Game, 26.

19. 永遠不會改變：Storr, Status Game, 89.

20. 別人給予的尊重：Storr, Status Game, 89.

21. 白廳研究：M. G. Marmot, Geoffrey Rose, M. Shipley, and P. J. S. Hamilton, "Employment Grade and Coronary Heart Disease in British Civil Servants," Journal of Epidemiology & Community Health, vol. 32, no. 4 (1978), 244–49, https://doi.org/10.1136/jech.32.4.244.

22. 是新的地位：Storr, Status Game, 17.

23. 低社會地位的客觀指標：Storr, Status Game, 17–18.

24. 自殺不只是因為：Jason Manning, Suicide: The Social Causes of Self-Destruction (Charlottesville: University of Virginia Press, 2020), 728.

25. 像氧氣或水一樣真實：Storr, Status Game, 19.

26. 「極為準確」：C. Anderson, J. A. D. Hildreth, and L. Howland, "Is the Desire for Status a Fundamental Human Motive? A Review of the Empirical Literature," Psychological Bulletin, March 16, 2015.

27. 他的低音變得：Stanford W. Gregory and Stephen Webster, "A Nonverbal Signal in Voices of Interview Partners Effectively Predicts Communication Accommodation and Social Status Perceptions," Journal of Personality and Social Psychology, vol. 70, no. 6 (1996), 1231–40, https://doi.org/10.1037/0022-3514.70.6.1231.

28. 我還是必須經歷慘痛的教訓才明白：Cristopher Boehm, Hierarchy in the Forest: The Evolution of Egalitarian Behavior (Cambridge, MA: Harvard University Press, 2001), 16.

29. 威懾力：Aaron Sell, John Tooby, and Leda Cosmides, "Formidability and the Logic of Human Anger," Proceedings of the National Academy of Sciences, vol. 106, no. 35 (2009), 15073–78, https://doi.org/10.1073/pnas.0904312106.

30. 最兇猛的職業拳擊手："Mike Tyson? Sonny Liston? Who Is the Scariest Boxer Ever?" Sky Sports, November 12, 2015, https://www.skysports.com/boxing/news/12184/10045648/mike-tyson-sonny-liston-who-is-the-scariest-boxer-ever

31. 透過蠻力和恐嚇來奪取：Storr, Status Game, 328.

32. 已退役四星將軍比爾‧克里奇：Bill Creech, The Five Pillars of TQM: How to Make Total Quality Management Work for You (New York: Truman Talley / Dutton, 1994), 387.

33. 管理學者露絲妮‧惠辛：Ruthanne Huising, "Moving off the Map: How Knowledge of Organizational Operations Empowers and Alienates," Organization Science, vol. 30, no. 5 (2019), 1054– 75, https://pubsonline.informs.org/doi/10.1287/orsc.2018.1277.

34. 給我看激勵機制："The Psychology of Human Misjudgement—Charlie Munger Full Speech," YouTube video, uploaded July 12, 2020, https://youtu.be/Jv7sLrON7QY.

35. 馮‧施陶芬堡認為：Aharon Liebersohn, World Wide Agora (self-pub., Lulu.com, 2006).

36. 他寫道：Bill Gates, "The Internet Tidal Wave," memorandum, May 26, 1995, U.S. Department of Justice, accessed March 1, 2023, www.justice.gov/sites/default/files/atr/legacy/2006/03/03/20.pdf.

37. 接近6,200億美元：Ashleigh Macro, "Apple Beats Microsoft as Most Valuable Public Company in History," Macworld, August 21, 2012, www.macworld.com/article/669851/apple-beats-micro-soft-as-most-valuable-public-company-in-history.html.

38. 支出遠超過800億美元：Lionel Sujay Vailshery, "Microsoft's Expenditure on Research and Development from 2002 to 2022," Statista, July 28, 2022, www.statista.com/statistics/267806/expenditure -on-research-and-development-by-the-microsoft-corporation/.

39. 2012年《浮華世界》雜誌的一篇文章中：Kurt Eichenwald, "Microsoft's Lost Decade," Vanity Fair, July 24, 2012, www.vanityfair.com/news/business/2012/08/microsoft-lost-mojo-steve-ball-mer.

40. 開發人員得出的結論是：Eichenwald, "Microsoft's Lost Decade."

41. 人們意識到：Eichenwald, "Microsoft's Lost Decade."

42. 馬克‧特科爾：Eichenwald, "Microsoft's Lost Decade."

43. 2011年，微軟引進一種⋯⋯雪上加霜：Stephen Miller, " 'Stack Ranking' Ends at Microsoft, Generating Heated Debate," SHRM, November 20, 2013, www.shrm.org/topics-tools/news/benefits-compensation/stack-ranking-ends-microsoft-generating-heated-debate.

44. 每一位現任和前任：Eichenwald, "Microsoft's Lost Decade."

45. 微軟前工程師布萊恩‧科迪：Eichenwald, "Microsoft's Lost Decade."

46. 負責軟體功能的人：Eichenwald, "Microsoft's Lost Decade."

47. 人們圍繞著⋯⋯的日常：Eichenwald, "Microsoft's Lost Decade."

48. 每次我要向其他團隊提出問題時：Eichenwald, "Microsoft's Lost Decade."

49. 我想打造一支……的團隊：Eichenwald, "Microsoft's Lost Decade."

50. 民眾就會如洪水般：Sky News Australia, "Stunning Toilet Paper Feeding Frenzy Caught on Camera," YouTube video, March 10, 2020, https://youtu.be/df6K9qMr67w.

51. 亞馬遜和其他網站很快就打擊這種行為：Mary Jo Daley and Tom Killion, "Amazon Is Playing Whack-a-Mole with Coronavirus Price Gouging, and It's Harming Pennsylvanians," Philadelphia Inquirer, April 13, 2020, www.inquirer.com/opinion/commentary/coronavirus-covid-price-gouging-amazon-online-retail-toilet-paper-20200413.html.

52. 沃爾瑪執行長四月在《今日秀》上：Sharon Terlep, "Americans Have Too Much Toilet Paper. Finally, Sales Slow," Wall Street Journal, April 13, 2021, www.wsj.com/articles/americans-have-too-much-toilet-paper-it-is-catching-up-to-companies-11618306200.

53. 「某些地方的衛生紙供應量低於正常水準」：Lisa Baertlein and Melissa Fares, "Panic Buying of Toilet Paper Hits U.S. Stores Again with New Pandemic Restrictions," Reuters, November 20, 2020, www.reuters.com/article/us-health-coronavirus-toiletpaper/panic-buying-of -toilet-paper-hits-u-s-stores-again-with-new-pandemic-restrictions-idUSKBN2802W3.

54. 同步業務流程：David A Garvin, "Leveraging Processes for Strategic Advantage," Harvard Business Review, September– October 1995, https://hbr.org/1995/09/leveraging-processes-for-strategic-advantage.

55. 2016年的信件開頭解釋了：Amazon Staff [Jeff Bezos], "2016 Letter to Shareholders," About Amazon, April 17, 2017, www.aboutamazon.com/news/company-news/2016-letter-to-shareholders.

56. 不受相互競爭的責任束縛：Colin Bryar and Bill Carr, Working Backwards (London: Pan Macmillan, 2022), 54.

57. 亞馬遜是由數百個：Benedict Evans, "The Amazon Machine," Benedict Evans (blog), February 4, 2021, www.ben-evans.com/benedictevans/2017/12/12/the-amazon-machine.

58. 跨職能專案：Bryar and Carr, Working Backwards, 72.

59. 消除溝通，而不是鼓勵溝通：Bryar and Carr, Working Backwards, 72.

60. 在下一次季度業務考核領導會議上：Hastings and Meyer, No Rules Rules, 63.

61. 主要是圍繞名為 V2MOM ……的管理流程：Marc Benioff, "Create Strategic Company Alignment with a V2MOM," The 360 Blog, Salesforce.com, December 5, 2022, www.salesforce.com/blog/how-to-create-alignment-within-your-company/.

62. 把信封送給貝尼奧夫：Eugene Kim, "These Are the Five Questions Salesforce Asks Itself before Every Big Decision," Business Insider, February 15, 2023, www.businessinsider.com/salesforce-v2mom-process-2015-2.

63. 我們已將V2MOM的範圍：Benioff, "Create Strategic Company Alignment."

64. Salesforce.com最大的祕密：Marc R. Benioff and Carlye Adler, Behind the Cloud: The Untold Story of How Salesforce.com Went from Idea to Billion- Dollar Company — and Revolutionizedan Industry (San Francisco: Jossey-Bass, 2010), 225.

65. 只有7%的員工：Art Johnson, "Aligning an Organization Requires an Effective Leader," The Business Journals, September 12, 2014, https://www.bizjournals.com/bizjournals/how-to/growth-strategies/2014/09/aligning-organization-requires-effective-leader.html.

66. 《美國經理人現狀》：Jim Harter, "Obsolete Annual Reviews: Gallup's Advice," Gallup, January 30, 2023, www.gallup.com/workplace/236567/obsolete-annual-reviews-gallup-advice.aspx.

67. 會收到以下三封電子郵件中的哪一封：Bryar and Carr, Working Backwards, 63.

68. 新提案行動流程不受歡迎：Bryar and Carr, Working Backwards, 64.

69. 膠帶和 WD-40：Luke Timmerman, "Amazon's Top Techie, Werner Vogels, on How Web Services Follows the Retail Playbook," Xconomy, September 29, 2010, https://xconomy.com/seattle/2010/09/29/amazons-top-techie-werner-vogels-on-how-web-services-follows-the-retail-playbook/.

70. 看起來都像是喝醉酒的嬉皮：David Streitfeld and Christine Haughney, "Expecting the Unexpected From Jeff Bezos," New York Times, August 17, 2013, www.nytimes.com/2013/08/18/business/expecting-the-unexpected-from-jeff-bezos.html.

71. 令人瞠目結舌：chitchcock [Chris Hitchcock], "Stevey's Google Platforms Rant," Gist, accessed February 15, 2023, https://gist.github.com/chitchcock/1281611.

72. （新的、模組化的）亞馬遜開發環境：Charlene O'Hanlon, "A Conversation with Werner Vogels," ACM Queue, May 1, 2006, https://dl.acm.org/doi/10.1145/1142055.1142065.

73. 我們的年度員工調查：Satya Nadella, Greg Shaw, and Jill Tracie Nichols, Hit Refresh (New York: HarperCollins, 2017), 66–7.

74. 在工作中找到意義：Chris Ciaccia, "Satya Nadella Is Quoting Oscar Wilde in His First Email as Microsoft CEO," TheStreet, February 4, 2014, www.thestreet.com/technology/satya-nadella-is-quoting-oscar-wilde-in-his-first-email-as-microsoft-ceo-12305159.

75. 辯論和爭辯不可或缺：Nadella, Shaw, and Nichols, Hit Refresh, 81.

76. 敏捷、敏捷、敏捷：Nadella, Shaw, and Nichols, Hit Refresh, 51.

77. 我們的文化一直很僵固：Nadella, Shaw, and Nichols, Hit Refresh, 100.

78. 「非凡的個人體驗」：Nadella, Shaw, and Nichols, Hit Refresh, 5.

79. 傑維斯博士很好奇：Nadella, Shaw, and Nichols, Hit Refresh, 5.

80. 個人的熱情和理念：Nadella, Shaw, and Nichols, Hit Refresh, 5– 6.

81. 戰爭比人類還要古老：Nadella, Shaw, and Nichols, Hit Refresh, 5.

82. 形成過程，可悲的簡單：Robert Trivers, The Folly of Fools: The Logic of Deceit and Self-Deception in Human Life (New York: Basic Books, 2011).

83. 在一場緊張的準備會議中：Nadella, Shaw, and Nichols, Hit Refresh, 67.

第六章 速度

1. 一個全新的平台：https://newsroom.vw.com/vehicles/the-electric-vehicle-module/.

2. 「智慧設計、身分認同和前瞻科技」："First Member of the ID. Family Is Called ID.3," Volkswagen, accessed March 2, 2023, https://www.volkswagen-newsroom.com/en/press-releases/first-member-of-the-id-family-is-called-id3-4955.

3. 超過三萬三千人：Mark Kane, "Volkswagen ID.3 1st Reservations Hit 33,000," InsideEVs, September 13, 2019, https://insideevs.com/news/370583/33000-have-reserved-volkswagen-id3-1st/.

4. 《經理人雜誌》報導披露：Michael Freitag, "Volkswagen AG: Elektroauto ID.3 MIT Massiven Softwareproblemen," Manager Magazin, December 19, 2019, www.managermagazin.de/unternehmen/autoindustrie/volkswagen-ag-elektroauto-id-3-mit-massiven-softwareproblemen-a-1301896.html.

5. 特斯拉於2012年率先於：Steve Hanley, "Volkswagen Has 'Massive Difficulties' with ID.3 Software, Previews ID.7 Bulli," CleanTechnica, December 22, 2019, https://cleantechnica. com/2019/12/22/volkswagen-has-massive-difficulties-with-id-3-software-previews-id-7-bulli/.

6. 瘋狂動員：Michael Freitag, "(M+) Volkswagen AG: Herbert Diess Muss Den Start Des Id.3 Retten," Manager Magazin, February 20, 2020, www.manager-magazin.de/unternehmen/volkswa-gen-ag-herbert-diess-muss-den-start-des-id-3-retten-a-00000000-0002-0001-0000-000169534497.

7. 「完全是無稽之談」：R/Teslainvestorsclub, "More Problems at Volkswagen," Reddit, February 5, 2020, www.reddit.com/r/teslainvestorsclub/comments/f950gs/more_problems_at_volkswagen_translation_from/. Translation from Manager Magazin, "Volkswagen 一Showdown in Hall 74."

8. 要到9月："ID.3 1st Deliveries Begin in Early September," Volkswagen Newsroom, June 10, 2020, www.volkswagen-newsroom.com/en/press-releases/id3-1st-deliveries-begin-in-early-sep-tember-6122.

9. 撤除迪斯的福斯執行長職務："VW's Diess Was Stripped of Key Role amid Infighting, Reports Say," Automotive News Europe, June 9, 2020, https://europe.autonews.com/automakers/vws-diess-was-stripped-key-role-amid-infighting-reports-say.

10. 一長排ID.3：Fred Lambert, "Tesla Updating Software of a Fleet in Parking Lot Looks like the Aliens Are Coming," Electrek, February 7, 2021, https://electrek.co/2021/02/07/tesla-updating-software-fleet-parking-lot-aliens-coming/.

11. 即日起："Volkswagen Introduces Over-the-Air Updates for All ID. Models, "September 13, 2021, https://www.volkswagen-newsroom.com/en/press-releases/volkswagen-introduces-over-the-air-updates-for-all-id-models-7497.

12. 經過幾個月的延誤：Stephen Menzel, "Digitalisierung Im Auto: ID-Modelle Von Volkswagen Bekommen Endlich Neue Software," Handelsblatt, July 22, 2022, www.handelsblatt.com/ unternehmen/industrie/digitalisierung-im-auto-id-modelle-von-volkswagen-bekommen-end-lich-neue-software/28538284.html.

13. 迪斯宣布辭去：Jay Ramey, "Here's Why VW Ousted Its CEO, Herbert Diess," Autoweek, July 25, 2022, www.autoweek.com/news/green-cars/a40706421/vw-ceo-herbert-diess-ouster-evs-cariad-electric-models/.

14. 汽車產業的現狀：Stefan Nicola, "Porsches Postponed by Buggy Software Cost VW's CEO Herbert Diess His Job," Bloomberg, July 25, 2022, www.bloomberg.com/news/arti-cles/2022-07-25/porsches-postponed-by-buggy-software-cost-vw-s-ceo-his-job.

15. 與此同時，特斯拉：Steven Loveday, "How Often Does Tesla Send OTA Updates and How Important Are They?," InsideEVs, January 10, 2022, https://insideevs.com/news/559836/ tesla-ota-updates-revealed-explained/.

16. 大幅變更：Bianca H., "A Timeline of All Software Updates: Tesla Model 3 Fleet," Movia News, January 21, 2021, https://movia.news/software-updates-model-3/.

17. 失敗率一直穩定維持在：Herb Krasner, "New Research: The Cost of Poor Software Quality in the US: A 2020 Report," CISQ, Consortium for Information and Software Quality, accessed February 15, 2023, https://www.it-cisq.org/cisq-files/pdf/CPSQ-2020-report.pdf.

18. 幾乎不可能：Ralph Vartabedian, "Years of Delays, Billions in Overruns: The Dismal History of Big Infrastructure," New York Times, November 28, 2021, www.nytimes.com/2021/11/28/us/ infrastructure-megaprojects.html.

19. 過於樂觀的預測：Daniel Kahneman, Thinking, Fast and Slow (New York: Farrar, Straus and Giroux, 2011), 250.

20. 採訪超過十二名諾基亞前員工：Mikko-Pekka Heikkinen, "Knock, Knock, Nokia's Heavy Fall,"

Dominies Communicate (blog), February 15, 2016, https://dominiescommunicate.wordpress. com/2016/02/15/knock-knock-nokias-heavy-fall/amp/.

21. 微軟啟動：Kurt Eichenwald, "How Microsoft Lost Its Mojo: Steve Ballmer and Corporate America's Most Spectacular Decline," Vanity Fair, July 24, 2012, www.vanityfair.com/news/ business/2012/08/microsoft-lost-mojo-steve-ballmer.

22. 這就是微軟拿出來最好的成品：Don Tynan, "The 15 Biggest Tech Disappointments of 2007," PCWorld, December 16, 2007, https://web.archive.org/web/20071219030508/www.pcworld.com/ printable/article/id,140583/printable.html.

23. 有幾段話，坦率的描述：Willie Brown, "When Warriors Travel to China, Ed Lee Will Follow," San Francisco Chronicle, July 27, 2013, www.sfgate.com/bayarea/williesworld/article/When-Warriors-travel-to-China-Ed-Lee-will-follow-4691101.php.

24. 跨灣轉運站的最初預算：Joshua Sabatini, "SF to Bail out Transbay Project after Costs Nearly Double," San Francisco Examiner, April 28, 2016, www.sfexaminer.com/news/sf-to-bail-out-transbay-project-after-costs-nearly-double/article_15e626fd-3b00-5cb1-878b-11ccd09b1e8a.html.

25. 工人發現結構有缺陷：Phil Matier and Andy Ross, "Transbay Transit Center Closed after Crack Found in Steel Beam," San Francisco Chronicle, September 25, 2018.

26. 這麼多大型專案遲遲不能完成：David N. Ford and John D. Sterman, "The Liar's Club: Concealing Rework in Concurrent Development," Concurrent Engineering, Sage Publications, 2003, https://doi.org/10.1177/106329303038028.

27. 他們訪談的一位主管：Ford and Sterman, "Liar's Club."

28. 對已完成工作預估的比例：Robert Laurence Baber, Software Reflected (New York: North-Holland, 1982).

29. （一位）執行工程師：Ford and Sterman, "Liar's Club."

30. 當然，這樣做的後果：Ford and Sterman, "Liar's Club."

31. 這個為期三天的小型會議：Caroline Mimbs Nyce, "The Winter Getaway That Turned the Software World Upside Down," Atlantic, December 8, 2017, www.theatlantic.com/technology/ archive/2017/12/agile-manifesto-a-history/547715/.

32. 75％的專案失敗：Dean Leffingwell, Scaling Software Agility: Best Practices for Large Enterprises (Upper Saddle River, NJ: Addison-Wesley, 2008), 19.

33. 首次描述瀑布式開發法：Winston W. Royce, "Managing the Development of Large Software Systems: Concepts and Techniques," Proceedings, IEEE WESCon, August 1970, 1-9, https://blog. jbrains.ca/assets/articles/royce1970.pdf.

34. 規模比這還要大的無政府主義者組織聚會：Nyce, "Winter Getaway."

35. 這次聚會的發起人鮑伯・馬丁：Nyce, "Winter Getaway."

36. 形成的宣言："Manifesto for Agile Software Development," 2001, https://agilemanifesto.org/.

37. 2015年，佩德羅・塞拉多……進行調查：Pedro Serrador and Jeffrey K. Pinto, "Does Agile Work? A Quantitative Analysis of Agile Project Success," International Journal of Project Management, vol. 33, no. 5 (July 2015), 1040–51, https://doi.org/10.1016/j.ijproman.2015.01.006.

38. 即使做得不好，敏捷法也優於：Nyce, "The Winter Getaway."

39. 斯坦迪集團：Anthony Mersino, "Why Agile Is Better than Waterfall (Based on Standish Group Chaos Report 2020)," November 1, 2021, https://vitalitychicago.com/blog/agile-projects-are-more-successful-traditional-projects/.

40. 看板只有兩條規則：Alex Rehkopf, "What Is a Kanban Board?," Atlassian, accessed February 15, 2023, www.atlassian.com/agile/kanban/boards.

41. 分別推遲：Simon Hage, "VW-Aufsichtsrat Fürchtet Folgen des Softwarechaos im Wettbewerb mit Tesla," Der Spiegel, May 20, 2022, www.spiegel.de/wirtschaft/unternehmen/vw-aufsichtsrat-fuerchtet-folgen-des-softwarechaos-im-wettbewerb-mit-tesla-a-d28a2c76-6acf-436a-800a-f636cbe76b84.

42. 保時捷和奧迪新車款：Stefan Nicola, "Porsches Postponed by Buggy Software Cost VW's CEO Herbert Diess His Job," Bloomberg, July 25, 2022, www.bloomberg.com/news/articles/2022-07-25/porsches-postponed-by-buggy-software-cost-vw-s-ceo-his-job.

43. 2022 年 5 月對這些問題所做的報導中：Simon Hage, "VW-Aufsichtsrat Fürchtet Folgen Des Softwarechaos."

44. 小團隊設計一個簡單的練習：Peter Skillman, "The Design Challenge (Also Called Spaghetti Tower):" Medium, April 14, 2019, https://medium.com/@peterskillman/the-design-challenge-also-called-spaghetti-tower-cda62685e15b.

45. 在 2010 年的 TED 演講中：Tom Wujec, "Build a Tower, Build a Team," TED video, 00:50, accessed February 15, 2023, www.ted.com/talks/tom_wujec_build_a_tower_build_a_team?language=zh.

46. 「不會在地位交易上浪費時間」："Peter Skillman Marshmallow Design Challenge," YouTube video, January 27, 2014. www.youtube.com/watch?v=1p5sBzMtB3Q.

47. 大多數人首先會：Wujec, "Build a Tower."

48. 我們沒有一件事做對：Eric Ries, The Lean Startup: How Today's Entrepreneurs Use Continuous Innovation to Create Radically Successful Businesses (New York: Currency, 2011.

49. 將此變成他個人的座右銘：Reid Hoffman (@reidhoffman), "You may have heard me say: If you're not embarrassed by the first version of your product, you've launched too late [www.linkedin.com/pulse/arent-any-typos-essay-we-launched-too-late-reid-hoffman]," March 29, 2017, 1:46 p.m., https://twitter.com/reidhoffman/status/847142924240379904?lang=en.

50. 正確揮棒：Mark Mulvoy, "The Little Big Man," Sports Illustrated, April 12, 1976, https://vault.si.com/vault/1976/04/12/the-little-big-man.

51. 經常乘坐美國航空公司航班的人：Tom Wolfe, The Right Stuff (New York: Farrar, Straus and Giroux, 1979).

52. 克雷格對志願參與者進行電擊：K. D. Craig and K. M. Prkachin, "Social Modeling Influences on Sensory Decision-Theory and Psychophysiological Indexes of Pain," Journal of Personality and Social Psychology, vol. 36, no. 8 (1978), 805–815.

53. 文化進化才能如此快速：Joseph Patrick Henrich, The Secret of Our Success: How Culture Is Driving Human Evolution, Domesticating Our Species, and Making Us Smarter (Princeton, NJ: Princeton University Press, 2016), 219–20.

54. 是我們世代傳承的集體智慧：Henrich, The Secret of Our Success, 212.

55. 「快速行動，打破常規」：Henry Blodget, "Mark Zuckerberg on Innovation," BusinessInsider, October 1, 2009, https://www.businessinsider.com/mark-zuckerberg-innovation-2009-10.

56. 我對大型專案……研究和諮詢：Bent Flyvbjerg, "Make Megaprojects More Modular," Harvard Business Review, November– December 2021, https://hbr.org/2021/11/make-megaprojects-more-modular.

57. 哥本哈根城市環狀線：Flyvbjerg, "Make Megaprojects More Modular."

58. 到了 2017 年才部分通車：Nick Paumgarten, "The Second Avenue Subway Is Here!," The New Yorker, February 6, 2017, www.newyorker.com/magazine/2017/02/13/the-second-avenue-subway-is-here.

59. 隧道模組：Flyvbjerg, "Make Megaprojects More modular."

60. 特斯拉從時速 97 公里……的距離：Patrick Olsen, "Tesla Model 3 Falls Short of a CR Recommendation," Consumer Reports, May 30, 2018, www.consumerreports.org/hybrids-evs/tesla-model-3-review-falls-short-of-consumer-reports-recommendation/.

61. 馬斯克於 5 月 21 日在推特上寫道：Elon Musk (@elonmusk), replying to @ElectrekCo and @FredericLambert, May 21, 2018, 9:31 p.m., https://twitter.com/elonmusk/status/998738003668357120.

62. 「我們現在推薦 Model 3」：Olsen, "Tesla Model 3 Falls Short."

63. 能在如此短的時間內看到產品更新：Neal E. Boudette, "Tesla Fixes Model 3 Flaw, Getting Consumer Reports to Change Review," New York Times, May 30, 2018, www.nytimes.com/2018/05/30/business/tesla-consumer-reports.html.

64. 約三分之二由 SpaceX 運載：Kate Duffy, "Elon Musk Says SpaceX Is Aiming to Launch Its Most-Used Rocket Once a Week on Average This Year," Business Insider, February 4, 2022, www.businessinsider.com/elon-musk-spacex-falcon-9-rocket-launch-every-week-payload-2022-2.

65. NASA 於 2018 年公布的一份報告：Harry Jones, "The Recent Large Reduction in Space Launch Cost — TDL," in Wieslaw K. Binienda, Proceedings of the 11th International Conference on Engineering, Science, Construction, and Operations in Challenging Environments 2008: March 3–5, 2008, Long Beach, CA (Reston, VA: American Society of Civil Engineers, 2008).

66. 在 2018 年 9 月的簡報中：Dave Mosher, "Elon Musk Just Gave the Most Revealing Look Yet at the Rocket Ship SpaceX Is Building to Fly to the Moon and Mars," Business Insider, www.businessinsider.com/elon-musk-spacex-pictures-big-falcon-rocket-spaceship-2018-9.

67. 改用不銹鋼製成：Ryan Whitwam, "Elon Musk Explains Why the Starship Will Be Stainless Steel," ExtremeTech, January 24, 2019, www.extremetech.com/extreme/284346-elon-musk-explains-why-the-starship-will-be-stainless-steel.

68. 星艦的一切：Florian Kordina, "SLS vs. Starship: Why Do Both Programs Exist?,"Everyday Astronaut, November 23, 2020, https://everydayastronaut.com/sls-vs-starship/.

69. 科迪納對未來……是正確的："List of SpaceX Starship Flight Tests," Wikipedia, February 5, 2023, https://en.wikipedia.org/wiki/List_of_SpaceX_Starship_flight_tests.

70. 29 億美元的合約：Kenneth Chang, "SpaceX Wins NASA $2.9 Billion Contract to Build Moon Lander," New York Times, April 16, 2021, www.nytimes.com/2021/04/16/science/spacex-moon-nasa.html.

71. 這趟首次飛行原定於 2016 年進行：Christopher Cokinos, "By the Numbers: The Space Launch System, NASA's Next Moon Rocket," Astronomy, September 2, 2022, https://www.astronomy.com/space-exploration/by-the-numbers-the-space-launch-system-nasas-next-moon-rocket/.

72. 沒有什麼特別的工程障礙：David W. Brown, "NASA's Last Rocket," New York Times, March 17, 2021, www.nytimes.com/2021/03/17/science/nasa-space-launch-system.html.

73. 被推遲二十六次：Joey Roulette and Steve Gorman, "NASA's Next-Generation Artemis Mission Heads to Moon on Debut Test Flight," Reuters, November 16, 2022, www.reuters.com/lifestyle/science/nasas-artemis-moon-rocket-begins-fueling-debut-launch-2022-11-15/.

74. NASA 監察長保羅・馬丁：Eric Berger, "Finally, We Know Production Costs for SLS and Orion, and They're Wild," Ars Technica, March 1, 2022, https://arstechnica.com/science/2022/03/nasa-inspector-general-says-sls-costs-are-unsustainable/.

75. 接近80億美元：Berger, "Finally, We Know Production Costs."

76. 1億5000萬至2億5000萬美元：Ian Vorbach, "Is Starship Really Going to Revolutionize Launch Costs?," SpaceDotBiz, May 19, 2022, https://newsletter.spacedotbiz.com/p/starship-really-going-revolutionize-launch-costs.

77. 如果時間表很鬆散，那就錯了：Elon Musk, Wikiquote, Wikimedia Foundation, https://en.wikiquote.org/wiki/Elon_Musk. (Boldface in original.)

78. 最有影響力的軍事思想家：Robert Coram, Boyd: The Fighter Pilot Who Changed the Art of War (New York: Little, Brown, 2002), 7.

79. 在韓戰中執行過二十九次飛行任務：Coram, Boyd, 52.

80. 博伊德的空戰方法：Harry Hillaker, "Tribute to John R. Boyd," Code One, January 28, 2015, www.codeonemagazine.com/f16_article.html?item_id=156.

81. 還只是一名初級軍官時：Coram, Boyd, 5– 6.

82. 我們應該以比對手更快的節奏："The OODA Loop: How Fighter Pilots Make Fast and Accurate Decisions," Farnam Street, March 19, 2021, https://fs.blog/ooda-loop/.

83. 修訂後的沙漠風暴作戰方案：Coram, Boyd, 425.

84. 不到一百名美軍士兵在行動中陣亡："Operation Desert Storm," U.S. Army Center of Military History, https://history.army.mil/html/bookshelves/resmat/desert-storm/index.html#:~:text=During%20air%20and%20ground%20operations,and%20105%20non %2Dhostile%20deaths.

85. 伊拉克軍隊在道德與智力上雙雙崩潰：Congressional Record, vol. 143, no. 37 (March 20, 1997), https://www.congress.gov/congressional-record/volume-143/issue-37.

86. 1991年向國會作證時："Colonel John Boyd on OODA, People, Ideas, and Technology" (user clip of "U.S. Military Reform After Oper. Desert Storm," April 30, 1991), C-SPAN, December 23, 2019, www.c-span.org/video/?c4841785/user-clip-colonel-john-boyd-ooda-people-ideas-technology.

87. 軟體吞噬世界：Marc Andreesen, "Why Software Is Eating the World," Wall Street Journal, August 22, 2011, www.wsj.com/articles/SB10001424053111903480904576512250915629460.

88. 福斯執行長迪斯離職時：Elisabeth Behrmann, "VW Software Issues Point to iOS and Android-Like Future for Cars," Bloomberg, September 14, 2022, www.bloomberg.com/news/articles/2022-09-14/vw-software-issues-point-to-ios-and-android-like-future-for-cars.

第七章 開放

1. 客戶、公共投資者：Barbara Ley Toffler and Jennifer Reingold, Final Accounting Ambition, Greed, and the Fall of Arthur Anderson (New York: Broadway Books, 2004), loc. 3055-58, Kindle.

2. 「這7萬5000美元是什麼意思？」：Toffler and Reingold, Final Accounting, loc. 56– 60, Kindle.

3. 就算把芝加哥市所有的錢給我：Toffler and Reingold, Final Accounting, loc. 213– 14, Kindle.

4. 安達信合夥人公開指出：Flynn McRoberts, "The Fall of Andersen," The Chicago Tribune, September 1, 2002, www.chicagotribune.com/news/chi-0209010315sep01-story.html.

5. 8200萬美元的罰款：Reuters, "Andersen to Pay $82 Million in S.& L. Pact," New York Times, August 16, 1993, https://www.nytimes.com/1993/08/06/business/andersen-to-pay-82-million-in-s-l-pact.html.

6. 大約一萬一千名主要是老年人的客戶：Toffler and Reingold, Final Accounting, loc. 2454, Kindle.

7. 3億美元收益：Roni B. Robbins, "McKessonHBOC Crisis Engulfs Charles McCall," Atlanta Business Chronicle, June 21, 1999, www.bizjournals.com/atlanta/stories/1999/06/21/story8.html.

8. 宣告破產的連鎖餐廳波士頓烤雞：Bill Richards and Scott Thurn, "Boston Chicken's Andersen Suit Has Similarities to Enron Case," Wall Street Journal, March 13, 2002, www.wsj.com/articles/SB10159733244217920.

9. 特殊目的實體："Enron Lesson No. 2: Special Purpose Entities," Credit Pulse, accessed February 13, 2023, www.creditpulse.com/accountingfinance/lessons-enron/enron-lesson-no-2-special-purpose-entities.

10. 約三千個特殊目的實體上："Enron Lesson No. 2."

11. 安德魯‧法斯托：Toffler and Reingold, Final Accounting, loc. 3318– 20, Kindle.

12. 安達信在二月……備忘錄中：Toffler and Reingold, Final Accounting, loc. 3328, Kindle.

13. 1億美元：Toffler and Reingold, Final Accounting, loc. 3333– 4, Kindle.

14. 安達信寫下自己的訃聞：Lisa Sanders, "Andersen Will Stop Public Audits," CBS Market Watch.com, June 16, 2002, www.marketwatch.com/story/andersen-says-wont-audit-public-companies-any-more.

15. 一份虛偽的傑作：Toffler and Reingold, Final Accounting, loc. 3678– 81, Kindle.

16. 1996年的一次銷售拜訪結束後：Toffler and Reingold, Final Accounting, loc. 1623–5, Kindle.

17. 通用一型電腦：McRoberts, "The Fall of Andersen."

18. 安達信營收的40％：Toffler and Reingold, Final Accounting, loc. 1367– 8, Kindle.

19. 安達信的審計業務……穩健成長：Toffler and Reingold, Final Accounting, loc. 1403–4,Kindle.

20. 這些傢伙非得坐頭等艙：Toffler and Reingold, Final Accounting, loc. 1450– 51, Kindle.

21. 紐約辦公室：Toffler and Reingold, Final Accounting, loc. 1394–1402, Kindle.

22. 模式一的行為準則包括：Chris Argyris, Reasons and Rationalizations: The Limits to Organizational Knowledge (Oxford: Oxford University Press, 2004), loc. 8– 9, Kindle.

23. 防衛性推理思維：Argyris, Reasons and Rationalizations, loc. 1– 2, Kindle.

24. 防衛性推理……蓬勃發展：Argyris, Reasons and Rationalizations, loc. 2, Kindle.

25. 「終極商業指南」：Jack Welch and Suzy Welch, Winning (New York: HarperCollins, 2005).

26. 有一種熱鬧……的樂觀主義：Thomas Gryta and Ted Mann, Lights Out: Pride, Delusion, and the Fall of General Electric (Boston: Mariner / Houghton Mifflin Harcourt, 2021), 4.

27. 伊梅特很少放棄他的想法：Gryta and Mann, Lights Out, 69.

28. 殘酷的事實或壞消息不受歡迎：Gryta and Mann, Lights Out, 246.

29. 我必須強調：Katie Paul, "Exclusive: Meta Slashes Hiring Plans, Girds for 'Fierce' Headwinds," Reuters, July 1, 2022, www.reuters.com/technology/exclusive-meta-girds-fierce-headwinds-slower-growth-second-half-memo-2022-06-30/. www.reuters.com/technology/exclusive-meta-girds-fierce-headwinds-slower-growth-second-half-memo-2022-06-30/.

30. 「單向門」：Jeff Bezos, 2016 Amazon letter to shareholders, www.sec.gov/Archives/edgar/data/1018724/000119312516530910/d168744dex991.htm.

31. 具有很強的自我反省：Argyris, Reasons and Rationalizations, 15.

32. 最嚴重的問題：Marc Andreesen (@pmarca), "The most serious problem facing any organization is the one that cannot be discussed," Twitter, March 11, 2022, 6:53 p.m., https://twitter.com/pmarca/status/1502432636865691648.

33. 「做，就對了」（Just Do It）的獎勵：Craig Timberg and Jia Lynn Yang, "Jeff Bezos, the Post's Incoming Owner, Known for a Demanding Management Style at Amazon," Washington Post, August 7, 2013, www.washingtonpost.com/business/technology/2013/08/07/b5ce5ee8-ff96-11e2-9711-3708310f6f4d_story.html.

34. 在2018年的致股東信中：Jeff Bezos, "2018 Letter to Shareholders," April 4, 2019, https://s2.q4cdn.com/299287126/files/doc_financials/2022/ar/2021-Shareholder-Letter.pdf.

35. 例如，YouTube：Dominic Basulto, "The 7 Greatest Pivots in Tech History," Washington Post, July 2, 2015, https://www.washingtonpost.com/news/innovations/wp/2015/07/02/the-7-greatest-pivots-in-tech-history/.

36. 超過二十五億：Daniel Ruby, "YouTube Statistics (2023)—Trending Facts & Figures Shared!," Demand Sage, January 5, 2023, www.demandsage.com/youtube-stats.

37. Twitter，一開始只是：John Koetsier, "The Legendary Pivot: How Twitter Flipped from Failure to Success," VentureBeat, November 19, 2012, https://venturebeat.com/entrepreneur/the-pivot-how-twitter-switch-from-failure-to-success-video/.

38. Instagram……的定位遊戲：Megan Garber, "Instagram Was First Called 'Burbn,' " The Atlantic, July 2, 2014, www.theatlantic.com/technology/archive/2014/07/instagram-used-to-be-called-brbn/373815/.

39. Slack…的遊戲中誕生：[Drew] Houston, "The Slack Story: How Pivoting Led to a $27 Billion Acquisition," BAMF, August 8, 2021, https://bamf.com/slack-story-how-pivoting-led-to-a-27-billion-acquisition/.

40. Pinterest最初是行動購物應用程式：Steve O'Hear and Natasha Lomas,"Five Super Successful Tech Pivots," TechCrunch, May 28, 2014, https://techcrunch.com/gallery/five-super-successful-tech-pivots/slide/2/.

41. 「只有真相才有趣」: "Rick Reynolds: Only the Truth Is Funny," IMDb, accessed March 2, 2023, www.imdb.com/title/tt0251372/.

42. 對於 HubSpot……如出一轍：Dharmesh Shah, "The HubSpot Culture Code," HubSpot Slides, June 24, 2021, https://network.hubspot.com/slides/the-hubspot-culture-code-1f8v-20t3a.

43. 藍根在2020年1月加入HubSpot：www.prnewswire.com/news-releases/hubspot-announces-first-ever-chief-customer-officer-yamini-rangan-300975698.html.

44. 接替哈利根：www.hubspot.com/company-news/yamini-rangan-ceo-brian-halligan-executive-chairman.

45. 在玻璃門頒發的2022年最佳工作場所獎中：https://www.glassdoor.com/Award/Best-Places-to-Work-2022-LST_KQ0,24.htm.

46. 最佳女性執行長：www.comparably.com/news/best-ceos-for-women-2022/.

47. 每個人都有一樣的機會接觸："The HubSpot Culture Code,"HubSpot Slides, https://network.hubspot.com/slides/the-hubspot-culture-code-1f8v20t3a.

48. 所有財務業績：Reed Hastings and Erin Meyer, No Rules Rules: Netflix and the Culture of Reinvention (New York: Penguin Press, 2020), 108–9.

49. 數字化的回饋：Richard Feloni, "Employees at the World's Largest Hedge Fund Use iPads to Rate Each Other's Performance in Real-Time — See How It Works," Business Insider,

September 6, 2017, www.businessinsider.com/bridgewater-ray-dalio-radical-transparency-app-dots-2017-9.

50. 安徒生："The Emperor's New Clothes," Hans Christian Andersen Centre, accessed March 2, 2023, https://andersen.sdu.dk/vaerk/hersholt/TheEmperorsNewClothes_e.html.

51. 一道邏輯謎題：Morris T. Friedell, "On the Structure of Shared Awareness," Systems Research and Behavioral Science, vol. 14, no. 1 (December 31, 1968), 28–39, https://doi.org/10.1002/bs.3830140105.

52. 支持強而有力……有力論點：Dan Williams (@danwilliamsphil), Twitter, August 23, 2022, 7:42 a.m., https://twitter.com/danwilliamsphil/status/1562042572490657792.

53. 真正的專業考量：Toffler and Reingold, Final Accounting, loc. 3982–3, Kindle.

54. 這不是我以前認識的自己：Toffler and Reingold, Final Accounting, loc. 3288–91, Kindle.

55. 65％的時間：R. I. M. Dunbar, "Gossip in Evolutionary Perspective," Review of General Psychology, vol. 8, no. 2 (June 2004), 100– 110, https://doi.org/10.1037/1089-2680.8.2.100.

56. 感到由衷的憤怒或悲傷：Matthew D. Lieberman, Social: Why Our Brains Are Wired to Connect (New York: Crown/Archetype, 2013), 54.

57. 你根本就無法區分：Lieberman, Social, 58.

58. 每天服用一千毫克：C. N. DeWall, G. MacDonald, G. D. Webster, C. L. Masten, R. F. Baumeister, C. Powell, D. Combs, D. R. Schurtz, T. F. Stillman, D. M. Tice, and N. I. Eisenberger, "Acetaminophen Reduces Social Pain: Behavioral and Neural Evidence," Psychological Science, vol. 21 (2010), 931– 7.

59. 我們對社會排斥的敏感度：Lieberman, Social, 67.

60. 一個民族是理性存在：Augustine of Hippo, Wikiquote, Wikimedia Foundation, https://en.wikiquote.org/wiki/Augustine_of_Hippo.

61. 對某事的共同仇恨：Anton Chekhov, Wikiquote, Wikimedia Foundation, https://en.wikiquote.org/wiki/Anton_Chekhov#NoteBook_of_Anton_Chekhov_(1921).

62. 如果你在一個地方待得夠久：Toffler and Reingold, Final Accounting, loc. 3986– 90, Kindle.

結論

1. 6億5000萬使用者：L. Ceci, "Number of TikTok Users Worldwide from 2018 to 2022," Statista September 5, 2022, www.statista.com/statistics/1327116/number-of-global-tiktok-users/.

2. 「全球最受歡迎的應用程式」：Meghan Bobrowsky, Salvador Rodriguez, Sarah E. Needleman, and Georgia Wells, "TikTok's Stratospheric Rise: An Oral History," Wall Street Journal, updated November 5, 2022, www.wsj.com/articles/tiktoks-stratospheric-rise-an-oral-history-11667599696.

3. 「決定性特徵」：Mark Zuckerberg, "Founder's Letter: Our Next Chapter,"About Facebook, October 28, 2021, https://about.fb.com/news/2021/10/founders-letter/.

4. 投資額為150億美元：Martin Peers, "On Metaverse Spending, Zuckerberg Doesn't Care What Critics Say," www.theinformation.com/articles/on-metaverse-spending-zuckerberg-doesn-t-care-what-critics-say.

5. 二十萬人：Jeff Horwitz, Salvador Rodriguez, and Meghan Bobrowsky, "Company Documents Show Meta's Flagship Metaverse Falling Short," Wall Street Journal, October, 15, 2022,

www.wsj.com/articles/meta-metaverse-horizon-worlds-zuckerberg-facebook-internal-documents-11665778961.

6. 為什麼我們……沒有熱愛到：Alex Heath, "Meta's Flagship Metaverse App Is Too Buggy and Employees Are Barely Using It, Says Exec in Charge," The Verge, October 6, 2022, www.theverge.com/2022/10/6/23391895/meta-facebook-horizon-worlds-vr-social-network-too-buggy-leaked-memo.

7. 阿迪・羅賓森給出了答案：Adi Robertson, "Meta Quest Pro Review: Get Me Out of Here," The Verge, updated November 22, 2022, www.theverge.com/23451629/meta-quest-pro-vr-headset-horizon-review.

8. 不到六成：Mike Isaac and Cade Metz, "Skepticism, Confusion, Frustration: Inside Mark Zuckerberg's Metaverse Struggles," New York Times, October 9, 2022, www.nytimes.com/2022/10/09/technology/meta-zuckerberg-metaverse.html.

9. 一封公開信：Meghan Bobrowsky, "Meta Investor Urges CEO Mark Zuckerberg to Slash Staff and Cut Costs," Wall Street Journal, October 24, 2022, www.wsj.com/articles/meta-investor-urges-ceo-mark-zuckerberg-to-slash-staff-and-cut-costs-11666634172.

10. 祖克伯握有：Katie Canales, "The Most Powerful Person Who's Ever Walked the Face of the Earth': How Mark Zuckerberg's Stranglehold on Facebook Could Put the Company at Risk," Business Insider, October 13, 2021, www.businessinsider.com/mark-zuckerberg-control-facebook-whistleblower-key-man-risk-2021-10

11. 試圖取消這筆交易：Jacob Kastrenakes, "Elon Musk officially tries to bail on buying Twitter," The Verge, July 8, 2022, www.theverge.com/2022/7/8/23200961/elon-musk-files-bak-out-twitter-deal-breach-of-contract.

12. 抱著一個洗手槽：Elon Musk (@elonmusk) "Entering Twitter HQ – let that sink in!," Twitter, 2:45 p.m., October 26, 2022, https://twitter.com/elonmusk/status/1585341984679469056.

13. 2009 年，Twitter……的帳戶進行驗證：Amanda Holpuch, "Why Does Twitter Verify Some Accounts?," New York Times, November 2, 2022, www.nytimes.com/2022/11/02/us/twitter-verification-elon-musk.html.

14. 與作家史蒂芬・金：Elon Musk (@elonmusk) "We need to pay the bills somehow! Twitter cannot rely entirely on advertisers. How about $8?," Twitter, 1:16 a.m., November 1, 2022, https://twitter.com/elonmusk/status/1587312517679878144.

15. 馬基致信馬斯克：Ashley Capoot, "Sen. Ed Markey hits back at Elon Musk after his response to questions about impersonation," CNBC, November 13, 2022, www.cnbc.com/2022/11/13/sen-ed-markey-hits-back-at-elon-musk-after-his-response-to-questions-about-impersonation-.html

16. 冒名問題：Zoe Schiffer (@ZoeSchiffer) "NEW: Twitter has suspended the launch of Twitter Blue and is actively trying to stop people from subscribing 'to help address impersonation issues,' per an internal note," Twitter, 9:54 a.m., November 11, 2022, https://twitter.com/ZoeSchiffer/status/1591081913166745601

17. 宏盟建議客戶：Mia Sato, "Another major ad agency recommends pausing Twitter ad campaigns," The Verge, November 11, 2022, www.theverge.com/2022/11/11/23453575/onmicom-media-group-twitter-advertising-pause.

18. 「激烈的公開譴責」：Elon Musk (@elonmusk) "Thank you. A thermonuclear name & shame is exactly what will happen if this continues.," Twitter, 7:37 p.m., November 4, 2022, https://twitter.com/elonmusk/status/1588676939463946241

19. 九成的收入：Clare Duffy and Catherine Thorbecke, "Elon Musk said Twitter has seen a 'massive drop in revenue' as more brands pause ads," CNN Business, November 4, 2022, www.cnn.com/2022/11/04/tech/twitter-advertisers

20. 前1%：Faiz Siddiqui and Jeremy B. Merrill, "Musk issues ultimatum to staff: Commit to 'hardcore' Twitter or take severance," Washington Post, November 16, 2022, www.washingtonpost.com/technology/2022/11/16/musk-twitter-email-ultimatum-termination/?utm_source=pocket_saves

21. 歷史告訴我們：Joseph Patrick Henrich, The Secret of Our Success: How Culture Is Driving Human Evolution, Domesticating Our Species, And Making Us Smarter (Princeton, NJ: Princeton University Press, 2016), loc. 3353, Kindle

22. 撰寫一篇部落文章：Brian Armstrong, "Coinbase is a mission focused company," Coinbase (blog), September 29, 2018, www.coinbase.com/blog/coinbase-is-a-mission-focused-company

23. 有超過三分之一：Casey Newton, "Inside the all-hands meeting that led to a third of Basecamp employees quitting," The Verge, May 3, 2021, www.theverge.com/2021/5/3/22418208/basecamp-all-hands-meeting-employee-resignation-buyouts-implosion

24. 做出正確的決定：Brian Armstrong (@brian_armstrong), "1/ Wanted to share some thoughts on the recent Coinbase story around our mission," Twitter, 8:01 p.m., September 30, 2021, https://twitter.com/brian_armstrong/status/1443727729476530178.

25. 「笨拙的官僚機構」：Kevin Roose, "T he Metaverse Is Mark Zuckerberg's Escape Hatch," New York Times, October 29, 2021, www.nytimes.com/2021/10/29/technology/meta-facebook-zuckerberg.html.

26. 四分之一的員工：Clare Duffy, "Meta's business groups cut in latest round of layoffs," CNN, May 24, 2023, https://www.cnn.com/2023/05/24/tech/meta-layoffs-business-groups/index.html.

27. 更有鬥志：Naomi Nix, "Mark Zuckerberg unveils 'scrappier' future at Meta after layoffs," Washington Post, May 25, 2024, www.washingtonpost.com/technology/2023/05/25/meta-layoffs-future-facebook-instagram-company/.

28. 當我們增加不同的團隊：Mark Zuckerberg, "Update on Meta's Year of Efficiency," About Facebook, March 14, 2023, https://about.fb.com/news/2023/03/mark-zuckerberg-meta-year-of-efficiency/.

29. 「官僚體系的戰爭」：Brad Stone, Amazon Unbound: Jeff Bezos and the Invention of a Global Empire (New York: Simon & Schuster, 2022), 264.

30. 廣告業務：Mark Di Stefano and Jessica Toonkel, "Amazon's Ad Staffers Flee amid Complaints of Bloat, Bureaucracy," The Information, June 24, 2022, www.theinformation.com/articles/amazons-ad-staffers-flee-amid-complaints-of-bloat-bureaucracy

31. AWS事業：Kevin McLaughlin, "AWS' New CEO Faces a Fresh Challenge: Bureaucracy," The Information, July 12, 2021, www.theinformation.com/articles/aws-new-ceo-faces-a-fresh-challenge-bureaucracy

32. 資深職業運動員：Graham Averill, "The Secret to Athletic Longevity Is Surprisingly Simple," Outside Online, May 17, 2018, www.outsideonline.com/health/training-performance/athletic-longevity-secrets-play-on-book/

財經企管 BCB831

極客之道
The Geek Way:The Radical Mindset That Drives Extraordinary Results

作者——安德魯 ‧ 麥克費 Andrew McAfee
譯者——劉純佑

總編輯——吳佩穎
財經館副總監——蘇鵬元
責任編輯——黃雅蘭
內頁設計——陳玉齡
封面設計——郭志龍

出版者——遠見天下文化出版股份有限公司
創辦人——高希均、王力行
遠見 ‧ 天下文化 事業群榮譽董事長——高希均
遠見 ‧ 天下文化 事業群董事長——王力行
天下文化社長——王力行
國際事務開發部兼版權中心總監——潘欣
法律顧問——理律法律事務所陳長文律師
著作權顧問——魏啟翔律師
社址——台北市 104 松江路 93 巷 1 號
讀者服務專線—— 02-2662-0012 ｜ 傳真 02-2662-0007；02-2662-0009
電子郵件信箱—— cwpc@cwgv.com.tw
直接郵撥帳號—— 1326703-6 號 遠見天下文化出版股份有限公司

電腦排版——陳玉齡
製 版 廠——東豪印刷事業有限公司
印 刷 廠——祥峰造像股份有限公司
裝 訂 廠——台興造像股份有限公司
登 記 證——局版台業字第 2517 號
總 經 銷——大和書報圖書股份有限公司 電話／ 02-8990-2588
出版日期—— 2024 年 04 月 30 日第一版第一次印行

國家圖書館出版品預行編目(CIP)資料

極客之道：科技天才的商業制勝邏輯/安德魯.麥克費(Andrew McAfee)作；劉純佑譯. -- 第一版. -- 臺北市：遠見天下文化出版股份有限公司, 2024.04

448 面；14.8 X 21 公分. -- (財經企管；BCB831)

譯自：The geek way : the radical mindset that drives extraordinary results

ISBN 978-626-355-730-7(平裝)

1.CST: 組織文化 2.CST: 組織行為 3.CST: 企業經營

494.2   113004506

定 價 —— 550 元
I S B N —— 9786263557307
EISBN —— 9786263557246（EPUB）；9786263557239（PDF）
書 號 —— BCB831
天下文化官網 —— bookzone.cwgv.com.tw

本書如有缺頁、破損、裝訂錯誤，請寄回本公司調換。
本書僅代表作者言論，不代表本社立場。

天下‧文化